人工細胞の創製とその応用

Promising Construction and Applications of Artificial Smart-Cells

監修：植田充美
Supervisor：Mitsuyoshi Ueda

シーエムシー出版

はじめに

　2010年代に入り，生命や生物現象の分子解析において，ゲノム配列解読のスピードが急上昇し，既読量は膨大化しつつある．ゲノム解析技術の進歩は，半導体などの飛躍的な機能向上によるコンピュータの性能や記憶容量の高度化による多くの機器分析の進化とシンクロしており，今後，AIの導入によりさらに加速するものと思われる．生命の基本的なゲノムDNAは，「その配列は解析済」をベースにして，RNA，タンパク質や代謝物，それぞれの分子の世界の定性分析と定量分析が研究の中核になり，さらに，この分析に，「時」系列という要素，いわゆる，「時間」という要素も加味した解析が加わる．これまでの筆者の企画編集してきた刊行シリーズで生命を構成するこれらの分子を網羅的に解析する，いわゆるゲノミクス，トランスクリプトミクス，プロテオミクス，メタボロミクスは，個々に進んできたが，「時間」という要素を加味した「トランスオミクス」によるシングルセル解析の時代を迎えつつある．さらに，ゲノム編集技術なども可能になり，ライブ・イメージング，エピジェネティック解析，インターラクトーム解析やマイクロRNA解析も加わり，集積データは膨大になり，統計数理解析を伴う「ビッグデータ」の解析が必須になってきた．

　生体内分子を網羅的に解析するオミクス解析の進展は，生命現象を多角的に解析して応用してバイオ燃料や化成品などの有用物質を生産する研究などへも展開しつつある．これまでの筆者の刊行シリーズで紹介してきたように，代謝を創造したり構築したりする「合成生物工学」の発展も期待されている．

　「時間」という要素の取り込みにより生命の「動態」研究へのシフトが一段と進むと考えられるが，そうすると，これまで漠然としてとらえどころのなかった研究への挑戦が創出されてくる．本著書の趣旨である「人工細胞創製」は，まさに，これらの研究の一つであり，「必然」でもある．上記のような基盤研究をもとにして，生体分子や生命システムを「人工的に創り出す」作業を通じて生命を理解し，新しいテクノロジーを誘発しようとする人工細胞設計の研究が本格化してきている．本著で紹介しているように，それらのもとになる各種要素技術の開発と確立も精力的に進んでおり，それぞれの要素は新しい技術や発明につながりつつある．

　本企画では，生物が有する様々な機能を解明し，これを人工的に再構成した人工細胞を用いて，生命の基礎解析への展開とならんで応用展開もめざして進みつつある研究の現況をまとめる．

　最後に，ご多忙の中，ご執筆いただきました先生方に，感謝いたしますとともに，本著での研究分野でのさらなるご活躍を祈念いたします．

2017年1月1日

京都大学　大学院農学研究科
植田充美

執筆者一覧（執筆順）

植田　充美	京都大学　大学院農学研究科　応用生命科学専攻　生体高分子化学分野　教授
網蔵　和晃	東京大学　大学院新領域創成科学研究科　メディカル情報生命専攻　助教
上田　卓也	東京大学　大学院新領域創成科学研究科　メディカル情報生命専攻　教授
安達　仁朗	(国研)理化学研究所　生命システム研究センター　無細胞タンパク質合成研究ユニット　研究員
清水　義宏	(国研)理化学研究所　生命システム研究センター　無細胞タンパク質合成研究ユニット　ユニットリーダー
金森　崇	ジーンフロンティア㈱　基盤技術開発部　部長
重田　友明	兵庫県立大学　大学院工学研究科　応用化学専攻　研究員
町田　幸大	兵庫県立大学　大学院工学研究科　応用化学専攻　助教
今高　寛晃	兵庫県立大学　大学院工学研究科　応用化学専攻　教授
芳坂　貴弘	北陸先端科学技術大学院大学　先端科学技術研究科　マテリアルサイエンス系　教授
岡野　太治	中央大学　理工学部　精密機械工学科　助教
鈴木　宏明	中央大学　理工学部　精密機械工学科　教授
車　兪澈	東京工業大学　地球生命研究所　特任准教授
佐々木　善浩	京都大学　大学院工学研究科　高分子化学専攻　准教授
秋吉　一成	京都大学　大学院工学研究科　高分子化学専攻　教授；JST-ERATO
下林　俊典	(国研)海洋研究開発機構　数理科学・先端技術研究分野　研究員
濱田　勉	北陸先端科学技術大学院大学　先端科学技術研究科　マテリアルサイエンス系　生命機能工学領域　准教授
瀧ノ上　正浩	東京工業大学　情報理工学院　准教授
吉田　昭太郎	東京大学　生産技術研究所　竹内昌治研究室　特任研究員
神谷　厚輝	(公財)神奈川科学技術アカデミー　人工細胞システムグループ；JSTさきがけ
竹内　昌治	東京大学　生産技術研究所　教授；(公財)神奈川科学技術アカデミー　人工細胞システムグループ

下 川 直 史	北陸先端科学技術大学院大学　先端科学技術研究科 マテリアルサイエンス系　助教	
高 木 昌 宏	北陸先端科学技術大学院大学　先端科学技術研究科 マテリアルサイエンス系　教授	
古 村 　 峻	京都大学　大学院農学研究科　応用生命科学専攻 生体高分子化学分野	
青 木 　 航	京都大学　大学院農学研究科　応用生命科学専攻 生体高分子化学分野　助教	
市 橋 伯 一	大阪大学　大学院情報科学研究科　准教授	
庄 田 耕一郎	東京大学　大学院総合文化研究科　生命環境科学系　助教	
陶 山 　 明	東京大学　大学院総合文化研究科　生命環境科学系　教授	
藤 原 　 慶	慶應義塾大学　理工学部　生命情報学科　助教	
森 泉 芳 樹	東京大学　大学院工学系研究科　応用化学専攻	
田 端 和 仁	東京大学　大学院工学系研究科　応用化学専攻　講師	
木 賀 大 介	早稲田大学　理工学術院　先進理工学部　電気・情報生命工学科 教授	
黒 田 知 宏	東京大学　大学院理学系研究科　化学専攻　生物有機化学研究室	
後 藤 佑 樹	東京大学　大学院理学系研究科　化学専攻　生物有機化学研究室 准教授	
菅 　 裕 明	東京大学　大学院理学系研究科　化学専攻　生物有機化学研究室 教授	
末 次 正 幸	立教大学　理学部　生命理学科　准教授	
平 尾 一 郎	Institute of Bioengineering and Nanotechnology (IBN), A*STAR, Singapore, Team Leader and Principal Research Scientist	
木 本 路 子	Institute of Bioengineering and Nanotechnology (IBN), A*STAR, Singapore, Senior Research Scientist	
玉 井 美 保	北海道大学　大学院歯学研究科　助教	
田 川 陽 一	東京工業大学　生命理工学院　准教授	
黒 田 浩 一	京都大学　大学院農学研究科　応用生命科学専攻 生体高分子化学分野　准教授	

目　　次

第1章　タンパク質合成技術

1　無細胞タンパク質合成系による生命システムの再構成
　………　**網蔵和晃，上田卓也**…　1
　1.1　はじめに ………………………　1
　1.2　無細胞タンパク質合成系 …………　1
　1.3　再構成型無細胞タンパク質合成系 PURE system ……………………　2
　1.4　合成生物学と PURE system ………　3
　1.5　まとめ …………………………　5

2　人工細胞と無細胞タンパク質合成システム　…………　**安達仁朗，清水義宏**…　8
　2.1　はじめに ………………………　8
　2.2　タンパク質合成システムの構成要素 ………………………………　8
　2.3　生命の定義と生命の再構築へむけた試み ……………………………　9
　2.4　恒常性の維持 …………………　9
　2.5　進化の実装 ……………………　11
　2.6　自己組織化 ……………………　12
　2.7　おわりに ………………………　12

3　再構成型無細胞タンパク質合成系の有用性　………………　**金森　崇**…　15
　3.1　はじめに ………………………　15
　3.2　無細胞タンパク質合成系の概要 …　15
　3.3　再構成型無細胞タンパク質合成系を用いた活性型タンパク質の合成 …　16
　3.4　無細胞タンパク質合成系の応用 …　19
　3.5　おわりに ………………………　22

4　ヒト完全再構成型タンパク質合成システム
　………　**重田友明，町田幸大，今高寛晃**…　23
　4.1　はじめに ………………………　23
　4.2　C-型肝炎ウイルス（HCV）-IRES（Internal Ribosome Entry Site）依存性システム ………………　24
　4.3　シャペロンを添加した HCV-IRES 依存性システム …………………　25
　4.4　脳心筋炎ウイルス（EMCV）-IRES 依存性システム …………………　27
　4.5　ヒト完全再構成型タンパク質合成システム ……………………………　29
　4.6　まとめ …………………………　29

5　非天然アミノ酸の導入　…　**芳坂貴弘**…　31
　5.1　はじめに ………………………　31
　5.2　無細胞翻訳系を用いた非天然アミノ酸の導入 …………………………　31
　5.3　細胞内での非天然アミノ酸の導入 …　33
　5.4　直交型リボソームによる非天然アミノ酸の導入 ……………………………　35
　5.5　非天然アミノ酸の導入によるタンパク質の人工機能化 …………………　36
　5.6　おわりに ………………………　37

第2章 人工膜創製技術

1 人工細胞の容器としてのリポソーム
　　　　　……岡野太治, 鈴木宏明… 39
　1.1 はじめに …………………… 39
　1.2 人工細胞膜としてのリポソーム作製法 …………………………… 40
　1.3 細胞の成長と分裂を模擬した膜ダイナミクス ………………………… 41
　1.4 動的な膜特性を活用した人工細胞リアクタ ………………………… 45
　1.5 おわりに …………………… 47
2 無細胞タンパク質合成系とベシクルによる人工細胞の構築 ……… 車 兪澈… 49
　2.1 はじめに …………………… 49
　2.2 人工細胞構築のためのアプローチ … 49
　2.3 自己複製の創発 …………… 51
　2.4 膜タンパク質による膜の機能化 … 54
　2.5 おわりに …………………… 57
3 リポソームによる人工細胞の創製
　　　　　……佐々木善浩, 秋吉一成… 59
　3.1 はじめに …………………… 59
　3.2 膜モルフォジェネシス ……… 59
　3.3 ハイブリッドリポソーム ……… 62
　3.4 人工細胞としてのプロテオリポソーム …………………………… 63
　3.5 おわりに …………………… 64
4 ベシクルの複合化による人工細胞構築の新展開 …… 下林俊典, 濱田 勉… 67
　4.1 はじめに …………………… 67
　4.2 組成が非対称な多成分リポソームから紐解く脂質ラフトの形成メカニズム ……………………………… 67
　4.3 細胞接着を模倣する再構成システムの開発 ………………………… 70
　4.4 細胞サイズ膜小胞内の分子システムが受ける物理的効果 ……… 71
　4.5 まとめ ……………………… 73
5 バイオソフトマターの物理工学に基づく非平衡開放系の人工細胞の構築と制御 …………… 瀧ノ上正浩… 75
　5.1 はじめに …………………… 75
　5.2 非平衡開放系の人工細胞の現状 … 76
　5.3 マイクロ流路によるコンピュータ制御型の人工細胞 ………………… 78
　5.4 DNAナノ構造による人工細胞 …… 82
　5.5 おわりに …………………… 83
6 マイクロ・ナノデバイスによる膜系システムの理解
　　… 吉田昭太郎, 神谷厚輝, 竹内昌治… 85
　6.1 はじめに …………………… 85
　6.2 液滴接触法による平面脂質二重膜作製とイオンチャネル計測 ……… 86
　6.3 マイクロ流路中における流体のせん断力を利用した脂質二重膜形成方法 ………………………………… 89
　6.4 マイクロデバイスによるリポソームの作製 ………………………… 89
　6.5 結論 ………………………… 92
7 膜弱秩序構造のダイナミクス
　　　　　……下川直史, 高木昌宏… 94
　7.1 はじめに …………………… 94
　7.2 二次元マイクロエマルション：ラインアクタント ………………… 96
　7.3 静電相互作用を伴う相分離 …… 97
　7.4 静電相互作用による膜の自発的変形 ……………………………… 100
　7.5 まとめ ……………………… 102

第3章　人工細胞創製

1　クレイグ・ベンターの戦略
　……………古村　崚, 青木　航… 105
　1.1　はじめに―クレイグ・ベンターの紹介― …………………… 105
　1.2　最小ゲノムの構築に向けて ……… 106
　1.3　ゲノムの人工合成技術の確立 …… 107
　1.4　ゲノムの移植技術の確立 ………… 109
　1.5　最小ゲノムの構築 ………………… 110
　1.6　おわりに …………………………… 112
2　進化する人工細胞の構築と生命の起源
　………………………… 市橋伯一… 114
　2.1　序論：生命の初期進化の理解を目指して …………………………… 114
　2.2　進化するために必要な条件 ……… 115
　2.3　第1世代進化システム …………… 115
　2.4　遺伝情報を翻訳することの重要性… 116
　2.5　第2世代進化システム …………… 117
　2.6　第3世代以降の進化システム …… 121
　2.7　まとめと展望 ……………………… 121
3　RNAを転写因子とする人工遺伝子回路の創製 …… 庄田耕一郎, 陶山　明… 123
　3.1　はじめに …………………………… 123
　3.2　遺伝子回路 ………………………… 123
　3.3　RNA転写因子 ……………………… 123
　3.4　DNAコンピュータRTRACS …… 125
　3.5　RTRACSによる人工遺伝子回路… 127
　3.6　人工細胞の境界としてのベシクル… 128
　3.7　膜タンパク質の導入に適したGUV調製法 ……………………………… 128
　3.8　GUVに封入した人工遺伝子回路… 129
　3.9　外部シグナルによるGUV内人工遺伝子回路の動作制御 ……………… 131
　3.10　おわりに ………………………… 132
4　無細胞システムによる生命システムの理解 ………………… 藤原　慶… 134
　4.1　無細胞システムで生命システムを理解することは可能か？ ………… 134
　4.2　濃厚な抽出液を創る ……………… 134
　4.3　濃厚な抽出液に欠けているもの … 136
　4.4　人工細胞を用いた空間サイズ効果の解明 ………………………………… 137
　4.5　人工細胞を用いた脂質膜の化学特性効果の解明 …………………………… 137
　4.6　人工細胞の中に生体並み濃度の抽出液を用意する ……………………… 138
　4.7　細胞並みに膜タンパク質を持つ人工細胞は創成可能か？ …………… 139
　4.8　細胞抽出液は創れるか？ ………… 139
　4.9　生命システムの絡み合いを考察する ……………………………………… 140
　4.10　物質から細胞を再び創り上げることは可能か？ …………………… 141
5　マイクロデバイスを用いた細胞の構成的理解 ……… 森泉芳樹, 田端和仁… 143
　5.1　はじめに …………………………… 143
　5.2　「器」に求められる役割 ………… 143
　5.3　微細加工技術で器を創る ………… 144
　5.4　フェムトリットルチャンバーと, Arrayed Lipid Bilayer Chambers 「ALBiC」 …………………………… 146
　5.5　大腸菌とALBiCを融合させた人工細胞系 ……………………………… 147
　5.6　最後に ……………………………… 148

第4章　展開

1　設計生物学 ……………… **木賀大介** … 150
　1.1　はじめに …………………………… 150
　1.2　指数関数的な技術の発達の前提：数理モデルにより表現される原理と再現性 ……………………………………… 151
　1.3　原理の数理モデルによる説明が博物学から確立される過程と数理モデル化の限界 …………………………… 153
　1.4　生物学における「モデル」の扱い … 154
　1.5　合成生物学の黎明期：天然の系の本質を抽出して単純化した人工遺伝子回路の構築 …………………… 154
　1.6　人工遺伝子回路の組み合わせによる設計生物学 ……………………… 156
　1.7　人工遺伝子回路 toggle switch の拡張1：遺伝子大量発現による多様化のプログラミング ……………… 157
　1.8　人工遺伝子回路 toggle switch の拡張2：細胞間通信による多様化の設計 …………………………………… 158
　1.9　設計生物学の今後と人工細胞の創製 ………………………………………… 160
2　遺伝暗号リプログラミングによる人工翻訳系の創製
　　…… **黒田知宏**，後藤佑樹，菅　裕明 … 162
　2.1　はじめに …………………………… 162
　2.2　遺伝暗号リプログラミング法の概要とその歴史 …………………………… 162
　2.3　人工翻訳系の創製 ………………… 164
　2.4　おわりに …………………………… 170
3　ゲノム複製サイクル再構成系とその展望 …………………… **末次正幸** … 172
　3.1　人工細胞とゲノム複製 …………… 172
　3.2　DNA複製研究における試験管内再構成アプローチ ……………………… 172
　3.3　ミニ染色体複製再構成系における複製の開始と伸長 ……………………… 174
　3.4　複製終結と環状DNA分離 ……… 176
　3.5　複製を何度も繰り返す～複製サイクルの再構成にむけて ………………… 177
　3.6　ゲノム複製再構成系の応用利用 … 179
4　ボトムアップで細胞を理解する『リバース分子生物学』の提唱
　　………………………… **青木　航** … 181
　4.1　はじめに …………………………… 181
　4.2　現代生命科学の方法論 …………… 181
　4.3　リバース分子生物学の提唱 ……… 182
　4.4　リバース分子生物学の実証 ……… 184
　4.5　生命の完全な理解に向けて ……… 185
5　人工塩基対による遺伝情報の拡張
　　…………………… **平尾一郎**，木本路子 … 187
　5.1　はじめに …………………………… 187
　5.2　第三の塩基対として機能する人工塩基対 …………………………………… 188
　5.3　人工塩基対を用いた応用研究 …… 191
　5.4　おわりに …………………………… 195
6　哺乳類生命体培養モデルの創成
　　…………………… **玉井美保**，田川陽一 … 197
　6.1　はじめに …………………………… 197
　6.2　哺乳類の構造 ……………………… 197
　6.3　人工生命培養モデルの構築 ……… 200
　6.4　人工生命培養モデルの応用と期待 … 204
7　セルファクトリーから真のスマートセル構築に向けて
　　…………………… **黒田浩一**，植田充美 … 207
　7.1　はじめに …………………………… 207

7.2 セルファクトリーに向けた試み … 207
7.3 細胞内局在化 ……………………… 208
7.4 宿主細胞プラットフォーム ……… 210
7.5 スマートセルに向けた新たな技術 … 214
7.6 おわりに ………………………… 214

第1章 タンパク質合成技術

1 無細胞タンパク質合成系による生命システムの再構成

網藏和晃[*1], 上田卓也[*2]

1.1 はじめに

 従来の生体の解析を中心とした要素還元主義的な生物学, 生物をシステムとしてとらえ構成要素の相互作用やダイナミクスを解析するシステム生物学とは異なり, ある環境の中で目標設定した動作を行える人工生命システムの合成とその解析から生命を理解しようとするのが合成生物学である。そして, その最終的な目標の一つが人工細胞の実現である。生命が持つ翻訳システムをボトムアップ的に再構成した無細胞タンパク質合成系は, "増殖"する人工細胞の実現のための要素技術として, 関連技術のさらなる発展が期待されている。本稿では, 細胞抽出液を用いた無細胞タンパク質合成系と再構成型無細胞タンパク質合成系である PURE system の発展の状況を振り返り, さらに合成生物学における無細胞タンパク質合成系の役割, また人工細胞の実現に向け取り組むべき課題について述べる。

1.2 無細胞タンパク質合成系

 無細胞タンパク質合成系とは, RNA から翻訳の辞書である遺伝暗号に基づいて, 配列を制御してアミノ酸を重合してタンパク質（ペプチドを含む）を合成する無細胞のシステムを指す。一般的には, タンパク質の配列をコードする DNA もしくは mRNA を生物の翻訳プロセスに関わる因子を含む溶液に添加して, タンパク質を合成する手法である。

 19世紀末の Buchner による細胞抽出液を用いた無細胞でのアルコール発酵現象の発見は, 物質代謝を司る酵素分子の存在の解明への糸口となり, 生化学という学問領域の源となった。細胞抽出液を利用した無細胞タンパク質合成系の歴史は, 1950年代に Winnick, Borsook, Zamecnik らといったグループからの, 組織破砕液がタンパク質合成活性を有しているという報告に始まる[1〜3]。つまり, 無細胞での遺伝情報発現系の再現である。さらに Nirenberg のグループは, 1961年に大腸菌抽出液にポリウリジル酸の RNA を添加すると, フェニルアラニンが重合することを見出した[4]。また, さまざまな合成 RNA による無細胞でのタンパク質合成系と, リボソーム上でトリプレットコドンに対して1つのアミノ酸を結合した tRNA が対合することを示した

[*1] Kazuaki Amikura 東京大学 大学院新領域創成科学研究科 メディカル情報生命専攻 助教

[*2] Takuya Ueda 東京大学 大学院新領域創成科学研究科 メディカル情報生命専攻 教授

実験[5]により,アミノ酸とコドンの対応関係が決定され,アミノ酸20種類より構成される普遍遺伝暗号表が解明された。

　無細胞タンパク質合成系は,生細胞を用いたタンパク質生産と異なり,細胞毒性を示すタンパク質も合成でき,またタンパク質合成反応の条件を制御しやすいという点があるが,当初は合成量が低く,放射性標識されたアミノ酸を用いることで合成されたタンパク質を検出できる程度であった。そのため,主に翻訳や翻訳後のプロセスの分子機構の解析に使用されていた。しかしながら,1988年にSpirinが,限外ろ過を行いながら無細胞タンパク質合成系に連続的にアミノ酸やATPなどのエネルギー源を供給することで,タンパク質合成が数十時間継続することを示し[6],組み換えDNAによるタンパク質発現系の代替技術として無細胞タンパク質合成系が注目を浴びるようになった。その後,理化学研究所の横山グループは大腸菌抽出液の調製法を,愛媛大学遠藤のグループは小麦胚芽抽出系の調製法を改良し,反応液1 mlあたりのタンパク質合成量を1 mg以上に増大させた[7,8]。また,大腸菌抽出液や小麦胚芽抽出液以外にも,多種類の生物種の無細胞タンパク質合成系が開発されている。酵母,ウサギ網状赤血球,昆虫細胞,植物細胞,病原微生物,哺乳類培養細胞などの細胞抽出液を用いた無細胞タンパク質合成系が開発され,各々の特性を考慮して,研究目的に合わせて利用されている[9]。最近では,人工遺伝子回路のプロトタイプの評価系として細胞内実験系の代わりに無細胞タンパク質合成系の利用が提唱されている。人工遺伝子回路とは相互作用する遺伝子およびタンパク質の組み合わせから構成されたシステムであり,特定のシグナルや環境下において設定した動作を個々の細胞に行わせる。無細胞タンパク質合成系を用いて人工遺伝子回路の評価ができれば,細胞内代謝系の人工遺伝子回路への干渉,系の最適化が in vitro の系より煩雑,細胞毒性の高い人工遺伝子回路は導入できない,といった問題点を回避することができる[9]。

1.3　再構成型無細胞タンパク質合成系 PURE system

　無細胞タンパク質合成系の改良が進むのと並行して,精製した翻訳因子によるタンパク質合成系を構築する試みもなされてきた。まず,Weissbachらは,その当時発見されていなかったRF3を除く翻訳に必要な全ての因子を,大腸菌より個々に精製し再構成し,DNAもしくはmRNAからタンパク質を合成させることに成功した[10]。しかし,大量発現系がまだ開発されていない時代であり,個々の翻訳因子の精製度また収量は十分ではなく,また無細胞系から合成されたタンパク質は非常に微量であった。それから数年して,Ganozaらも,天然の細胞から抽出した翻訳因子とアミノアシル化tRNAを用いた類似実験から,タンパク質の合成に成功した[11]。だがこの系も,アミノアシル化tRNA合成酵素を含まないため,tRNAが再利用されずタンパク質合成量は低かった。

　2001年,筆者らのグループにより,再構成型無細胞タンパク質合成系（Protein synthesis Using Recombinant Elements system：PURE system）が開発された[12]。PURE systemは,細胞抽出液を使用した従来の無細胞タンパク質合成系とは異なり,個別に精製された転写,翻訳,お

よびエネルギー再生に必要な因子から構成される合成系である（図1）。PURE system には，タンパク質合成に関わる各翻訳因子，リボソーム，tRNA のアミノアシル化に必須である20種類のアミノアシル化 tRNA 合成酵素，タンパク質合成過程に必要な ATP などのエネルギー再生系が含まれている（図1）。同じ年に Forster らが，あらかじめアミノアシル化された tRNA セットによる再構成型無細胞タンパク質合成系を発表しているが，アミノアシル化 tRNA 合成酵素を含まないこの系の合成量は低く長鎖のタンパク質の合成には至らなかった[13]。

　PURE system の特長として，第一に，細胞抽出液を用いないために，ヌクレアーゼなどのタンパク質合成を阻害する因子や，タンパク質合成に無関係な因子の混入がほとんどない点である。このため，合成産物（転写産物および翻訳産物）の分解がほとんど起こらない。また，合成産物の酵素活性測定や結合活性測定も，合成反応液をそのまま使用できる場合が多い。第二の特長は，合成反応液の組成を使用目的に応じて自在に調節できる点にある。例えば，特定の因子を含まない反応液を調製することも容易である。これらの特長は，非天然型アミノ酸が導入されたタンパク質の合成や in vitro ディスプレイといった試験管内進化実験系を構築するのに非常に大きな利点となる[14,15]。近年では，マイクロチャンバーを利用して無細胞タンパク質合成系を微小空間に封入した実験系の開発が盛んになってきている[16]。PURE system も当初は合成量が低かったが，反応液組成の改良が進んだ結果，現在では 1 mg/ml 以上の合成量を得ることも可能になっている[17]。かつては，PURE system は大腸菌由来の翻訳因子から構築されたもののみであったが，近年，ヒトや酵母などの真核生物由来の PURE system が開発されている[18]。

1.4　合成生物学と PURE system

　合成生物学とは，生命の原理および機能の解明について構成的アプローチから迫ろうとする新

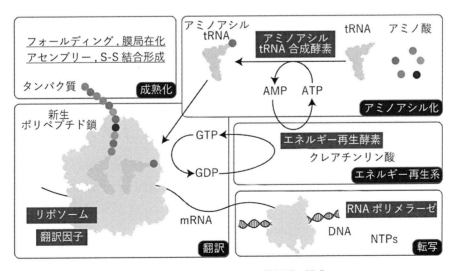

図1　PURE system とその拡張系の構成

たな学問分野である。具体的には，生命を構成する生体高分子を組み合わせ，試験管内で再構成し機能する生命システムを構築するボトムアップ的アプローチや，多数の遺伝子群の導入や組み直しから細胞機能を大幅に操作改変するトップダウン的アプローチにより，生命システムを創ろうとする試みである。前者のアプローチでは，構成した生命システムを集積して，人工的に細胞を創ることが大きな目標であり，今までの膨大な分子生物学的知見の蓄積とバイオテクノロジーの基盤技術の発展から実現性が高まってきている。人工細胞の研究では，生命システムをリポソーム中に組み込み，細胞の機能を示すシステムを作製することが試みられている。中でも，セントラルドグマを構成する遺伝子複製系やタンパク質合成系はもっとも生命の本質に近いシステムと考えられ，リポソームへ組み込むべきシステムと考えられている。特に，再構成型タンパク質合成系である PURE system をリポソーム内に封入したシステムはよく用いられる。これは，PURE system が，系内の分子および化学反応を把握でき，制御も容易であるため，系内の状態が未だにブラックボックスである細胞抽出液を用いた無細胞タンパク質合成系と比較すると，人工細胞の実現にもっとも有利なシステムであると考えられるからである。実際に，複製系については，RNA レプリカーゼを封入して遺伝情報が複製する人工細胞の構築が進んでいる[19,20]。また，転写や翻訳反応のリポソーム内での再構築の報告もなされている[21~25]。その他にも，エネルギー生産やタンパク質の輸送といった，転写と翻訳以外の生命にとって重要なシステムの構成が進められている。例えば，PURE system で ATP 合成酵素を発現させたエネルギーを生産するリポソームや，PURE System で分泌タンパク質や膜タンパク質の転送装置であるトランスロコンを有するリポソームの作製が報告されている[21,26]。

　合成生物学では，生命のもっとも重要な特質の一つである「増殖」の特性を有する人工細胞の創出が大きな目標となる。生命システムが遺伝情報に変異を生じながら増殖することにより，生命にとって重要なもう一つの特質である外界に対応した「進化」も可能となる。増殖する生命システムの実現には，PURE system 自体の増殖も必要不可欠である。PURE system は，開始因子，伸長因子，終結因子などの翻訳因子と，遺伝暗号の構成に必要なアミノアシル化 tRNA 合成酵素と tRNA，リボソームから構成されている。この中で，翻訳因子やアミノアシル化 tRNA 合成酵素は PURE system で DNA から生産（増殖）可能であるが，リボソームと tRNA を DNA から無細胞的に生産することは，現時点では実現できておらず，解決すべき課題の一つである。リボソームを無細胞的に生産しようとする試みは既に始まっている。Jewett らは，リボソームを除いたタンパク質合成系内で，リボソーマル RNA の転写反応，転写されたリボソーマル RNA と天然より抽出したリボソーマルタンパク質群のアセンブリーによるリボソームの再構成，再構成されたリボソームによるタンパク質合成が同時に起きる iSAT システムを開発した（図2上）[27,28]。しかしながら，再構成したリボソームのタンパク質合成量は著しく低く，今後リボソーム生合成因子や修飾因子の添加などによる改善が必要であろう。一方で，無細胞的に転写させた転写 tRNA は古くから研究に用いられており，既にアミノ酸20種類を翻訳できる転写 tRNA による無細胞タンパク質合成系は構築されている[29,30]。しかしながら，その翻訳効率は天

第1章　タンパク質合成技術

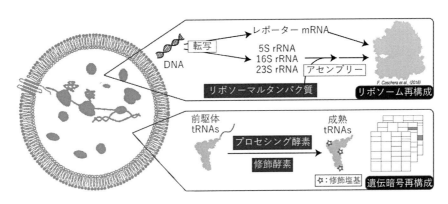

図2　増殖する生命システムへ向けて

然のtRNAと比較すると低い。これは，転写tRNAには存在しない修飾塩基が翻訳プロセスに重要であることを示唆している。今後は，適当な塩基修飾を導入することで翻訳の効率および忠実度の高い転写tRNAセットの開発が期待される（図2下）。このような，超分子複合体であるリボソームの試験管内再構成や適切なtRNAセットの構築といった課題の他に，"増殖"の創出へ向けた課題は他にもある。PURE systemは，試験管内やリボソームのような閉じた系において，タンパク質合成を継続的に長時間行えないという課題がある。現状，閉鎖系で反応を行った場合，リン酸の蓄積やエネルギーの枯渇からタンパク質合成が数時間で停止する。半透膜を介した低分子化合物の除去・供給による解決が他の無細胞タンパク質合成系では一般的であるが，細胞同様に遺伝子から代謝系や輸送系を発現させることが，「増殖」という特性を有する人工細胞の実現には望ましいであろう。既に，解糖系などを利用した代謝系の無細胞タンパク質合成系への導入など，いくつかの方法が提案されているが，効果は十分といえず，さらなる最適な系の開発が期待されている分野である[31]。

1.5　まとめ

上述したように生命システムの部分的な再構成については，PURE systemをはじめとしていくつか見るべき進展がある。今後，これまで紹介してきたようなボトムアップ的な生命システムの構築を通して得た知見を，ゲノムの大規模改変などからのトップダウン的な理解と組み合わせていく必要があるだろう。Venterらによる化学合成されたゲノムによる生存可能な細胞の実現とその単純化の成功は，ゲノム配列のみでは，そこから発現される生命システムについての理解に至らないことを改めて実感させた[32]。また，Churchらによる大規模な遺伝子改変技術の発展は，トップダウン的にゲノムを単純化し，ある意味では人工細胞といえるような最小生命システムの構成に繋がると期待されている[33]。このようなトップダウン的な研究から得られる情報とさらなる分子生物学的知見の深化から，これまでに再構成された生命システムをいかにして集積・統合していくかというフレームワークを形成させていくことが人工細胞の実現に繋がっていくだ

ろう。

文　献

1) T. Winnick, *Arch. Biochem.*, **27**, 65 (1950)
2) H. Borsook, *Physiol. Rev.*, **30**, 206 (1950)
3) P. C. Zamecnik, E. B. Keller, *J. Biol. Chem.*, **209**, 337 (1954)
4) M. W. Nirenberg, J. H. Matthaei, *Proc. Natl. Acad. Sci. U.S.A.*, **47**, 1588 (1961)
5) M. Nirenberg, P. Leder, *Science*, **145**, 1399 (1964)
6) A. Spirin, V. Baranov, L. Ryabova, S. Ovodov, Y. Alakhov, *Science*, **242**, 1162 (1988)
7) T. Kigawa, T. Yabuki, Y. Yoshida, M. Tsutsui, Y. Ito, T. Shibata, S. Yokoyama, *FEBS Lett.*, **442**, 15 (1999)
8) K. Madin, T. Sawasaki, T. Ogasawara, Y. Endo, *Proc. Natl. Acad. Sci. U. S. A.*, **97**, 559 (2000)
9) J. G. Perez, J. C. Stark, M. C. Jewett, *Cold Spring Harb. Perspect. Biol.*, **8**, a023853 (2016)
10) H. F. Kung, F. Chu, P. Caldwell, C. Spears, B. V. Treadwell, B. Eskin, N. Brot, H. Weissbach, *Arch. Biochem. Biophys.*, **187**, 457 (1978)
11) M. C. Ganoza, C. Cunningham, R. M. Green, *Proc. Natl. Acad. Sci. U. S. A.*, **82**, 1648 (1985)
12) Y. Shimizu, A. Inoue, Y. Tomari, T. Suzuki, T. Yokogawa, K. Nishikawa, T. Ueda, *Nat. Biotechnol.*, **19**, 751 (2001)
13) A. C. Forster, H. Weissbach, S. C. Blacklow, *Anal. Biochem.*, **297**, 60 (2001)
14) I. Hirao, T. Kanamori, T. Ueda, *Protein Eng.*, **22**, 271 (2009)
15) S. Fujii, T. Matsuura, T. Sunami, Y. Kazuta, T. Yomo, *Proc. Natl. Acad. Sci. U. S. A.*, **110**, 16796 (2013)
16) T. Okano, T. Matsuura, H. Suzuki, T. Yomo, *ACS Synth. Biol.*, **3**, 347 (2013)
17) Y. Kazuta, T. Matsuura, N. Ichihashi, T. Yomo, *J. Biosci. Bioeng.*, **118**, 554 (2014)
18) K. Machida, S. Mikami, M. Masutani, K. Mishima, T. Kobayashi, H. Imataka, *J. Biol. Chem.*, **289**, 31960 (2014)
19) N. Ichihashi, T. Matsuura, H. Kita, T. Sunami, H. Suzuki, T. Yomo, *Cold Spring Harb. Perspect. Biol.*, **2**, a004945 (2010)
20) H. Kita, T. Matsuura, T. Sunami, K. Hosoda, N. Ichihashi, K. Tsukada, I. Urabe, T. Yomo, *Chembiochem*, **9**, 2403 (2008)
21) H. Matsubayashi, Y. Kuruma, T. Ueda, *Angew. Chem. Int. Ed.*, **53**, 7535 (2014)
22) W. Yu, K. Sato, M. Wakabayashi, T. Nakaishi, E. P. Ko-Mitamura, Y. Shima, I. Urabe, T. Yomo, *J. Biosci. Bioeng.*, **92**, 590 (2001)
23) P. van Nies, Z. Nourian, M. Kok, R. van Wijk, *ChemBioChem*, **14**, 1963 (2013)
24) S. M. Nomura, K. Tsumoto, T. Hamada, K. Akiyoshi, Y. Nakatani, K. Yoshikawa, *ChemBioChem*, **4**, 1172 (2003)

25) V. Noireaux, A. Libchaber, *Proc. Natl. Acad. Sci. U. S. A.*, **101**, 17669 (2004)
26) Y. Kuruma, T. Suzuki, S. Ono, M. Yoshida, *Biochem. J.*, **422**, 631 (2012)
27) M. Jewett, B. Fritz, L. Timmerman, G. Church, *Mol. Syst. Biol.*, **9**, 678 (2013)
28) B. Fritz, M. Jewett, *Nucleic Acids Res.*, **42**, 6774 (2014)
29) Y. Iwane, A. Hitomi, H. Murakami, T. Katoh, Y. Goto, H. Suga, *Nat. Chem.*, **8**, 317 (2016)
30) Z. Cui, V. Stein, Z. Tnimov, S. Mureev, K. Alexandrov, *J. Am. Chem. Soc.*, **137**, 4404 (2015)
31) J. Whittaker, *Biotechnol. Lett.*, **35**, 143 (2013)
32) C. A. Hutchison, R.-Y. Y. Chuang, V. N. Noskov, N. Assad-Garcia, T. J. Deerinck, M. H. Ellisman, J. Gill, K. Kannan, B. J. Karas, L. Ma *et al.*, *Science*, **351**, aad6253 (2016)
33) F. Isaacs, P. Carr, H. Wang, M. Lajoie, B. Sterling, L. Kraal, A. Tolonen, T. Gianoulis, D. Goodman, N. Reppas *et al.*, *Science*, **333**, 348 (2011)

2 人工細胞と無細胞タンパク質合成システム

安達仁朗[*1], 清水義宏[*2]

2.1 はじめに

　試験管内タンパク質合成，すなわち無細胞タンパク質合成の歴史は深く，分子生物学の発展してきた歴史と重なる。Crick によるセントラルドグマの提唱を受ける形で達成された Nirenberg と Matthaei による遺伝暗号の解明は大腸菌由来の細胞抽出液を用いた無細胞タンパク質合成の発見が不可欠であり[1]，その後も翻訳システムの基礎研究に重要な役割を果たしてきた。現在ではタンパク質の多品種生産や，毒性ポリペプチド産生，安定同位体標識系などの広範な用途に使用されている。また，タンパク質合成の由来となる種としても，大腸菌[1,2]だけにとどまらず，メタン菌や高度好熱菌などの古細菌，酵母や原虫などの真核単細胞生物，小麦胚芽やタバコなど植物由来の細胞や組織，ガなどの昆虫培養細胞，ウサギ網状赤血球やヒト培養細胞を含む哺乳細胞など多岐にわたり，それぞれ研究レベルで使用されている[3]。また，大腸菌，小麦胚芽，昆虫培養細胞，ウサギ網状赤血球，ヒト細胞に関してはそれぞれタンパク質合成キットが製品化販売されている。本稿では，これら無細胞タンパク質合成システムが人工細胞の創出にどのように関与しうるのか，最新の知見を交えてその展望を述べる。

2.2 タンパク質合成システムの構成要素

　細胞抽出液からなる無細胞タンパク質合成システムは，由来とする種によってそれぞれ特性が異なる。原核生物と真核生物とではタンパク質合成に関与する分子が異なり[4]，その品質管理に関与する分子群も異なる。細胞抽出液中には転写翻訳反応に関与する成分以外のものが不可避的に含まれ，抽出操作またはゲノムレベルにおいて意図的に除去されない限り，それぞれの種由来の構成成分が含まれる。その結果，種に応じたタンパク質合成システムそのものの特性，または，それ以外の細胞抽出液に含まれる成分の特性が大きく反映された反応系が構築される。大腸菌由来ならば単位反応時間あたりのタンパク質収量が高い，小麦胚芽や昆虫細胞，ヒト細胞などの高等動物由来ならば比較的長鎖のタンパク質の合成が可能である。また，ヒト細胞由来ならばヒト型の翻訳後修飾を施すことが可能であるなど，種由来の様々な特性を持ち，利用者は個々の目的に応じてどの種由来のシステムを用いるかを選択する。

　一方，生化学および分子生物学の進展とともに大腸菌を代表とする原核生物の転写翻訳系の全体像が明らかになると，無細胞タンパク質合成を個々の構成要素のみで構築する試みが始まった。先鞭をつけたのは，大腸菌由来の構成要素を元にした PURE system であり[5]，網蔵らの節

[*1] Jiro Adachi　（国研）理化学研究所　生命システム研究センター
　　　無細胞タンパク質合成研究ユニット　研究員
[*2] Yoshihiro Shimizu　（国研）理化学研究所　生命システム研究センター
　　　無細胞タンパク質合成研究ユニット　ユニットリーダー

第1章　タンパク質合成技術

において詳述されている。近年では高度好熱菌および結核菌の構成要素による再構成型システムが構築されており[6,7]、また、ヒト細胞由来の再構成型システムが構築されつつある[8]。

2.3　生命の定義と生命の再構築へむけた試み

　タンパク質合成は生命を構成する要素の源である多様なタンパク質を合成する最も基本的なプロセスである。これを個々の要素から再構成した無細胞タンパク質合成システムが構築されるとともに、生命を個々の要素から再構成する取り組みについても注目されるようになってきた。生体内で起こる様々な生化学反応系とタンパク質合成系を統合し、それらを高度に制御された系として再構築を行うことによって人工細胞の創製へとつなげる研究分野が創成されつつある。

　生命を定義するのは難しいが、NASAは「ダーウィン進化を受けながらも自らを維持できるシステム」という作業仮説を採用している[9,10]。この定義によると矛盾する二つの概念を内包するシステムの創製、すなわち、恒常性や自己同一性を保ち、自身を維持する一方でダーウィン進化という、変異による自身の変化をも許容できるシステムの創製が必要であるということになり、こうした点からも生命というものの捉え難さが分かる。そこでLuisiらはひとまずシンプルに生命を、「内部成分の産生に外部エネルギーや栄養を使い自らを維持するシステム」と進化可能性の側面を切り離して再定義しており[11]、本項でもLuisiの立場を起点に生命の再構築を考える。Luisiによる定義を別の言葉で表現すると「区画化され、外界からエネルギーや栄養を取り込んで恒常性を維持するシステム」となる。このシステムが自らを維持しつつ「多様性を保ちながら増殖し集団を作り、自然選択を受ける」ことにより、NASAの定義に沿う生命へと発展していくと考えられる。

2.4　恒常性の維持

　無細胞タンパク質合成は試験管内で行われることが多いが、その場合反応は閉鎖系であることから、基質の枯渇や副産物による阻害効果のため、反応が低下もしくは停止してしまう。物質生産システムとしての限界性能を引き出すには、これらの原因を除去する必要があるため、簡単な器具や装置による実装が試みられてきた。歴史的には、限外ろ過膜や透析膜によるふるい分けによる方法が用いられてきたが、近年では、マイクロ流路を用いた方法や、脂質膜を用いた方法などが考案されている。

2.4.1　限外ろ過膜や透析膜を用いる方法

　Spirinらは基質や原料物質を連続的に供給することで、無細胞タンパク質合成におけるタンパク質収量の向上を図った[12]。限外ろ過デバイスを小さな反応容器として用い、アミノ酸やエネルギー源となるヌクレオチドといった物質を連続的に添加しながらタンパク質合成反応を行い、さらに合成された産物を限外ろ過することで回収するシステムであり、これを連続フロー式無細胞システムと呼ぶ（図1(a)）。大腸菌抽出液で構成される無細胞システムを用いて20時間のタンパク質合成を行ったところ、これまでの閉鎖系の合成収量を大きく上回る$100\,\mu g/ml$のタンパク質

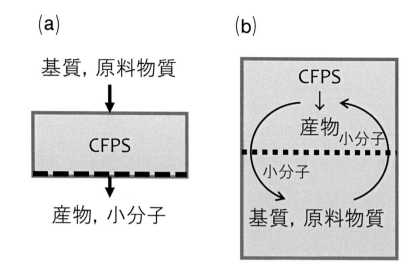

図1 開放系無細胞タンパク質合成システム
(a)連続フロー式システム，(b)連続交換式システム
(図中，CFPS は無細胞タンパク質合成システム (Cell-Free Protein Synthesis) を指す)

合成が可能であることを発見した。本法では送液にポンプを使用するなど比較的複雑な装置が必要であるため，より簡便な方法として Kim らは透析膜を使った方法として連続交換システム (図1(b)) を提案している[13]。この方法では透析外液として原料物質が供給され，産生されたタンパク質は透析膜内に残る点が連続フロー法とは異なる。本法を用いると14時間で 1 mg/ml のタンパク質が産生できるため，連続フロー式と比較しても10倍以上の収量でタンパク質が産生可能になる。再構成型のシステムでも微量透析デバイスを用いて同程度の収量のタンパク質が産生可能であると報告されている[14]。

2.4.2 マイクロ流路を用いる方法

シリコンやガラス基板に細かな流路を微細パターンとして造形し，化学反応や生化学反応を行うデバイスをマイクロ流路デバイスという。シリコン基板を用いたマイクロ流路の場合，送液のためのポンプやバルブの実装がシステムとして確立されているため，それらの機構を用いて基板上での反応条件を厳密に制御できる点に大きなメリットがある。田中らは，前述の連続フロー式システムを発展させ，マイクロ流路内に DNA 鋳型を固定化することによる開放系無細胞タンパク質合成システムの構築を行っている[15]。また，Bar-Ziv らは，シリコン基板上に半径50 μm，深さ 1〜3 μm の区画を造形し，DNA 鋳型を化学フォトリソグラフィによって底面に会合させ，

第1章　タンパク質合成技術

人工細胞を模倣した反応区画を構築した[16]。この反応区画は細い流路を利用した単純な溶液拡散に基づく開放系で構成されており，これを利用した遺伝子制御回路の実装や，区画間を細い流路で連結させることによる擬似的細胞間コミュニケーションの実装を行っている。

2.4.3 脂質膜を用いる方法

細胞は細胞膜によって外界と自己を区別し，膜および挿入されている膜タンパク質を通じて外部環境のセンシングや物質交換などを行う。こうした機構をそのまま開放系無細胞タンパク質合成システムへと適用する例も存在する。卵黄レシチンからなる人工リン脂質二重膜内にて，溶血に関与する膜タンパク質であるα-hemolysinを無細胞系によって合成すると，膜を介した低分子化合物の物質透過が観察される[17]。これはα-hemolysinが膜に組み込まれ，形成された細孔によるものであり，このようにして調製された膜内無細胞タンパク質合成システムは外液として存在するアミノ酸やエネルギー物質を取り込んで60時間以上のタンパク質合成を続ける開放系のシステムになる。また，秋吉らは細胞間におけるギャップ結合を形成する膜タンパク質connexinを脂質膜内にて無細胞合成する人工細胞を構築しており，人工細胞―細胞間における低分子化合物の物質交換を行うことができることを見出している[18,19]。

さらに，無細胞システムによるリン脂質合成系について，グリセロール-3-リン酸およびアシル-CoAという2種類のリン脂質前駆体とリン脂質合成酵素遺伝子群をPURE system内で混和することにより複数種のリン脂質が脂質膜内にて合成され，膜へと組み込まれることが報告されており[20]，タンパク質合成と膜合成の統合による細胞分裂可能な人工細胞創製につながる重要な結果であるといえる。脂質膜を用いた人工膜創製などに関しては次章に詳細に記述されている。

2.5 進化の実装

タンパク質工学の分野において，ファージディスプレイ法の登場により遺伝子型と表現型をリンクした形でタンパク質の分子進化を行うことが可能となった[21]。バクテリオファージのコートタンパク質の表面提示部位に標的遺伝子由来のペプチドやタンパク質を提示させ，その機能に応じた遺伝子の選択・濃縮を行うことによって目的に応じた機能を持つペプチドやタンパク質の取得が可能である。無細胞タンパク質合成システムを利用して，こうしたディスプレイ技術をより単純に分子複合体の形で発展させた最初の報告がMattheakisらのポリソームディスプレイ法である。この方法では無細胞タンパク質合成システムと標的遺伝子ライブラリおよび標的リガンドを混和した後，抗生物質を添加してタンパク質合成反応を停止させ，mRNA／リボソーム／ペプチド／標的リガンドの四者複合体を形成させ，これを超遠心により回収することで標的リガンドに結合可能なペプチドの選択を行った[22]。本技術は，鋳型核酸配列へのリンカー配列の導入や終止コドンの除去などによって構築されたリボソームディスプレイ法[23]や，抗生物質ピューロマイシンを介した共有結合によって遺伝子型と表現型をリンクさせたmRNAディスプレイ法[24]またはin vitro virus法[25]へと発展され，タンパク質工学には欠かせないツールとなっている。

これら無細胞タンパク質合成システムを利用した分子進化法を人工細胞とリンクさせた形で発展させる研究も行われている。Griffiths らは DNA 一分子を固定化したマイクロビーズを無細胞タンパク質合成システムと混和し，これをエマルションに封入した形で，セルソーターにより選択する分子進化法を開発しており[26]，近年では，本法を発展させ，エマルション PCR と組み合わせることによって遺伝子増幅からタンパク質合成，タンパク質の機能によるスクリーニングを連続的に行う系を開発している[27]。また，松浦らは脂質膜を用いた人工細胞を用いて遺伝子型と表現型をリンクさせることによって膜タンパク質の進化工学へと発展させている[28]。このように，無細胞タンパク質合成システムを基盤とした進化分子工学と人工細胞作製による進化機能の実装研究は非常に相性がよく，近年では，市橋らの節に詳述されているように，PURE system を元にした進化可能な人工細胞の作製とそれらの継代観察による進化の再構成研究などに発展しており，「ダーウィン進化を受けながらも自らを維持できるシステム」とした NASA の採用する作業仮説に近い人工細胞研究へと発展している。

2.6　自己組織化

　単体のタンパク質合成だけでなく複数のタンパク質を合成し，自己組織化可能な分子集合体を構築する手段として無細胞タンパク質合成システムを利用することもできる。車らは脂質膜と PURE system を混和し，多種類の膜タンパク質を同時に合成させることにより，脂質膜上に F_o・F_1 ATP 合成（分解）酵素や Sec トランスロコンなど，複雑な膜タンパク質複合体を活性のある形で再構成している[29]。人工膜創製による膜タンパク質複合体の再構成については次章，車らの節に詳述されている。

　また，より生命に近いと想起されるウイルス粒子の再構成についても無細胞システムを用いた研究が古くから行われている。ウイルス粒子はコートタンパク質などを調製し，これを試験管内にて再構成することにより感染能を持った粒子を構築可能であることから[30]，無細胞システムを用いたウイルス粒子の合成についても試みられてきた[31〜33]。Siemann らは 4 種類の遺伝子を持つ最小のウイルスの一つである MS2 ファージの RNA ゲノムを，無細胞タンパク質合成システムに投入することによって感染能を持つファージの形成を報告している[34]。近年の無細胞タンパク質合成システムによるウイルス粒子形成研究は，主に昆虫細胞や哺乳細胞などの真核生物由来の抽出液を用いて行われており[35]，今高らはピコルナウイルスである脳心筋炎ウイルス EMCV ゲノムをプラスミド上にクローニングし，そこから転写翻訳させたタンパク質を自己会合させ，電子顕微鏡により確認可能なウイルス粒子の形成を観察している[36,37]。

2.7　おわりに

　以上，NASA または Luisi が設定した生命の定義に関する作業仮説にしたがって無細胞タンパク質合成システムが人工細胞の創出にどのように関与できるか，またはしてきたかについて近年の研究成果を中心とした多様な研究展開を紹介した。今後，恒常性の維持や進化，あるいは自己

第1章 タンパク質合成技術

組織化といった研究を統合する形で，脂質膜やマイクロ流路などにタンパク質合成システムを中心とした様々な生命機能の実装が試みられ，生命とは何かに迫る研究が展開されていくと考えられる。

文　献

1) M. W. Nirenberg, J. H. Matthaei, *Proc. Natl. Acad. Sci. U.S.A.*, **47**, 1588 (1961)
2) H. Z. Chen, G. Zubay, *Meth. Enzymol.*, **101**, 674 (1983)
3) A. Zemella et al., *Chembiochem*, **16**, 2420 (2015)
4) S. Melnikov et al., *Nat. Struct. Mol. Biol.*, **19**, 560 (2012)
5) Y. Shimizu et al., *Nat. Biotechnol.*, **19**, 751 (2001)
6) Y. Zhou et al., *Nucleic Acids Res.*, **40**, 7932 (2012)
7) A. Srivastava et al., *PLoS ONE*, **11**, e0162020 (2016)
8) K. Machida et al., *J. Biol. Chem.*, **289**, 31960 (2014)
9) N. H. Horowitz, S. L. Miller, *Fortschr. Chem. Org. Naturst.*, **20**, 423 (1962)
10) G. F. Joyce, Origins of life: the central concepts, pp. xi-xii, Jones and Bartlett Publishers (1994)
11) P. L. Luisi, *Orig. Life Evol. Biosph.*, **28**, 613 (1998)
12) A. S. Spirin et al., *Science*, **242**, 1162 (1988)
13) M. Kim, C. Y. Choi, *Biotechnol. Prog.*, **12**, 645 (1996)
14) Y. Kazuta et al., *J. Biosci. Bioeng.*, **118**, 554 (2014)
15) Y. Tanaka, Y. Shimizu, *Anal. Sci.*, **31**, 67 (2015)
16) E. Karzbrun et al., *Science*, **345**, 829 (2014)
17) V. Noireaux, A. Libchaber, *Proc. Natl. Acad. Sci. U.S.A.*, **101**, 17669 (2004)
18) M. Kaneda et al., *Biomaterials*, **30**, 3971 (2009)
19) Y. Moritani et al., *FEBS J.*, **277**, 3343 (2010)
20) A. Scott et al., *PLoS ONE*, **11**, e0163058 (2016)
21) P. Smith, *Science*, **228**, 1315 (1985)
22) L. C. Mattheakis, R. R. Bhatt, W. J. Dower, *Proc. Natl. Acad. Sci. U.S.A.*, **91**, 9022 (1994)
23) J. Hanes, A. Plückthun, *Proc. Natl. Acad. Sci. U.S.A.*, **94**, 4937 (1997)
24) R. W. Roberts, J. W. Szostak, *Proc. Natl. Acad. Sci. U.S.A.*, **94**, 12297 (1997)
25) N. Nemoto et al., *FEBS Lett.*, **414**, 405 (1997)
26) A. Sepp, D. S. Tawfik, A. D. Griffiths, *FEBS Lett.*, **532**, 455 (2002)
27) A. Fallah-Araghi et al., *Lab Chip*, **12**, 882 (2012)
28) S. Fujii et al., *Proc. Natl. Acad. Sci. U.S.A.*, **110**, 16796 (2013)
29) Y. Kuruma, T. Ueda, *Nat. Protoc.*, **10**, 1328 (2015)
30) A. Aoyama, R. K. Hamatake, M. Hayashi, *Proc. Natl. Acad. Sci. U.S.A.*, **78**, 7285 (1981)

31) L. Villa-Komaroff *et al., Meth. Enzymol.*, **30**, 709 (1974)
32) A. C. Palmenberg, R. R. Rueckert, *J. Virol.*, **41**, 244 (1982)
33) E. Arnold *et al., Proc. Natl. Acad. Sci. U.S.A.*, **84**, 21 (1987)
34) V. L. Katanaev *et al., FEBS Lett.*, **397**, 143 (1996)
35) Y. V. Svitkin, N. Sonenberg, *J. Virol.*, **77**, 6551 (2003)
36) T. Kobayashi *et al., Biotechnol. Lett.*, **34**, 67 (2012)
37) T. Kobayashi *et al., Biotechnol. Lett.*, **35**, 309 (2013)

3 再構成型無細胞タンパク質合成系の有用性

金森　崇*

3.1 はじめに

「タンパク質を合成する」技術は，基礎生物学の分野だけでなく，タンパク質を利用するすべての産業においても非常に重要な技術である。例えば，医薬産業においては，近年，従来の低分子化合物からなる医薬品だけでなく，抗体などのタンパク質医薬品の開発も重要になってきている。そのため，医薬品を開発する技術としても，効率的にタンパク質を合成する技術が求められている。

タンパク質はアミノ酸がペプチド結合で連結したポリマーであるが，化学合成だけで効率よく合成することは難しい。そのため，現在は，大腸菌や哺乳細胞などの生細胞に合成したいタンパク質の遺伝子を導入し，組換えタンパク質として生細胞内で発現させる方法が主流である。生細胞を使用する方法は，多量のタンパク質を得ることができるが，細胞毒性を示すタンパク質を得ることができない，細胞培養など面倒な手順が必要である，などの欠点もある。これに対し，生細胞を用いない，いわゆる「無細胞タンパク質合成系」が開発改良され，タンパク質の合成技術として十分に実用に耐えうるものが入手可能となってきた。無細胞タンパク質合成系は，大腸菌や小麦胚芽などの細胞抽出液に目的タンパク質の遺伝子を加えて，生体外でタンパク質を合成する技術である。そのため，細胞毒性を示すタンパク質も合成可能であり，培養設備も必要としない。さらに，細胞抽出液ではなく，タンパク質合成に必要な因子を個別に精製して再構成した再構成型無細胞タンパク質合成系も開発され，利用されるようになってきた[1]。

本稿では，再構成型無細胞タンパク質合成系が，合成が難しい天然のタンパク質の合成技術としてだけでなく，人工タンパク質の選択および合成技術としても産業利用できる有用性を持った技術であることを紹介する。

3.2 無細胞タンパク質合成系の概要

無細胞タンパク質合成系は，現在の分子生物学で重要な遺伝暗号（コドン）の解読に使用された技術である。大腸菌抽出液に polyU mRNA を添加したときに，poly Phe ペプチドが合成され，UUU コドンがフェニルアラニンを指定することが明らかになったのである[2]。この後，様々なコドンが解読され，現在の遺伝暗号表が完成した。このように，目的のアミノ酸がつながった（ポリ）ペプチド（タンパク質）を，設計した遺伝子から無細胞タンパク質合成系で合成する方法は半世紀前から使用されている技術である。その後，大腸菌以外の細胞の抽出液でも，大腸菌抽出液同様に使用できることが分かり，小麦胚芽，酵母，ウサギ網状赤血球，昆虫細胞，哺乳類培養細胞などの細胞抽出液を使用した合成系が開発され，使用されてきた。これらの無細胞タンパク質合成系は，単にタンパク質を合成する技術としてだけでなく，細胞内の現象を試験管内で

---

*　Takashi Kanamori　ジーンフロンティア㈱　基盤技術開発部　部長

再現することで，その現象の謎を解き明かすための有用な技術として利用されてきた。タンパク質を合成する技術としては，細胞毒性を示すタンパク質も合成できる，タンパク質合成反応の条件を調整しやすいなどの利点があるが，当初の合成量は非常に低く，放射標識されたアミノ酸が導入された合成タンパク質産物が検出できる程度だった。しかし，1990年代から急速に技術開発が進み，大腸菌，小麦胚芽などの抽出液を利用した合成系では，反応液1 mL あたりのタンパク質合成量が1 mg 以上まで増大している[3,4]。

2001年，東京大学の上田らのグループにより，再構成型無細胞タンパク質合成系（PURE system）が開発された[1]。PURE system は，細胞抽出液を使用した無細胞タンパク質合成系とは異なり，個別に精製された転写，翻訳，およびエネルギー再生に必要な因子のみから再構成したユニークな合成系である。第一の特長は，タンパク質合成を阻害する因子（ヌクレアーゼやプロテアーゼなど）や，合成に無関係な因子（代謝系の酵素など）の混入がほとんどない点である。このため，合成産物（転写産物および翻訳産物）の分解がほとんど起こらない。また，合成したタンパク質の活性測定も合成反応液をそのまま使用できる場合が多い。第二の特長は，使用目的に応じて合成反応液の組成を自在に調節できる点にある。例えば，特定の構成因子のみ添加量を増量した反応液や，逆に添加しない反応液も容易に調製できる。これらの特長は，後述する無細胞タンパク質合成系を利用した非天然型アミノ酸導入タンパク質の合成や *in vitro* ディスプレイにおいて非常に大きな利点となっている。PURE system も当初は合成量が低かったが，反応液組成の改良が進んだ結果，現在では1 mg/mL 以上の合成量を得ることも可能になっている[5]。

タンパク質合成活性が高い細胞抽出液の取得や，PURE system の調製にはある程度の技術と手間が必要だが，現在では，様々な無細胞タンパク質合成試薬が複数の会社から市販されており，購入して使用することが可能である（表1）。

3.3 再構成型無細胞タンパク質合成系を用いた活性型タンパク質の合成

タンパク質が機能を果たすためには，合成後に特定の正しい高次構造を形成（フォールディング）し，さらにその高次構造を維持することが必要である。このようなタンパク質の高次構造の形成・維持に関与するタンパク質として細胞内には分子シャペロンというタンパク質ファミリー

表1　市販されている主な無細胞タンパク質合成試薬

	由来	主なメーカー
抽出液系	大腸菌	Promega, biotechrabbit, Thermo Fischer Scientific, 大陽日酸
	小麦胚芽	Promega, biotechrabbit, セルフリーサイエンス
	ウサギ網状赤血球	Promega, Thermo Fischer Scientific
	昆虫細胞	Promega, 島津製作所
	哺乳類培養細胞	Thermo Fischer Scientific, タカラバイオ
再構成系	大腸菌	New England Biolabs, ジーンフロンティア

第1章　タンパク質合成技術

が存在しており，Hsp70 ファミリーや Hsp60 ファミリーなどが良く知られている[6]。細胞抽出液を利用する無細胞タンパク質合成系では，分子シャペロンは抽出液に含まれているが，PURE system は前述のようにタンパク質合成に必要な因子のみから構成されているため，分子シャペロンもほとんど含まれていない。そのため，PURE system でタンパク質を合成する場合，フォールディングできず不溶性となるタンパク質も多いが，適切な分子シャペロンを添加した反応液で合成することにより，可溶性タンパク質として合成することができる[7]。

　翻訳（合成）後に様々な修飾を受けて活性型となるタンパク質も多い。いわゆる翻訳後修飾と呼ばれる反応で，リン酸化，糖鎖付加，脂質付加，ジスルフィド結合形成などの反応が含まれる。ジスルフィド結合は，分子内または分子間の2つのシステイン残基間の酸化により形成される。細胞内でのペプチド結合形成の場である細胞質は還元的な環境下のため，ジスルフィド結合は原核生物ではペリプラズムで，真核生物においては ER（小胞体）内で形成される。無細胞タンパク質合成系は細胞質の環境を模倣した系であり，通常は還元的な環境でタンパク質を合成する。そのため，合成したタンパク質にジスルフィド結合を形成させたい場合は，酸化型グルタチオンなどを添加して反応液を酸化状態に変えて合成反応を行う必要がある。しかし，細胞抽出液を使用する場合，酸化還元酵素も含まれているため酸化還元状態を完全にコントロールすることは難しい。Stanford 大学の Swartz らのグループは，大腸菌抽出液をヨードアセトアミドで処理して抽出液内に含まれる酸化還元酵素の活性を低減することにより，酸化還元状態をコントロール可能な抽出液を作製する方法を報告している[8]。

　PURE system でジスルフィド結合が必要なタンパク質を合成する場合も，細胞抽出液を使用する系と同様に酸化環境にして合成する。しかし，PURE system には，酸化還元状態を変化させる成分は含まれていないため，酸化型グルタチオンなどの酸化剤を添加することで，反応液内の酸化還元状態を容易にコントロールできる。さらに，正しいジスルフィド結合形成を促進するジスルフィドイソメラーゼを添加して合成することで活性型のジスルフィド結合含有タンパク質を合成することができる。例えば，酸化型グルタチオンを添加した PURE system（PURE *frex*（ジーンフロンティア社製））を用いて，9本のジスルフィド結合を形成する vtPA を合成したところ，合成時に DsbC（大腸菌のジスルフィドイソメラーゼ）を最も添加した時に最も高い酵素活性を示した（図1(A)）。この結果は，複雑なジスルフィド結合を含むタンパク質も，反応液を少し調整するだけで酵素活性を有した状態で合成することができることを示している。

　IgG や Fab のような抗体由来分子は複数のポリペプチドで構成され，ジスルフィド結合を含むため通常は細胞で発現させて調製している。しかし，細胞で発現させるためには，重鎖と軽鎖の2本のポリペプチドを発現させる発現プラスミドのクローニングや細胞培養などの労力が必要である。最近では，抗体医薬品の迅速な開発などのため，多数の抗体由来分子を同時に手軽に調製する方法が求められている。PURE system を用いれば，PCR 産物からもタンパク質合成が可能であり，複数種類の PCR 産物から異なるタンパク質を同時に合成することも可能である[9,10]。そこで，重鎖と軽鎖断片をコードする PCR 産物から，PURE system で Fab を合成する条件を

17

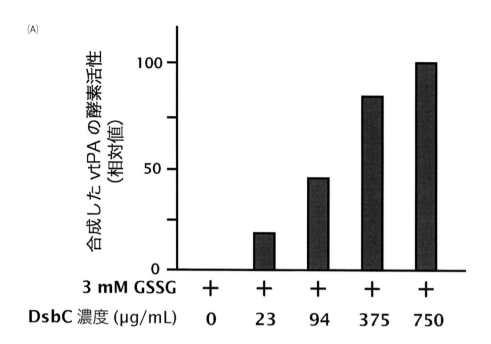

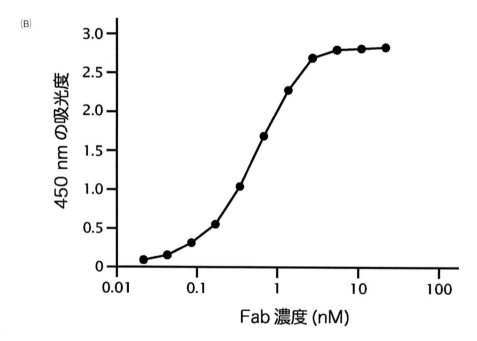

図1 PURE system を用いて合成したジスルフィド結合含有タンパク質の活性
(A) vtPA の合成。酸化型グルタチオン（GSSG），およびグラフに示した濃度の DsbC を添加した PURE system（PURE*frex*）で合成した vtPA の酵素活性を比較した結果を示す。
(B) Fab の合成。酸化型グルタチオン，DsbC，および DnaK を添加した PURE system（PURE*frex*）で合成した Fab の抗原結合活性を ELISA で測定した結果を示す。

第1章 タンパク質合成技術

検討した結果，酸化型グルタチオン，DsbC，および DnaK（大腸菌の hsp70）を添加した PURE system（PURE *frex*）を用いることで，抗原結合活性を有した Fab を合成できることが分かった（図 1(B)）。この結果は，反応液を調整した PURE system を使用すれば，活性を持った Fab などの抗体関連タンパク質も簡単に合成して活性評価を行うことができることを示している。

3.4 無細胞タンパク質合成系の応用

無細胞タンパク質合成系の合成量も増えてきているが，通常のタンパク質の生産手段として考えた場合，細胞を使用して生産する場合に比べてコストがかかる点が問題となる。そのため，現時点では，細胞を用いたタンパク質発現系では困難な技術への応用が想定される。例えば，細胞毒性を有するタンパク質の調製もその一つであるが，ここでは，再構成型無細胞タンパク質合成系の利点が最も発揮される利用方法として，以下の 2 つの応用例を紹介する。

① 非天然型アミノ酸を含むタンパク質の合成
② *in vitro* ディスプレイ

3.4.1 非天然型アミノ酸を含むタンパク質の合成

1989年に，アンバーサプレッションを利用して，非天然型アミノ酸または修飾アミノ酸など天然のリボソームでは使用されていないアミノ酸を特定の部位に導入したタンパク質を合成する技術が開発された[11,12]。この技術は，i）非天然型アミノ酸を導入したい部位のコドンを，終止コドンの一つであるアンバーコドン（TAG）に変換した目的タンパク質の遺伝子，およびアンチコドンをアンバーコドンに対応させた tRNA を，希望する非天然型アミノ酸でアミノアシル化したサプレッサー tRNA を用意する。ii）これらを添加した無細胞タンパク質合成系で合成することにより，非天然型アミノ酸を部位特異的に導入したタンパク質を合成することができるというものである（図 2）。

この技術は，もともと大腸菌などの細胞抽出液を利用する無細胞タンパク質合成系を使用して開発された[11]。しかし，野生型の大腸菌の細胞抽出液を用いた場合，アンバーコドンを認識する終結因子（RF1）が存在するために，アンバーコドンで翻訳が終了した短いポリペプチドも合成されてしまう（図 2(A)）。そのため，希望する非天然型アミノ酸が部位特異的に導入されたタンパク質の合成効率が低くなるという欠点があったが，現在では，RF1 を欠失させた大腸菌の抽出液を利用する方法も開発されている[13]。一方，PURE system では，前述のように特定の因子を含まない反応系を容易に調製することができるため，RF1 を含まない PURE system も簡単に調製できる。この RF1 を含まない PURE system を使用すれば，アンバーサプレッションを効率よく行うことができる[1]（図 2(B)）。

この技術を拡張すると，本来アミノ酸を指定している61のセンスコドンについても，新たなアミノ酸を指定することが可能である。例えば，東京大学の菅らのグループは，彼らが開発したアミノアシル tRNA 合成活性を有するリボザイムと，PURE system を組み合わせることにより，

(A) 大腸菌抽出液

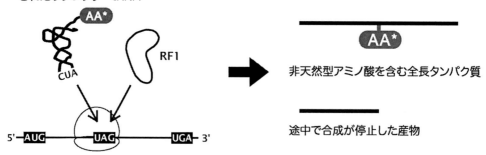

(B) RF1を含まないPURE system

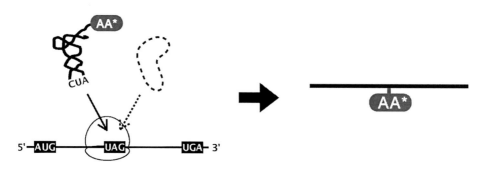

図2　アンバーサプレッションの概略
(A)大腸菌抽出液を使用した無細胞タンパク質合成系で行った場合，RF1が存在するため，途中で合成が停止した産物も生じる。
(B)RF1を含まないPURE systemで合成した場合，非天然型アミノ酸を含む全長タンパク質が効率よく合成される。

センスコドンに非天然型のアミノ酸を導入したペプチドを合成することに成功している[14]。現在のPURE systemでは，tRNAは大腸菌から抽出した混合物を使用しているが，個別のtRNAを調製すれば，任意のアミノ酸を目的に応じて連結した人工タンパク質を効率よく合成する系を調製することも可能になる。

3.4.2　in vitro ディスプレイ

約20年前，無細胞タンパク質合成系を利用して，10^{10}種類という大きな遺伝子ライブラリーから有用なペプチドやタンパク質をコードする遺伝子を選択する技術として，リボソームディスプレイ[15]やmRNAディスプレイ[16]などが開発された。これらを総称して in vitro ディスプレイと呼ぶ。例えば，リボソームディスプレイは，リボソーム上での翻訳反応を人為的に一時中断させることにより，mRNA，リボソーム，合成途上ポリペプチド（タンパク質）からなる3者複合

第1章 タンパク質合成技術

体を形成させて遺伝子とその産物を1対1に関連づける。その後、この3者複合体を一つの分子としてみなして選別する技術である（図3）。最初の報告は、短いペプチドの選択系での使用だったが[15]、その後、一本鎖抗体（scFv）の選択にも使用できることが示された[17,18]。この方法は、大腸菌抽出液を使用する無細胞タンパク質合成系を用いて開発されたが、3者複合体の選別を行う際に、反応液内に存在するヌクレアーゼによるmRNAの分解や複合体の安定性などの問題があった。一方で、再構成型であるPURE systemは、ヌクレアーゼなどの翻訳に関与しない因子

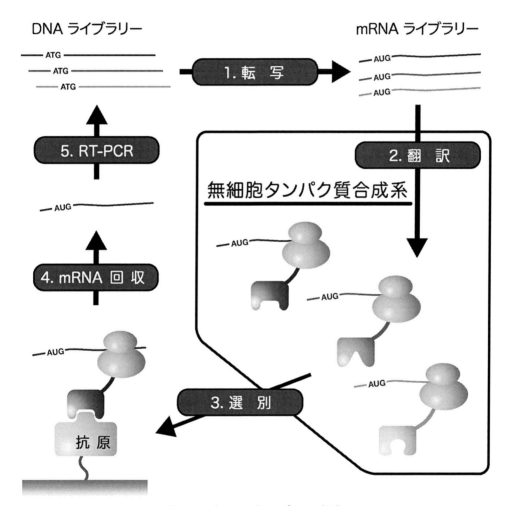

図3 リボソームディスプレイの概略

①用意したDNAライブラリーからRNAポリメラーゼを用いた転写反応で、mRNAライブラリーを調製する。②得られたmRNAライブラリーから生体外タンパク質合成反応液で翻訳反応を行い、mRNA／リボソーム／ポリペプチドからなる3者複合体のライブラリーを調製する。③提示されたポリペプチドの結合活性などにより3者複合体を選別する。④選別した3者複合体からmRNAを回収する。⑤回収されたmRNAからRT-PCRにより、再度DNAライブラリーを構築する。この一連の過程を数回繰り返すことにより、目的の結合活性を有したタンパク質をコードする遺伝子を濃縮した後、クローン化する。

はほとんど含まれていないため，従来よりも効率よくリボソームディスプレイが実施できることが期待され，実際に，高効率に scFv を選択できることが示された[19,20]。その後，PURE system を利用してリボソームディスプレイでの Fab の選別[21]や，mRNA ディスプレイ[22]も行うことができることが示されている。

3.5 おわりに

無細胞タンパク質合成技術は，もともと細胞が有しているタンパク質合成能力を借りて，試験管内でタンパク質を合成する技術として開発された。しかし，再構成型無細胞タンパク質合成系が開発されたことにより，単に天然のタンパク質を合成する技術にとどまらず，天然にはない有用な人工タンパク質（ペプチド）を生み出す技術として利用されることが期待される。

文　献

1) Y. Shimizu et al., *Nat. Biotechnol.*, **19**, 751 (2001)
2) M. W. Nirenberg and J. H. Matthaei, *Proc. Natl. Acad. Sci. USA.*, **47**, 1588 (1961)
3) T. Kigawa et al., *FEBS Lett.*, **442**, 15 (1999)
4) K. Madin et al., *Proc. Natl. Acad. Sci. USA.*, **97**, 559 (2000)
5) Y. Kazuta et al., *J. Biosci. Bioeng.*, **118**, 554 (2014)
6) J. C. Young et al., *Nat. Rev. Mol. Cell Biol.*, **5**, 781 (2004)
7) T. Niwa et al., *Proc. Natl. Acad. Sci. USA.*, **109**, 8937 (2012)
8) D.-M. Kim and J. Swartz, *Biotechnol. Bioeng.*, **85**, 122 (2004)
9) K. Fujiwara et al., *Nucleic Acids Res.*, **41**, 7176 (2013)
10) H. Matsubayashi et al., *Angew. Chem. Int. Ed. Engl.*, **53**, 7535 (2014)
11) C. J. Noren et al., *Science*, **244**, 182 (1989)
12) J. D. Bain et al., *J. Am. Chem. Soc.*, **111**, 8013 (1989)
13) T. Mukai et al., *Biochem. Biophys. Res. Commun.*, **411**, 757 (2011)
14) H. Murakami et al., *Nat. Methods*, **3**, 357 (2006)
15) L. C. Mattheakis et al., *Proc. Natl. Acad. Sci. USA.*, **91**, 9022 (1994)
16) R. W. Roberts and J. W. Szostak, *Proc. Natl. Acad. Sci. USA.*, **94**, 12297 (1997)
17) J. Hanes and A. Plückthun, *Proc. Natl. Acad. Sci. USA.*, **94**, 4937 (1997)
18) M. He and M. J. Taussig, *Nucleic Acids Res.*, **25**, 5132 (1997)
19) D. Villemagne et al., *J. Immunol. Methods*, **313**, 140 (2006)
20) H. Ohashi et al., *Biochem. Biophys. Res. Commun.*, **352**, 270 (2007)
21) Y. Fujino et al., *Biochem. Biophys. Res. Commun.*, **428**, 395 (2012)
22) Y. Nagumo et al., *J. Biochem.*, **159**, 519 (2016)

4 ヒト完全再構成型タンパク質合成システム

重田友明[*1], 町田幸大[*2], 今高寛晃[*3]

4.1 はじめに

2001年に大腸菌由来の再構成型タンパク質合成（翻訳）システムである PURE システム[1]が世に出て以来，真核細胞由来の再構成型タンパク質合成システムは長らくその開発が待たれていた。2014年になり，ようやく満を持してヒト因子由来再構成型タンパク質合成システムが登場してきた[2]。人工細胞創出という大きなプロジェクトの中でも人工ヒト細胞を創り出すためには，ヒト因子由来の再構成翻訳システムが不可欠である。

タンパク質合成（翻訳）は三つのステップ：開始，ペプチド伸長，終結から成り，それぞれのステップは複数の翻訳因子により稼働している（図1）。ヒト（真核生物）の翻訳は大腸菌（原核生物）の翻訳に比べ翻訳開始に非常に多くの因子が関わっている。また，開始因子やその他の因子も複合体を形成している場合が多く，その発現や精製は容易ではない。これらのことが真核細胞由来の再構成型翻訳システムの開発を遅らせてきたのである。ただ，開始因子に関しては，典型的な真核細胞の mRNA（5'末端に cap 構造，3'末端に poly-A 鎖を持つ）を翻訳する場合は必要であるが，細胞に感染する RNA ウイルスのゲノム RNA を利用するとこの複雑な部分を簡素化でき，真核細胞の再構成型タンパク質合成システムを比較的容易に組み立てることができる。

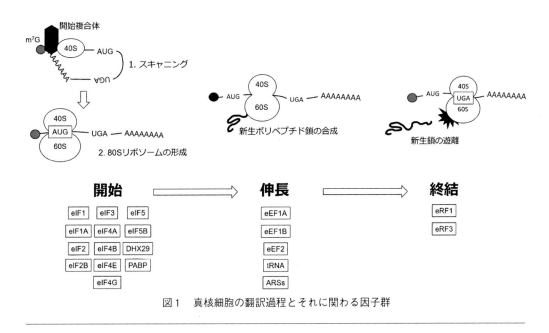

図1 真核細胞の翻訳過程とそれに関わる因子群

---

* 1 Tomoaki Shigeta 兵庫県立大学 大学院工学研究科 応用化学専攻 研究員
* 2 Kodai Machida 兵庫県立大学 大学院工学研究科 応用化学専攻 助教
* 3 Hiroaki Imataka 兵庫県立大学 大学院工学研究科 応用化学専攻 教授

以下に，C-型肝炎ウイルス（HCV），脳心筋炎ウイルス（EMCV）のゲノム RNA を利用した再構成型タンパク質合成システムの概要とその研究応用例を記す。そして最後に，最近完成した真核細胞の mRNA の翻訳のためのシステム：ヒト完全再構成型タンパク質合成システムについても触れる。

4.2　C-型肝炎ウイルス（HCV）-IRES（Internal Ribosome Entry Site）依存性システム

　RNA ウイルスである HCV はそのゲノム RNA がそのまま mRNA として機能する。細胞側の mRNA には cap 構造や poly-A 鎖があり，そこにリボソーム・翻訳因子複合体が結合し翻訳が開始する。HCV RNA にはそのような構造はなく，その代わり IRES（Internal Ribosome Entry Site）と呼ばれる RNA 構造が 5' 非翻訳領域に存在する。リボソームは HCV IRES に翻訳開始因子無しで結合することができる。そのため，再構成翻訳系を構築する際，ネックになっている開始因子（図1）を精製しなくてもいいのである。もちろん，他の因子：リボソーム，tRNA，伸長因子（eEF1, eEF2），終結因子（eRF1, eRF3），アミノアシル tRNA 合成酵素（ARS）は精製する必要がある（図2）[2]。リボソーム，tRNA，eEF2 は HeLa 細胞から内因性のものを精製し，他の因子は動物細胞や大腸菌発現系を利用してリコンビナント体を発現・精製している（図2）[2]。

　これらすべてを一つのテストチューブに入れて，因子側をセットアップする。遺伝子側は HCV IRES の下流に発現したいタンパク質の cDNA を繋げ，T7 RNA プロモーターと T7 RNA ターミネーターの間に挟み込む。それをプラスミドの形，あるいは PCR 産物として，T7 RNA ポリメラーゼと共にテストチューブに入れてインキュベーションを開始する（図3(A)）。するとその目的のタンパク質が合成されてくる（図3(B)）。このシステムは主に哺乳動物（ヒト）翻訳の中で，伸長や終結の基礎研究に非常に有用である[2]。

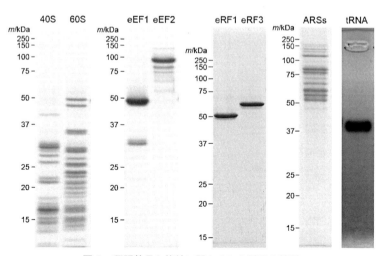

図2　翻訳伸長と終結に関わるヒト因子の精製

第1章　タンパク質合成技術

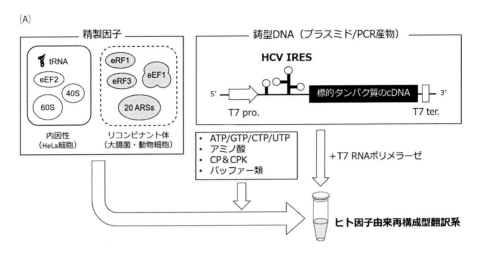

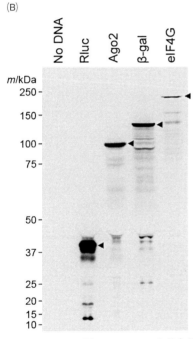

図3　HCV IRES 依存的なヒト因子由来再構成型翻訳システム
(A)概要，(B)タンパク質合成

4.3　シャペロンを添加した HCV-IRES 依存性システム

　合成されたタンパク質はリボソームから出てくるわけだが，正しく折りたたまれて（フォールディング）はじめてその機能を発揮できる。タンパク質の多くは自発的に機能的な構造に到達する。しかし，ものによってはフォールディングに介助が必要になってくる。その介助を行っているのがシャペロンである。哺乳動物細胞には多くのシャペロンタンパク質が存在しているが，

人工細胞の創製とその応用

我々はその内メジャーなもの（NAC, RAC, Hsp40/Hsc70/Hsp110, Hsp90/p23, PFD, CCT）をすべてリコンビナント体として準備し（図4）[3]，HCV-IRES依存性システムに添加することにより，ヒト翻訳・フォールディング連動システムを構築した。一例として以下にアクチンタンパク質の合成を挙げよう。

アクチンは真核細胞の基本骨格を担うため，その合成は人工ヒト細胞を創出するためのキーポイントである。アクチンのフォールディングにはシャペロンとしてCCTとPFDが必要であり[4]，そのため大腸菌では正常なアクチンタンパク質を合成できない。そこで，再構成型ヒト翻訳・フォールディング連動システムでアクチンを合成し，アクチンが正しくフォールディングしているかどうか観察した（図5）。ここでは合成後，nativeゲルで電気泳動を行っている。正し

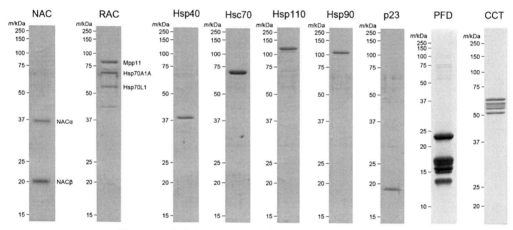

図4　ヒト由来分子シャペロン（リコンビナント体）の精製

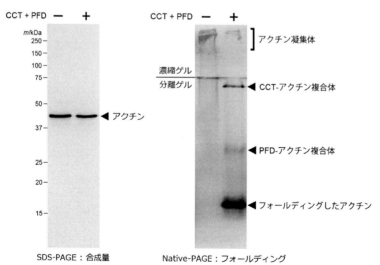

図5　再構成型ヒト翻訳・フォールディング連動システムでの
アクチンタンパク質のフォールディング

第1章　タンパク質合成技術

くフォールディングを完了したアクチンタンパク質は構造がコンパクトであるため native ゲル中では早く移動するが，正しくフォールディングしていない場合，アクチンタンパク質は移動度が遅い，またはゲルに入ることもできない。図5に見られるように何もシャペロンを加えていない場合，アクチンタンパク質は合成されてもほとんどフォールディングできないが，CCT と PFD を存在させることにより，うまくフォールディングするようになることがわかる。

　この実験からわかるように，人工ヒト（真核）細胞を創るためには，正しくフォールディングしたヒトタンパク質を合成することができる「再構成型ヒト翻訳・フォールディング連動システム」が基盤技術となる。

4.4　脳心筋炎ウイルス（EMCV）-IRES 依存性システム

　ウイルスはタンパク質合成をはじめとする代謝活動を持たないため生命体とは見なされていない。しかし，人工ウイルス粒子は近年バイオイメージングやドラッグデリバリーのキャリアーとして注目を集めてきている[5,6]。試験管内ウイルス合成システムは細胞からの制約を受けないため，人工ウイルスを合成するのに打ってつけのシステムと言える。

　脳心筋炎ウイルス（EMCV）はピコルナウイルスの一種で，一本鎖の RNA をゲノムに持つ（図6）。エンベロープを持たず，ゲノム RNA をカプシドタンパク質で囲んだ正二十面体構造を持つ単純なウイルスである。単純故に改変しやすく，その応用が期待されている。EMCV の試験管内合成はヒト細胞抽出液由来翻訳システムを用いて成功している[7〜9]。では，再構成型翻訳システムで EMCV を合成できないだろうか。この試みのメリットは計り知れない。まず，細胞や

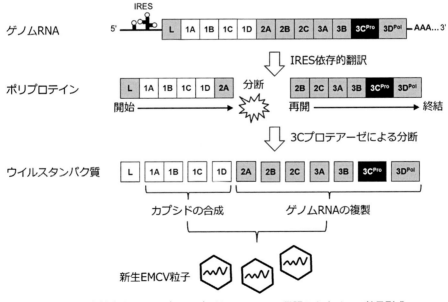

図6　脳心筋炎ウイルス（EMCV）ゲノム RNA の翻訳からウイルス粒子形成

その抽出液には無数の因子があるため，これらの実験システムだけではウイルス合成のメカニズムを知るのに限界がある．それに対し，再構成系では特定の因子のみで合成を進めていく．そのため，もしある段階で合成が止まったとしたら，そこに何か因子を足すことにより合成を進行させ，ウイルス合成の分子メカニズムを解析することができる．さらに，再構成翻訳系でウイルス粒子合成が完成すれば，改変ウイルス粒子作製もオーダーメイドでできる可能性が高くなる．

EMCVのゲノムRNAもそのままmRNAとして働く．このRNA（7.8 kb）は約2200アミノ酸から成る一つのオープンリーディングフレーム（ORF）を持ち（図6），その翻訳は5'非翻訳領域にあるEMCV IRESにリボソームが結合することにより開始する．EMCV IRESはHCV IRESと違って，ほぼすべての翻訳開始因子を要求する．リボソームによる翻訳は途中の2Aのところで一旦終結し，2Bから再び翻訳が始まる[2]（図6）．その後自身のプロテアーゼ（3C）によって個々のウイルスタンパク質に分断される．1A1B, 1C, 1D部分はウイルスの殻（カプシド）を形成し，2A以下は主にゲノムRNAの複製に関わる．そして，新生したカプシドとゲノムRNAが新たなウイルス粒子を形成していく（図6）．この全工程を試験管内で再現するために，我々はまずEMCV IRESからの翻訳に必要な翻訳開始因子をすべて精製した（図7）[10,11]．そし

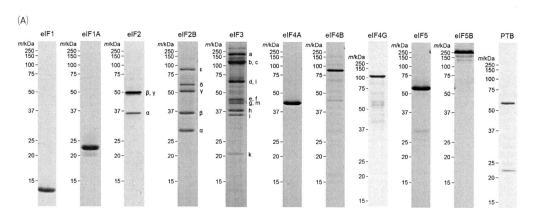

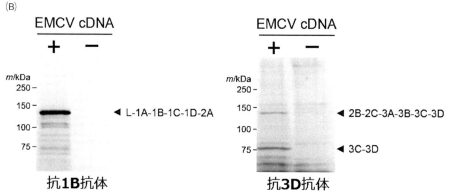

図7　EMCV IRES依存的な再構成型タンパク質合成システム
(A)因子の精製, (B)EMCVポリプロテインの合成

第1章 タンパク質合成技術

て，それらと他の因子（図2）を混合し，EMCV IRES 依存性再構成翻訳系を構築した。そこに EMCV のゲノム RNA を投入し加温すると，EMCV ORF の前半部（L-1A-1B-1C-1D-2A）と後半部（2B-2C-3A-3B-3C-3D）が合成されてくる。つまり，ウイルスタンパク質の全合成は再構成翻訳系で可能であるが，個々のタンパク質への分断がうまくいかない。この再構成系には何かが足らないわけで，それを探索することで分断メカニズム解明に迫ることができる。

このように再構成系でのウイルス合成は，ウイルス合成の基礎研究に道を切り開くものである。

4.5 ヒト完全再構成型タンパク質合成システム

これまで紹介したシステムは完全な再構成型タンパク質合成システムではない。冒頭で述べたように真核細胞の mRNA は 5' 末端に cap 構造，3' 末端に poly-A 鎖を持っており，翻訳はその構造に依存している。翻訳開始因子としてはすでに精製しているもの（図7）に加え，全長 eIF4G，eIF4E，PABP，DHX29 が必要である[12]。これらの因子を精製し，（図8(A)) EMCV IRES 依存性再構成翻訳系に加えた（ただし PTB など不必要な因子は除いている）。そこに cap と poly-A を持つ典型的な真核細胞の mRNA を加え加温すると，cap と poly-A に依存（特に cap に）して翻訳が進むことが確認できた（図8(B)）。ついに，ヒト因子由来完全再構成型タンパク質合成システムが完成したのである。

4.6 まとめ

PURE システムに比べヒト完全再構成型タンパク質合成システムはまだ緒についたばかりであるが，有用性は計り知れない。特に真核生物特有の現象の解析や，大腸菌ではうまく発現しないヒトタンパク質のフォールディングの解析，そして動物ウイルスの生活環の解析など，基礎研

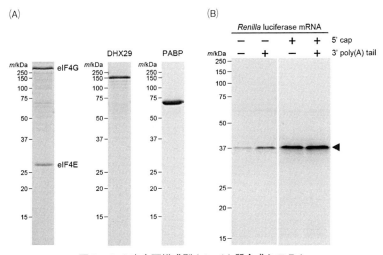

図8 ヒト完全再構成型タンパク質合成システム
(A)因子の精製，(B) cap および poly-A 鎖に依存した翻訳

究の基盤技術として重要になっていくことは間違いない。さらに，この系をリポソームに包含していくことで人工ヒト細胞への道が切り開かれるであろう。

文　　献

1) Y. Shimizu et al., *Nat. Biotechnol.*, **19**, 751 (2001)
2) K. Machida et al., *J. Biol. Chem.*, **289**, 31960 (2014)
3) K. Machida et al., *J. Biotechnol.*, **239**, 1 (2016)
4) K. Siegers et al., *EMBO J.*, **22**, 5230 (2003)
5) K. Machida and H. Imataka, *Biotechnol. Lett.*, **37**, 753 (2015)
6) P. Pushko et al., *Intervirology*, **56**, 141 (2013)
7) T. Kobayashi et al., *J. Virol. Methods*, **142**, 182 (2007)
8) T. Kobayashi et al., *Biotechnol. Lett.*, **34**, 67 (2012)
9) T. Kobayashi et al., *Biotechnol. Lett.*, **35**, 309 (2013)
10) M. Masutani et al., *EMBO J.*, **26**, 3373 (2007)
11) S. Mikami et al., *Protein Expr. Purif.*, **46**, 348 (2006)
12) V. P. Pisareva et al., *Cell*, **135**, 1237 (2008)

5 非天然アミノ酸の導入

芳坂貴弘[*]

5.1 はじめに

タンパク質合成は,遺伝暗号表に従ってDNAの遺伝暗号をアミノ酸に翻訳することで行われている。遺伝子組み換え技術により,タンパク質のアミノ酸配列を自由に改変することが可能になっているものの,その際に利用できるのは生物が使用している20種類のアミノ酸に限られている。近年,その制限を打破して,20種類以外のアミノ酸である「非天然アミノ酸」をタンパク質に導入する技術が大きく発展してきている。これにより,タンパク質の構造機能解析への応用や,タンパク質の人工機能化などが可能になっている。本稿では,本技術の原理とともに関連技術の進展について記述したい。

5.2 無細胞翻訳系を用いた非天然アミノ酸の導入

1989年にアメリカの2つのグループにより,終止コドンの一つであるアンバーコドン(UAG)を用いて非天然アミノ酸をタンパク質へ部位特異的に導入する手法が初めて報告された[1,2]。この手法ではまず,アンバーコドンを認識できるようにアンチコドンをCUAに置換したtRNAに対して,化学的アミノアシル化法により非天然アミノ酸を結合させておく。化学的アミノアシル化法とは,tRNAの3'末端のCA部分を化学合成して,そのアデノシンの2'あるいは3'の水酸基に非天然アミノ酸をエステル結合で付加させた分子を有機合成しておき,RNAポリメラーゼにより調製したCA末端を欠いたtRNAとRNAリガーゼにより連結することで,非天然アミノ酸をtRNAにアミノアシル化するものである。一方で,発現遺伝子の非天然アミノ酸導入部位をアンバーコドンに置換したmRNAを作製しておく。これらを細胞抽出液からなる無細胞翻訳系へ加えることで,リボソーム内でアンバーコドンが非天然アミノ酸に翻訳され,部位特異的に非天然アミノ酸が導入されたタンパク質を得ることができる(図1上)。ただしこの際,アンバーコドンは翻訳系中の終結因子によっても認識されるため,途中で停止した短いタンパク質断片も生じる。そのため,非天然アミノ酸の導入効率は必ずしも高くはなかった。

筆者らは,通常は3塩基からなるコドンに1塩基を付加した「4塩基コドン」を用いて非天然アミノ酸を導入する手法を開発してきた(図1下)[3,4]。この手法では,非天然アミノ酸の導入部位を4塩基コドンに置換しておき,それに相補的な4塩基アンチコドンを有するtRNAに非天然アミノ酸を結合させておく。これらを無細胞翻訳系に加えることで,アンバーコドンの場合と同様に,非天然アミノ酸の導入されたタンパク質を得ることができる。この際,4塩基コドンが3塩基として天然のアミノ酸へ翻訳されることも競合的に起こるが,その場合は読み枠がずれて,いずれ下流の終止コドンで翻訳が途中で停止することになる。そのため,アンバーコドンを

---

[*] Takahiro Hohsaka 北陸先端科学技術大学院大学 先端科学技術研究科
マテリアルサイエンス系 教授

人工細胞の創製とその応用

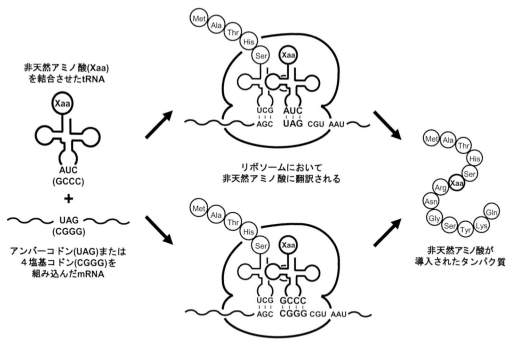

図1　終止コドン(上)および4塩基コドン(下)を用いた非天然アミノ酸のタンパク質への部位特異的導入

用いる場合と同様に，非天然アミノ酸が導入された場合にのみ完全長タンパク質が得られることになる。

実際に，様々な4塩基コドンについて非天然アミノ酸の導入を試みたところ，多くの4塩基コドンが非天然アミノ酸へ翻訳できることがわかった[5]。またその導入効率は4塩基コドンの配列に大きく依存しており，特に4塩基コドンCGGGなどが高い導入効率を示した。これは，一般にCGGは使用頻度の低いコドン（マイナーコドン）であるため，それを4塩基コドンへ拡張することで，3塩基による競合的な翻訳が抑制されて，4塩基コドンの翻訳効率が向上したと考えられる。

コドンの種類だけでなく，非天然アミノ酸の導入効率はその側鎖構造にも大きく依存する。種々の芳香族非天然アミノ酸の導入効率を比較したところ，フェニルアラニンのパラ位方向に置換基がある場合（図2(1)(2)）は導入効率が高く，横方向に広がった側鎖は導入されにくいことがわかった[4]。このような翻訳系の基質特異性に基づいて，フェニルアラニンのパラ位に蛍光基などの人工分子を付加した非天然アミノ酸（図2(3)(4)）を設計・合成した結果，天然アミノ酸と比べて大きく側鎖構造が異なる場合であっても，タンパク質へ導入できることが確認されている[6]。

加えて，非天然アミノ酸の導入効率は，導入に用いるtRNAの種類にも依存する。筆者らは，アンバーコドンに対して，様々な種類のtRNAを用いて非天然アミノ酸の導入効率を網羅的に

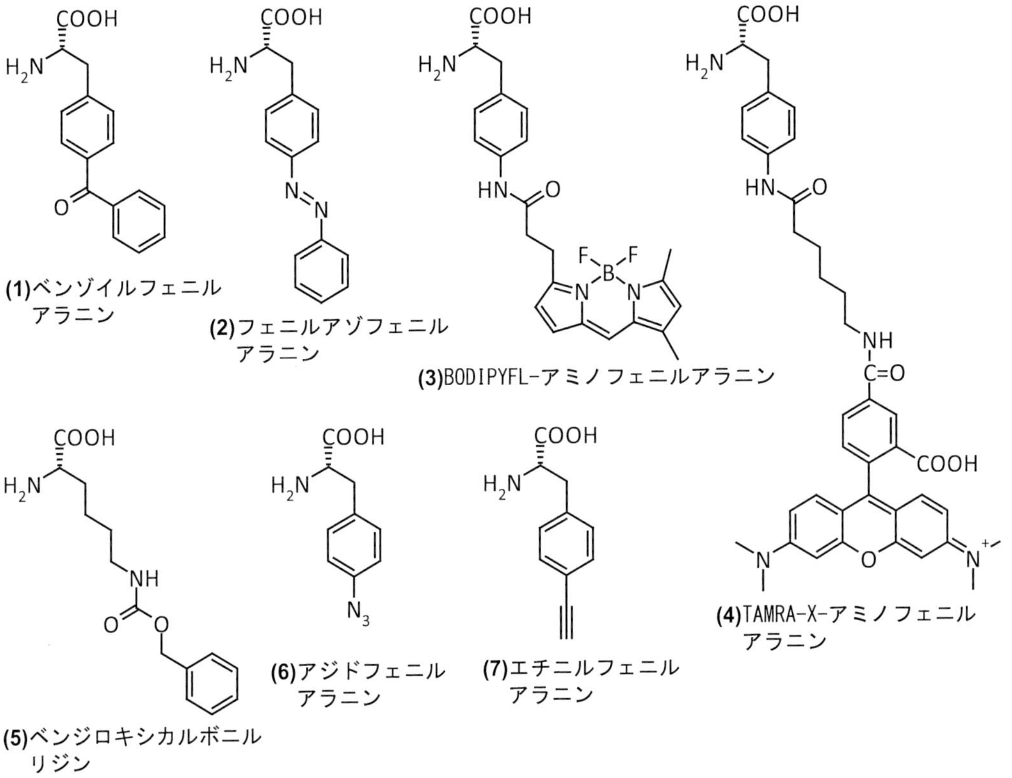

第1章 タンパク質合成技術

図2 非天然アミノ酸の例

(1) ベンゾイルフェニルアラニン
(2) フェニルアゾフェニルアラニン
(3) BODIPYFL-アミノフェニルアラニン
(4) TAMRA-X-アミノフェニルアラニン
(5) ベンジロキシカルボニルリジン
(6) アジドフェニルアラニン
(7) エチニルフェニルアラニン

比較し，Trp 用 tRNA が高い導入効率を示すことを見出している。特に，*Mycoplasma capricolum* 由来 Trp tRNA 変異体を用いることで，4塩基コドンと同程度の効率で非天然アミノ酸を導入することが可能になっている[7]。

さらに，このような拡張コドンを用いることで，複数種類の非天然アミノ酸をタンパク質へ同時に導入することも可能になる。2種類の異なる4塩基コドンの組み合わせ[8]，あるいは4塩基コドンとアンバーコドンの組み合わせ[9]により，2種類の非天然アミノ酸を導入することができる。この手法は，FRET（蛍光共鳴エネルギー移動）のエネルギー供与体と受容体となる蛍光分子を側鎖に付加した非天然アミノ酸を，タンパク質の二ヵ所に導入することで，タンパク質の立体構造の変化を FRET 変化として検出することなどに利用できる[6]。

5.3 細胞内での非天然アミノ酸の導入

上記の化学的アミノアシル化法あるいはアミノアシル化リボザイムを用いる手法[10]により，原理的にはどのような側鎖構造の非天然アミノ酸であっても tRNA にアミノアシル化することができる。しかし，このようにして合成した非天然アミノアシル tRNA は無細胞翻訳系での利用

に限られており(例外としてアフリカツメガエル卵母細胞にマイクロインジェクションすることは可能),細胞内での翻訳に用いることは困難である。一方,細胞内では20種類のアミノ酸それぞれに対して存在するアミノアシル tRNA 合成酵素が,アミノ酸と tRNA を正確に認識してアミノアシル化を行っている。このアミノアシル tRNA 合成酵素の基質特異性を改変することができれば,非天然アミノ酸を細胞内で特定の tRNA にアミノアシル化させ,タンパク質に導入することが可能になる(図3)。一般的に無細胞翻訳系の合成収量には限度があるが,細胞内で非天然アミノ酸が導入できれば,非天然アミノ酸導入タンパク質の大量発現も容易になる。

実際に2001年に,メタン産生古細菌 *Methanocuccus jannaschii* 由来のチロシン用アミノアシル tRNA 合成酵素を改変して,*O*-メチルチロシンをアンバーサプレッサー tRNA にアミノアシル化できる変異体を作製し,大腸菌内で *O*-メチルチロシンを導入したタンパク質を発現できることが初めて報告された[11]。このような変異体作製の過程では,アミノアシル tRNA 合成酵素の基質結合部位周辺にランダム変異を加えたライブラリーから,非天然アミノ酸を基質とする変異体を選択する(ポジティブセレクション)とともに,天然アミノ酸も基質とする変異体を排除する(ネガティブセレクション)ことで,非天然アミノ酸のみに特異的なアミノアシル tRNA 合成酵素を得ることができる。同様の手法によって,様々なフェニルアラニンおよびチロシン誘導

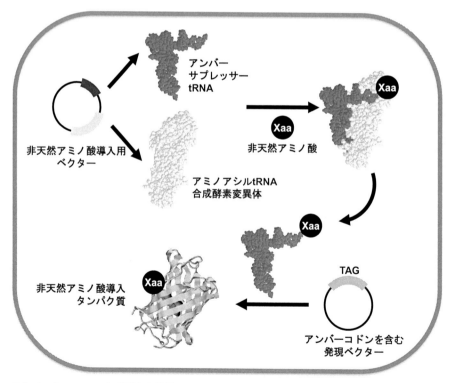

図3 アミノアシル tRNA 合成酵素変異体とアンバーサプレッサー tRNA を用いた細胞内での非天然アミノ酸の導入

第1章 タンパク質合成技術

体となる非天然アミノ酸について，特異的なアミノアシル tRNA 合成酵素変異体が取得されており，大腸菌内でのタンパク質の導入が可能になっている[12]。ただし，実際には天然アミノ酸に対する弱い基質特異性が残存している場合があり，その際にはアミノ酸濃度を制限した培地を用いるなどの注意を要する。

　一方，メタン産生古細菌 *Methanosarcinae* 属由来のピロリジンに対するアミノアシル tRNA 合成酵素も，非天然アミノ酸の導入に利用されている[13]。ピロリジンは，メタン代謝の関わるメチル基転移酵素の活性中心に存在し，アンバーコドンによってコードされた22番目の天然アミノ酸として知られている（21番目はオパールコドンによってコードされているセレノシステイン）。そのアミノアシル tRNA 合成酵素を同様にランダム変異させることで，様々な非天然アミノ酸に対する変異体が取得されている。このアミノアシル tRNA 合成酵素は，元々が非標準的なアミノ酸であるピロリジンを基質とすることから，他の20種類の天然アミノ酸に対する交差反応性を示さず，上記の *M. jannaschii* 由来アミノアシル tRNA 合成酵素変異体に比べて非天然アミノ酸に対する特異性が高いメリットがある。加えて，大腸菌などの原核細胞に加えて真核細胞においても，tRNA の識別に交差反応性を示さないため，細胞の種類を問わずに使用できる。一方，*M. jannaschii* 由来アミノアシル tRNA 合成酵素変異体は，真核細胞では tRNA の識別に交差反応性があるため，原核細胞での使用に限られている。

　筆者らは，非天然アミノ酸に対するアミノアシル tRNA 合成酵素のセレクションを，リポソーム内包型無細胞翻訳系を用いて行う手法を開発している[14]。Lys の側鎖アミノ基に Z 基（ベンジロキシカルボニル基）を付加した Lys(Z)（図2(5)）に対するアミノアシル tRNA 合成酵素変異体にランダム変異を加え，その変異遺伝子プールを，アンバーサプレッサー tRNA，Lys(Z)，N 末端領域にアンバーコドンを含む GFP 遺伝子とともに再構成型無細胞翻訳系へ添加し，リポソーム内へ封入した後に転写・翻訳反応を行った。アミノアシル tRNA 合成酵素が Lys(Z) を基質とすることができれば，アンバーコドンが翻訳されて GFP が発現するため，その蛍光を示すリポソームをセルソーターで分離した。得られたリポソームのプールからアミノアシル tRNA 合成酵素遺伝子を回収し，このサイクルを数回繰り返した結果，当初のものよりも高い活性を示すアミノアシル tRNA 合成酵素変異体を取得することができた。このような人工細胞内での分子進化技術は，翻訳系の様々な構成因子を分子進化させる上でも有用となる。

5.4 直交型リボソームによる非天然アミノ酸の導入

　アミノアシル tRNA 合成酵素の非天然アミノ酸に対する改変は，細胞内での非天然アミノ酸の導入を可能にしたものの，リボソームにおける競合過程，すなわち終結因子との競合のために，非天然アミノ酸の導入効率は必ずしも高くない。そこでそのような競合が抑制されるようにリボソームを改変できれば，非天然アミノ酸をより効率良く導入できるようになるはずである。ただしその際，細胞内の他の通常の遺伝子のアンバーコドンは終止コドンとして正しく翻訳を停止させる必要がある。

そこで，通常のリボソームとは独立して，人工的な翻訳開始配列（シャイン—ダルガノ配列；SD配列）を持つmRNAのみを認識する直交型リボソーム（Orthogonal ribosome）が開発されている（図4）[15]。これはリボソーマルRNA（rRNA）遺伝子のコピーをベクターに載せておき，その翻訳開始認識部位を人工的SD配列の相補的配列に置換しておく。このように改変したrRNAから構成された直交型リボソームは，人工的なSD配列を持つmRNAのみを翻訳でき，一方で本来のリボソームは天然型のSD配列を持つmRNAのみを翻訳する。その上で，直交型リボソームのrRNAにランダム変異を加え，アンバーコドンに対して終結因子よりもサプレッサーtRNAが優先して読み取ることのできるrRNAのクローンを選択する。このように直交型リボソームのみを改変することで，通常の遺伝子でのアンバーコドンの翻訳に影響を与えることなく，人工SD配列を持つ遺伝子からの非天然アミノ酸導入タンパク質の発現のみを高効率化することが可能になっている。同様の原理により，4塩基コドンに対する直交型リボソームも報告されており[16]，さらにアンバーコドンと4塩基コドンを同時に用いることで，2種類の非天然アミノ酸の導入にも応用されている。

5.5 非天然アミノ酸の導入によるタンパク質の人工機能化

無細胞翻訳系あるいは細胞内での非天然アミノ酸の導入技術により，タンパク質に様々な人工機能分子を導入することが可能になる。例えば，側鎖に光架橋分子であるベンゾフェノンを有する非天然アミノ酸（図2(1)）を導入することで，タンパク質を分子間光架橋することができる。そのようなタンパク質はアミノアシルtRNA合成酵素変異体を用いて細胞内で発現させることもできるため，細胞内のタンパク質間相互作用を解析する手法として有用性が高い。また，側鎖に蛍光分子を有する非天然アミノ酸（図2(3)(4)）の導入は，タンパク質の蛍光イメージングや基質結合の蛍光検出などに有用である。これは，タンパク質の特定部位に小さな蛍光分子を導入できる点で，通常の化学修飾や緑色蛍光タンパク質（GFP）融合発現に比べてメリットが大きい。

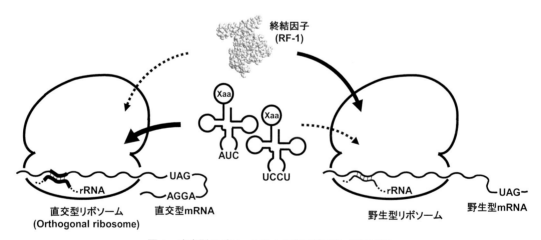

図4　直交型リボソームによる非天然アミノ酸の導入

第1章　タンパク質合成技術

　筆者らは，蛍光非天然アミノ酸を特定部位へ導入したタンパク質が，基質や抗原に対するバイオセンサーとして応用できることを実証している。抗体の重鎖と軽鎖の可変領域をリンカーペプチドで連結した一本鎖抗体断片（scFv）のN末端部分に，テトラメチルローダミン（TAMRA）を付加した非天然アミノ酸（図2(4)）を導入することで，抗原の結合を蛍光強度の変化として検出することができた[17]。これは，抗原非存在下ではTAMRAが重鎖および軽鎖の可変領域間の界面に存在するTrp残基によって蛍光消光されるのに対し，抗原結合時には2つの可変領域同士が強く会合してTrp残基が内部に埋まり，その結果として蛍光消光が解消されるためと考えられる（図5）。この蛍光消光に関わるTrpは抗体の定常領域にあって保存されているため，この原理は抗体の種類を問わず適用可能であり，実際に様々な抗体について抗原の結合を蛍光により検出できることが確認されている。

　一方，反応性側鎖を有する非天然アミノ酸を導入しておき，翻訳後にクリック反応のような特異的な化学修飾により人工分子を付加する方法もある[18]。例えばアジド基やアルキニル基を有する非天然アミノ酸（図2(6)(7)）は，Cu(I)存在下での環化反応によりそれぞれアルキン誘導体やアジド誘導体と連結することができる。この場合，アミノアシルtRNA合成酵素変異体では基質として取り込むことのできないような人工分子であっても，後からタンパク質に付加させることができるメリットがあり，蛍光分子だけでなくポリエチレングリコールのような高分子による修飾にも利用できる。

5.6　おわりに

　初めて非天然アミノ酸の部位特異的導入法が報告されてから既に20年が経過し，この技術を利用する研究者は年々増加している感がある。特に，細胞内での非天然アミノ酸の導入法が開発さ

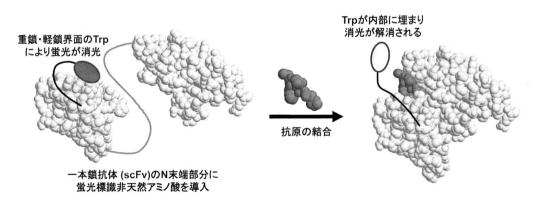

図5　抗原の結合により蛍光変化を示す一本鎖抗体
蛍光分子を側鎖に有する非天然アミノ酸をN末端部分に導入した一本鎖抗体では，抗原非結合時には重鎖・軽鎖界面のTrpによって蛍光が消光されるが，抗原の結合によってTrpが内部に埋もれて蛍光消光が解消される。

れたことで，有機合成化学を専門としない生物系研究者にとっても有用な研究ツールとなりつつある。その一方で，非天然アミノ酸を自在に設計・合成してタンパク質に導入できることが本技術の最大の強みであり，さらなる非天然アミノ酸のレパートリーの拡張が，この技術の発展には必要不可欠であろう。

文　　献

1) C. J. Noren et al., *Science*, **244**, 182 (1989)
2) J. D. Bain et al., *J. Am. Chem. Soc.*, **111**, 8013 (1989)
3) T. Hohsaka et al., *J. Am. Chem. Soc.*, **118**, 9778 (1996)
4) T. Hohsaka et al., *J. Am. Chem. Soc.*, **121**, 34 (1999)
5) T. Hohsaka et al., *Biochemistry*, **40**, 11060 (2001)
6) D. Kajihara et al., *Nat. Methods*, **3**, 923 (2006)
7) H. Taira et al., *Biochem. Biophys. Res. Commun.*, **374**, 304 (2008)
8) T. Hohsaka et al., *J. Am. Chem. Soc.*, **121**, 12194 (1999)
9) I. Iijima, T. Hohsaka, *ChemBioChem*, **10**, 999 (2009)
10) Y. Bessho et al., *Nat. Biotechnol.*, **20**, 723 (2002)
11) L. Wang et al., *Science*, **292**, 498 (2001)
12) L. Wang, P. G. Schultz, *Angew. Chem. Int. Ed.*, **44**, 34 (2005)
13) T. Fekner, M. K. Chan, *Curr. Opin. Chem. Biol.*, **15**, 387 (2011)
14) A. Uyeda et al., *ChemBioChem*, **16**, 1797 (2015)
15) K. Wang et al., *Nat. Biotechnol.*, **25**, 770 (2007)
16) H. Neumann et al., *Nature*, **464**, 441 (2010)
17) R. Abe et al., *J. Am. Chem. Soc.*, **133**, 17386 (2011)
18) K. Lang, J. W. Chin, *Chem. Rev.*, **114**, 4764 (2014)

第2章 人工膜創製技術

1 人工細胞の容器としてのリポソーム

岡野太治[*1], 鈴木宏明[*2]

1.1 はじめに

　細胞は，膜という境界で囲まれているということが，その定義のひとつである[1]。膜がなければ，液中に細胞質成分が浮遊しているのみの，均一な希釈溶液になってしまう。従って，人工細胞の創製には，細胞質成分を包む膜をつくり出し，利用することが必須である。細胞を囲む膜は，主に以下の役割を担っている。

- 遺伝物質やタンパク質を狭い空間に閉じ込めることで高濃度な状態に保ち，相互作用（反応）を促進する。
- 空間が狭いことで，内部に保てるマクロ分子の分子数を少数に保つことができ，その個性の維持を担保する（主にDNA）。加えて，その遺伝物質からつくられたタンパク質も同じ区画内に保たれるため，機能の個性も担保される（遺伝子とその機能の関連は，Genotype phenotype linkageと呼ばれる）。
- 細胞質成分の増加に伴い，膜も増大して分裂することで，細胞を複製する。

　遺伝物質であるDNAや複製を触媒するタンパク質は，ヌクレオチドやアミノ酸といった複数種類の単量体が決まった順序で並んだ複雑な高分子であるが，それに比べれば膜を構成する脂質分子（両親媒分子）は単純な物質である。従って，脂質分子が自己集合した膜の形成過程やその挙動は，比較的単純な物理化学的，または力学的なモデルに還元して理解することができる。理論的考察や分子動力学シミュレーションも細胞膜の性質を理解するのに重要な研究ツールであるが，脂質二重膜を実際に再構成して様々な環境下におけば，予想もしなかったような挙動を示すことが多く，やってみる，試してみることが未だに重要な分野である。

　本稿では，人工細胞の創製に向けて最も多く利用されている，脂質二重膜をベースとした小胞の作製法，およびその動的な特徴を述べる。脂質二重膜の他には，ジブロックポリマーを使った小胞[2,3]や，油中液滴（Water-in-oil emulsion）[4,5]も人工細胞の容器として利用されているが，これらは他著に譲る。1.2項では，細胞と同サイズの巨大リポソームを作製する従来の一般的方法を述べた後に，人工細胞に必要な特徴を備えた，すなわち細胞質成分となる物質を高濃度で封入した膜区画を再現する方法を紹介する。続いて1.3項では，人工細胞の創製に向けて必須である，膜の成長（増大）と分裂に関連した脂質二重膜の物理的，力学的性質を議論する。細胞膜が成長

---

*1　Taiji Okano　中央大学　理工学部　精密機械工学科　助教
*2　Hiroaki Suzuki　中央大学　理工学部　精密機械工学科　教授

して分裂することで細胞が複製されるメカニズムは一見驚くべきものに思えるが，脂質分子の自己組織化や膜の柔軟性，分子の束一的な性質を理解すれば，比較的容易に成し遂げられるということが理解できる。最後に1.4項では，膜の成長（膜融合）と分裂を人為的に制御し，かつ内部に封入された反応システムを継続させるための方法論を議論する。

1.2 人工細胞膜としてのリポソーム作製法

人工的に再現した細胞膜区画として，細胞膜の主成分であるリン脂質で構成された脂質二重膜小胞（リポソーム）が主に用いられる。リポソームは作製法や条件によって様々なサイズ，膜構造のものが得られるが，人工的な細胞膜区画として利用するためには，大きさが細胞と同程度であることに加えて単層の脂質膜で構成されていることが望ましい。このような形態的特徴を持ったリポソームは giant unilamellar vesicle（GUV：直径約 $1\,\mu m$ 以上）と呼ばれ，これよりもサイズの小さい large unilamellar vesicle（LUV：約 100 nm〜 $1\,\mu m$）や small unilamellar vesicle（SUV：直径約20〜100 nm）とは区別されている。

GUV は膜タンパク質などのない純粋な細胞膜のモデルであり，かつ光学顕微鏡で動的な変化を容易に観察できることから，脂質膜の物理的・力学的性質の解明に貢献してきた。いくつか例を挙げると，温度や浸透圧，電気刺激に対する応答[6〜8]，脂質の相分離とそれに伴う形状変化[9,10]，また各種の膜結合性ペプチドやタンパク質と膜の相互作用[11〜14]，といった性質が明らかにされてきた。

このような膜のダイナミクスに関する研究では，多くの場合静置水和法[15]やエレクトロフォーメーション法[16]で作製したGUVが利用されてきた。これらの方法では，基板（ガラスまたはITOガラスなど）上に形成した乾燥脂質フィルムに水溶液を加え，静置（静置水和法）または交流電圧を印加（エレクトロフォーメーション法）しながら水和させることでリポソームを得ることができる（図1(a)，(b)）。静置水和法は簡便に実施できる一方，電気的に中性な脂質だけを用いると得られるリポソームが多層膜（multi-lamellar vesicle, MLV）になりやすいという特徴

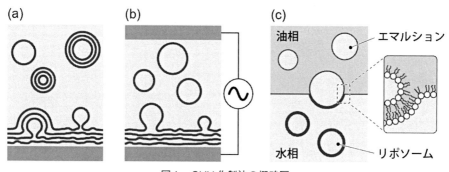

図1　GUV 作製法の概略図
(a)静置水和法，(b)エレクトロフォーメーション法，(c)界面通過法

第2章　人工膜創製技術

がある。そのため、GUV を得るには帯電した脂質（ホスファチジルグリセロールやホスファチジルセリンなど）を加える、親水性高分子（ポリエチレングリコールなど）を修飾した脂質を加えるなどの工夫が必要になる[17,18]。これに対し、エレクトロフォーメーション法では静電相互作用や電気浸透流などの複合的な効果によって、多数の GUV を効率よく作製することができる[19]。しかし静置水和法とは異なり、脂質フィルムに含まれる荷電脂質の割合が高くなると GUV 作製が難しくなる[20]。

　DNA やタンパク質、さらには代謝反応系などを内封した人工細胞として GUV を用いる場合、反応に必要な分子を高効率で封入できることが重要になってくる。静置水和法やエレクトロフォーメーション法では、水和に用いる水溶液に生体高分子などの物質を含ませておくことでこれらを GUV 内に封入する。しかし標準的なプロトコルでは分子の封入効率が低く（作製条件や封入する分子により大きく変化するが概ね20％前後）、酵素のような大きな分子ではさらに低くなることが報告されている[21,22]。また、水溶液中の塩濃度が高いと GUV ができにくくなるため、実際の細胞と同様にタンパク質やその他の分子を生理的塩濃度条件で含むような GUV の作製は困難であった。しかし近年、従来法が抱える制約を回避できる、界面通過法と呼ばれる作製法が開発された（図1(c)）[23~26]。この方法ではまず、脂質を溶解したオイルとリポソームの内液となる水溶液を強く撹拌することで油中水型エマルションを作製する。このエマルションは、水相側に親水性の頭部を、油相側に疎水性の尾部を向けた脂質の単分子膜で覆われている。このエマルションが分散したオイルを外液となる水溶液の上に重層すると、その油水界面にも脂質単分子膜が形成される。エマルションがこの界面を油相側から水相側へ移動すると界面上に形成された単分子膜が巻き込まれ、単層の脂質二重膜で構成される GUV が形成される。このとき、外液となる水溶液よりもエマルションの水相の比重を大きくしておくことで、重力や遠心力などによってエマルションの界面通過を効率よく引き起こすことができる。従来法のように、界面通過法は使用できる脂質に制約がほとんどない上、封入効率はほぼ100％と非常に高い[23]。さらに、生理的な溶液条件下でも作製が可能なことから、人工細胞リアクタとしての GUV 作製に適している。従来法では酵素反応や mRNA 合成など比較的少数の分子が関与する反応は封入できていたが[27]、界面通過法では無細胞翻訳系のような多数の分子によって緻密に制御された反応を封入できるようになった[28,29]。このような特徴から現在では、人工細胞リアクタの作製に界面通過法が広く利用されるようになってきている。

1.3　細胞の成長と分裂を模擬した膜ダイナミクス

　細胞の膜は、一度形成されたら変化をしない静的なものではなく、面積や形状、トポロジーをも柔軟に変化させうる動的な存在である。細胞の生存において特に重要になるのは、細胞質体積の増加に伴って膜面積が増大し、最終的に中央部分がくびり切られて分裂するというプロセスである。このプロセスは、真核細胞では細胞周期の中で厳密に制御されており[1]、大腸菌などの原核細胞でも、Min タンパク質群の振動により分裂中央面を決定し、FtsZ タンパク質により中央

をくびり切る仕組みが解明されてきた[30]。しかし，細胞の増殖においてこのような特殊化したタンパク質の制御が「必須」であったならば，初期の細胞は生存できなかったはずである。幸い，細胞膜の成長と分裂は，ほとんど制御のない単純な系において，もっといいかげんな形態で起こりえるという実験的証拠が蓄積されてきている[31,32]。これを理解するために，上記のプロセスを素過程に分割して考えよう。

　細胞膜の増殖は，①膜の成分が増えることで膜面積が増加する，②膜の中央部付近がくびれる，③くびれの部分で切断される，という3段階に分けて考えることができる（図2）。①は，合成された脂質（両親媒分子）が既存の膜に追加されることで実現される。ハーバード大医学大学院のJ. Szostakのグループは，生命の起源において，構造や化学合成経路がリン脂質よりも単純な（炭化水素鎖が一本の）脂肪酸分子が多量に存在したと考えられていることから[33]，脂肪酸から成るベシクルのダイナミクスを精力的に研究している[34,35]。脂肪酸は，リン脂質に比べて炭化水素の疎水性部分の割合が小さいため，水溶性が高い。従って，通常mM以上の濃度でミセルやベシクルを形成する。水溶液中の脂肪酸濃度を増加させれば，既存のミセルやベシクルに脂肪酸分子が追加され，膜面積が増加する。同グループのZhuらは，脂肪酸が追加されたときに，親ベシクルから複数のアーム状の脂質チューブが伸長すること，そして，軽いせん断でそれらが千切れて娘ベシクルが生じることを示し，このようなメカニズムが原始的な細胞膜増殖のメカニズムであり得ることを議論した[36]。

　初期の細胞膜成分が脂肪酸だったとしても，どこかの時点で，炭化水素鎖を2本持つために臨界ミセル濃度（CMC）が4～6桁ほど低く，低い濃度（nMレベル）でも膜を形成できるリン脂質に遷移したはずである[37]。細胞膜モデルとしても広く用いられているリン脂質小胞においても，小胞内部の水相容積が一定に保たれたまま両親媒分子が追加されれば，余剰の膜が生じ，小胞の形状が比較的自由に変形できる[38,39]。ここで，膜がくびれる分裂様の変形②が生じるためには，膜が正の曲率を持つ，すなわち内水相の側に湾曲する性質を持てばよい。膜の曲率は，主に膜を構成する両親媒分子そのものの幾何学形状に影響を受けることは広く認識されているが[40]，それ以外にも実に多彩な要因で左右され得る[41]。例えば，二重膜の外側リーフレットのみに脂質

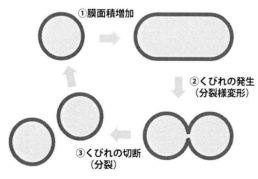

図2　細胞膜分裂の素過程

第2章 人工膜創製技術

分子が追加されれば,内外のリーフレットの面積差で正の曲率が生じる。他にも,膜を介した物質の濃度差[42],物質の吸着[43,44],温度変化[6,45]など様々な要因で曲率が生じる。その結果,2つにくびれたダンベル形状や,より余剰膜面積が大きい場合はパールチェーン状に変形したほうが,膜の全域において正の曲率を持つことができるため,正と負の曲率を両方併せ持つ自由形状よりも自由エネルギー的に安定となる(図3)。その結果②のプロセスが達成される。

この結果生じたダンベルやパールチェーン形状の小胞(GUV)は,くびれの部分はまだ繋がった状態にあり,切れていない。従って,曲率の観点からもう少し立ち入って考えると,くびれの部分では大きな負の曲率を持つことになる。この部分が構造的,力学的にどのような状態にあるのかは詳細には明らかになっていないが,脂質二重層を平面的な弾性体シートと見なした曲げ理論からは逸脱した,イレギュラーな分子配置になっているのかもしれない。この点は,今後の検討課題である。いずれにせよ,くびれ部分(ネック)が切断されて③の分裂が完了するためには,この部分に何らかのエネルギーが投入される必要がある。細胞分裂では,真核細胞と原核細胞のどちらにおいてもタンパク質の収縮環が縮むことでネックをくびり切るが,その過程ではヌクレオチドの加水分解エネルギーを使っている[1,30]。特殊化したタンパク質を持たない人工膜小胞では,膜の流動性が高い場合は,ネックが自発的には切断されない[6]。私たちは,後述する効果によって分裂様変形したGUVに対して,光ピンセットを用いて娘小胞を引き離そうと試みたが,ネックがチューブ状に伸びるだけで除荷するとばねのように再び縮んだ[46]。しかし,次項でも解説するが,環境の温度を下げて膜が流動相からゲル相に変化する相転移温度付近まで冷却したところ,ネックが自発的に切断した。従って,膜の流動性が低い状態では,熱ゆらぎや流体の弱いせん断力で機械的な分離が生じることが分かった。また,モノアシルリン脂質を懸濁水溶液に添加することでも,分裂が生じる。この場合はネック部分の分子配置を乱していることが予測されるが,その詳細は不明である。

さて,筆者らは膜に曲率を与える様々な外的要因の中で,細胞というシステムの中で普遍的に存在すると考えられる効果を実証したので,ここでその内容を簡単に説明したい[47]。具体的には,分子量10,000程度以上の高分子が脂質小胞内に重量濃度で数%以上含まれており,外水相に

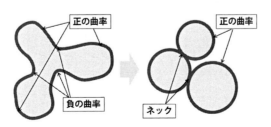

図3 余剰の膜を持つ脂質膜小胞の形態変化
(左)膜が自発曲率を持たない場合は,正負双方の曲率を有する様々な形状を取りえる。
(右)何らかの影響により膜が正の自発曲率を持つ場合は,膜全体が丸まろうとして,球が連結したダンベルやパールチェーン形状になる。

人工細胞の創製とその応用

は存在しない状況では，膜に正の曲率が生じダンベルやパールチェーン形状への遷移が起こることを示した（高分子を高濃度で封入した GUV は界面通過法により作製した）。私たちは膜の増殖を模擬した人工系を構築する研究を行う中で，顕微鏡による位相観察時のコントラストを上げるために，リポソーム内にポリエチレングリコール（PEG 6000）を封入し，その小胞を用いて電気融合実験を行っていた。すると，糖やイオンなど小分子のみを含んだリポソームを融合させた場合はほぼ球形で安定化したのに対し，PEG を内封した場合は数分のタイムスケールで形状が変化し，あたかも細胞膜分裂のような変形を示したのである。その後，分裂様変形が生じる条件の詳細を検証する実験を行い，内封した PEG の濃度が高いほど，また重量濃度が同じでも分子量が大きいほど，膜融合後に分裂様変形をする確率が高まることが明らかになった。また，PEG 以外の高分子（デキストラン）でも同様の分裂様変形が誘起されることも分かり，特定の高分子の化学的性質に依存した現象ではないことも明らかになった。

この現象は，高分子の排除体積と束一的性質により説明することができる。高分子はその分子量によって数 nm から数十 nm の大きさを持っている。これを剛体球とみなせば，その重心は分子半径を越えて膜に近づくことができない。この立体障害により，膜内側の極近傍には，高分子が存在しない領域（排除体積）ができる。高分子を溶質とみなせば，膜近傍の排除体積は純溶媒領域，その内側の領域は溶液であるので，この 2 領域間に浸透圧作用が働く。理科の教科書によくある，半透膜を介した浸透圧作用の説明では，溶媒が溶液側に移動して溶液体積が増加（溶媒体積が減少）する。これは，分子配置の場合の数が増加するという，熱力学におけるエントロ

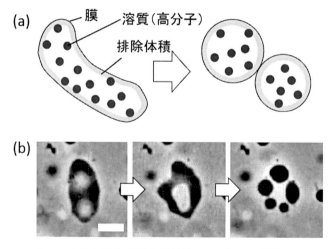

図4　内封高分子の排除体積効果による膜の分裂様変形
(a)膜の内側近傍に，溶質としての高分子が接近できない領域（排除体積）が生じる。膜全体に正の曲率が生じることで，排除体積が減少する。
(b)筆者らの研究室で再現した人工膜分裂の様子。数％のポリエチレングリコール（分子量は6000以上）を含む GUV を電気融合させて余剰の膜を生じさせると，その後は自発的に分裂様変形が起こる。スケールバーは 5 μm。

第2章 人工膜創製技術

ピー増大則に従った変化である。では，膜内に高分子が詰め込まれた系では，この純溶媒と溶液の体積変化はどのように達成されるのであろうか。これは，膜の曲率が変化することで達成されるのである。つまり，膜が内側に「曲がる」と，極微小ではあるが膜近傍の排除体積領域が圧縮されて減少するのである。逆に，膜が外側に曲がる変化は，排除体積領域を増加させてしまうので，自発的には起こらない。もちろん，もともと平面的な膜が曲がるためには，力学的な弾性エネルギーが必要である。しかし，脂質二重膜は非常に柔らかく，その弾性係数はたかだか数十k_BTである。簡単な計算より，このオーダーのエネルギー変化は膜の変形に伴う排除体積の変化で十分に補うことが可能であり，高分子の濃度や分子量依存性も矛盾なく説明できる。時をほぼ同じくして，高分子ではなくナノビーズを高濃度で封入したベシクルでも同様の分裂様変形が生じることも示された[48]。細胞は，基本的に高分子やオルガネラなどナノ粒子が高密度に詰まった膜の袋である。従って，上述の高分子の排除体積効果による膜構造の分裂様変形は，どのような細胞においても程度の差こそあれ分裂変形に寄与するものだと考えている。

1.4 動的な膜特性を活用した人工細胞リアクタ

リポソームは細胞と同様に脂質膜で外界から仕切られているというだけでなく，前項で示したような動的な性質も兼ね備えている。そのため，第1章で紹介されているような反応を組み込んだリポソームを適切な環境下においたり刺激を加えたりすることで，より細胞らしいダイナミックな人工細胞リアクタを構築することができる。そこで本項では，生化学反応を封入したリポソームで膜の動的性質を利用した例を紹介する。

　細胞の内部反応は，外部から栄養を取り込むことで長期間に渡って維持されている。一方，リポソームに封入された生化学反応は，基質の枯渇によっていずれ停止する。そのため，リポソーム内の反応を長時間持続させるためには，何らかの方法で外部から基質を供給しなければならない。Noireauxのグループは，脂質膜に孔を開ける膜タンパク質を導入することで外部からの基質供給を達成し，リポソーム内のタンパク質合成反応を4日間に渡って維持できることを示した[28]。これは膜タンパク質を利用した例であるが，供給できる分子が膜タンパク質の種類によって制限される上，リポソーム内の分子が外部へ排出されることも考えられる。大きな分子や様々な物質を送達する汎用性の高い方法としては，基質を封入したリポソームの融合が挙げられる。例えば，正と負に帯電した2種類のリポソームを混合すると，膜融合が起こる。これを利用してタンパク質合成反応に必要な分子を供給し，反応を誘起した例がある[49]。また，凍結融解によってリポソームを融合させることで基質を複数回供給し，RNA複製反応を10時間持続させた研究報告もある[50]。このようにリポソームの融合を利用すると，分子量が大きい生体高分子であっても容易に供給することができ，リポソームの外部に分子が排出される可能性も低いことが示されている。ここで，筆者のグループが行ってきたもう一つのリポソーム融合法を紹介する。

　2つ（または複数）のリポソームを隣接させ直流パルスを印加すると，脂質膜の破壊，小孔形成，膜融合が起こり，リポソームが融合する。筆者らはこの電気融合法を利用して外部からキ

レート剤を繰り返し供給し，同一のリポソーム内で複数回に渡ってキレート反応が起こることを示した[46]。この実験では，カルセインと塩化コバルトを封入したリポソームに，EDTAを封入したリポソームを融合させた。融合前，カルセインはコバルトイオンと複合体を形成しているため，蛍光を発しない。しかし，融合後は供給されたEDTAによってキレート反応が進み，蛍光輝度が上昇した。その後UV照射によって蛍光を褪色させたが，再度融合によってEDTAを供給すると，残っていたカルセイン―コバルトイオン複合体がキレートされ，再び蛍光輝度が上昇した。筆者らは近年，この電気融合法を生化学反応にも適用できることを示している[51]。この実験では，酵素（β-ガラクトシダーゼ）または蛍光原基質（PFB-FDG）を封入したリポソームを作製し，基質封入リポソームを複数回融合させた。1回目の融合後，リポソーム内で基質が加水分解され蛍光輝度が上昇する様子が観察された（図5）。その後，この反応が基質枯渇によって停止したのを確認し再度基質を供給したところ，反応を再開させることに成功した。このように電気融合法を用いると，一つのリポソームをトラッキングしながら繰り返し融合することができ，さらに融合のタイミングを比較的自由に制御することができる。

　ここまで示してきたように，リポソームの融合を続けると反応を持続させることができる。しかし，体積の増加に伴ってリポソームは不安定になり，破裂しやすくなる。これを避けるには，細胞のように分裂させるのが最もシンプル且つ確実な方法である。前項で紹介したように高分子が一定濃度以上封入されたリポソームでは，ダンベルまたはパールチェーン形状への遷移が起こる。この形態変化はリポソーム内部に化学反応が封入されていても起こるため，筆者らは上述の研究でキレート剤封入リポソームを融合させた後でこれを分裂させることを試みた。その結果，高分子の効果によってリポソーム融合後にダンベル形状への遷移が起こったが，ネック部分で僅かに繋がった状態が維持された。この原因として，膜の流動性の影響が考えられる。脂質膜は温度によって複数の相状態を示すが，このとき流動性も大きく変化する。そこでダンベル形状に

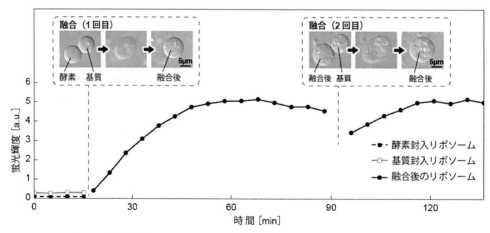

図5　基質封入リポソームの融合によって継続するリポソーム内酵素反応

第2章　人工膜創製技術

なったリポソームを相転移温度以下の環境に移し，膜の流動性を下げた（脂質膜を流動相からゲル相へ転移させた）ところ，ネック部分が自発的に切断し2つのリポソームに完全に分裂する様子が観察された[46]。リポソームを分裂させる方法は，これ以外にも実現されている。例えば菅原のグループはリポソーム内でPCRを行い，その増幅産物と外液に加えた膜脂質の前駆体との複合的な効果によって分裂を引き起こすことに成功している[52]。これはリポソーム内部の反応と膜ダイナミクスを上手く組み合わせた例である。

このように現在では，脂質膜の動的な特性を活用した人工細胞リアクタの研究が盛んに行われるようになってきた。膜融合や分裂といったダイナミクスをリポソーム内の生化学反応と有機的に組み合わせることができれば，外部からの栄養取り込み・反応（成長）・分裂をシームレスに行えるようになると期待される。

1.5　おわりに

人工細胞創製への試みは，細胞の仕組みや成り立ちの根源的理解を促すという理学的側面と，細胞を使ったバイオテクノロジーの代替技術としての人工細胞バイオリアクタの開発という応用面の両方から注目されている。初期の人工細胞研究では，細胞の構成要素としての膜そのものの物性研究と，代謝系を（静的な）膜の中に封入して反応させるという研究が個別に行われてきた。最近では，代謝系とダイナミックな膜挙動を組み合わせた動的な人工細胞を創り出すことが可能になってきており，増殖能や進化能を有する人工システムの実現に着実に近づいているといえよう。

文　　献

1) D. Davada et al., *Life: The Science of Biology, 10th Ed.*, Macmillan (2014)
2) R. J. R. W. Peters et al., *Chem. Sci.*, **3**, 335 (2012)
3) R. J. R. W. Peters et al., *Angew. Chem. Int. Ed.*, **53**, 146 (2014)
4) A. Kato et al., *Sci. Rep.*, **2**, 283 (2012)
5) T. Hamada et al., *Materials*, **5**, 2292 (2012)
6) H. G. Dobereiner et al., *Biophys. J.*, **65**, 1396 (1993)
7) D. V. Zhelev et al., *Biochim. Biophys. Acta*, **1147**, 89 (1993)
8) R. Dimova et al., *Soft Matter*, **3**, 817 (2007)
9) T. Baumgart et al., *Nature*, **425**, 821 (2003)
10) M. Yanagisawa et al., *Phys. Rev. Lett.*, **100**, 148102 (2008)
11) F. Nomura et al., *Proc. Natl. Acad. Sci. USA*, **101**, 3420 (2004)
12) Y. Tamba et al., *Biochemistry*, **44**, 15823 (2005)

13) A. Roux *et al.*, *Nature*, **441**, 528 (2006)
14) T. Wollert *et al.*, *Nature*, **458**, 172 (2009)
15) J. P. Reeves *et al.*, *J. Cell. Physiol.*, **73**, 49 (1969)
16) M. I. Angelova *et al.*, *Faraday Discuss.*, **81**, 303 (1986)
17) K. Akashi *et al.*, *Biophys. J.*, **71**, 3242 (1996)
18) Y. Yamashita *et al.*, *Biochim. Biophys. Acta.*, **1561**, 129 (2002)
19) T. Shimanouchi *et al.*, *Langmuir*, **25**, 4835 (2009)
20) N. Rodriguez *et al.*, *Colloid Surface B*, **42**, 125 (2005)
21) P. Walde *et al.*, *Biomol. Eng.*, **18**, 143 (2001)
22) L. M. Dominak *et al.*, *Langmuir*, **24**, 13565 (2008)
23) S. Pautot *et al.*, *Langmuir*, **19**, 2870 (2003)
24) 山田ほか, 生物物理, **49**, 256 (2009)
25) Y. Natsume *et al.*, *Chem. Lett.*, **42**, 295 (2013)
26) K. Nishimura *et al.*, *Langmuir*, **25**, 10439 (2009)
27) A. Fischer *et al.*, *Chembiochem*, **3**, 409 (2002)
28) V. Noireaux *et al.*, *Proc. Natl. Acad. Sci. USA*, **101**, 17669 (2004)
29) T. Sunami *et al.*, *Langmuir*, **26**, 8544 (2010)
30) E. J. Harry, *Mol. Microbiol.*, **40**, 795 (2001)
31) Y. Briers *et al.*, *Bioessays*, **34**, 1078 (2012)
32) R. Mercier *et al.*, *Cell*, **152**, 997 (2013)
33) D. Deamer *et al.*, *Astrobiology*, **2**, 371 (2002)
34) J. P. Schrum *et al.*, *Csh. Perspect. Biol.*, **2**, a002212 (2010)
35) I. Budin *et al.*, *Annu. Rev. Biophys.*, **39**, 245 (2010)
36) T. F. Zhu *et al.*, *J. Am. Chem. Soc.*, **131**, 5705 (2009)
37) I. Budin *et al.*, *Proc. Natl. Acad. Sci. USA*, **108**, 5249 (2011)
38) H. G. Dobereiner *et al.*, *Phys. Rev. E*, **55**, 4458 (1997)
39) H. G. Dobereiner, *Curr. Opin. Colloid In.*, **5**, 256 (2000)
40) J. N. Israelachvili, *Intermolecular and Surface Forces, 3rd Ed.*, Academic Press (2011)
41) O. G. Mouritsen, Life-As a Matter of Fat ; The Emerging Science of Lipidomics, Springer (2005)
42) H. G. Dobereiner *et al.*, *Eur. Biophys. J. Biophy.*, **28**, 174 (1999)
43) R. Lipowsky, *Curr. Opin. Struc. Biol.*, **5**, 531 (1995)
44) R. Lipowsky *et al.*, *Europhys. Lett.*, **43**, 219 (1998)
45) J. Kas *et al.*, *Biophys. J.*, **60**, 825 (1991)
46) H. Shiomi *et al.*, *Plos One*, **9**, e101820 (2014)
47) H. Terasawa *et al.*, *Proc. Natl. Acad. Sci. USA*, **109**, 5942 (2012)
48) Y. Natsume *et al.*, *Soft Matter*, **6**, 5359 (2010)
49) F. Caschera *et al.*, *Langmuir*, **27**, 13082 (2011)
50) G. Tsuji *et al.*, *Proc. Natl. Acad. Sci. USA*, **113**, 590 (2016)
51) T. Okano *et al.*, *Proc. Micro TAS*, 2032 (2015)
52) K. Kurihara *et al.*, *Nat. Chem.*, **3**, 775 (2011)

2 無細胞タンパク質合成系とベシクルによる人工細胞の構築

車　俞澈*

2.1 はじめに

　無細胞タンパク質合成系（無細胞系）は，細胞を用いた系では発現が困難なタンパク質に対する対応策として，また翻訳反応の素過程を詳細に解析するための手法として開発された。現在多くの種類の無細胞系が様々な研究の場で利用されており，特に合成生物学の分野で活発に用いられている[1]。日本はこの技術において世界的にも秀でており，数多くの先駆け的研究者が現在も活躍している[2~6]。無細胞系は一般的に小麦胚芽や昆虫細胞など，何らかの細胞抽出液を基盤として構成されている[4,6~10]。これに対して，Shimizuらの開発したPURE systemは唯一，個々の酵素や補助因子のみから構成された，完全再構築型の無細胞系である[5]。PURE systemが他の抽出物型無細胞系と比べて大きく秀でている点は，系を構成する因子が全て明らかになっている点である。このことは人工細胞を構築する上で欠かせない条件であり，特に以降に述べる自己複製を実現する上では必須である。この無細胞系をベシクルと呼ばれる，直径数マイクロから数十マイクロメートルの脂質膜小胞に内包することで，ベシクル内部でタンパク質を合成することが可能である[11~14]。巨視的に見れば，細胞とほぼ同じサイズの微小空間内で遺伝子発現を行っているので，実際の生きた細胞とほとんど同じように見える。そのためこのようなベシクルは擬似細胞，あるいは人工細胞と呼ばれている。しかし現状での人工細胞は，自己複製能や膜の機能化など克服できていない問題が多々あり，本質的な解決方法は未だ確立できていない。本稿では，無細胞系とベシクルを用いた人工細胞の構築のためのデザインとそのアプローチについて述べる。

2.2 人工細胞構築のためのアプローチ

　人工細胞の構築は，生体分子を組み合わせることで細胞と同じ振る舞いをする人工物を作り出し，これにより生命システムの階層的なダイナミクスがどのように形成され，生命システムが創発されるのかを直接的に理解することを目的としている。しかし分子と生命システムの間には大きな階層的飛躍があるため，ここに"代謝系"というサブシステムを置くことで，人工細胞を代謝系の集合体として構築しようというアプローチが今フォーカスされている。具体的には，生命現象を成立させるための必要最小限の代謝系を再構築し，それらを相互に関係付けることで，分子から生命システムを構築するというアプローチである。ではどのような代謝系が生命に必須なのか？

　Xuらは代表的な連鎖球菌の一つである，*Streptococcus sanguinis* のnon essential遺伝子を欠損させることで最少の遺伝子セットを同定した[15]。その中には遺伝子の複製と発現，細胞膜・細胞壁の生成，エネルギー生産に関わる遺伝子が保存されており，中央代謝系として解糖系が機能

---

*　Yutetsu Kuruma　東京工業大学　地球生命研究所　特任准教授

している。また Venter らの報告によると，ゲノムサイズが極めて小さいマイコプラズマからさらに non essential 遺伝子を欠損させた結果，473種の遺伝子のみで生存可能であることを実証した[16,17]。その内訳は，48％が遺伝子複製・発現，18％が細胞膜関連，17％がその他細胞質代謝系を司る遺伝子であり，残りの17％は機能未知の遺伝子であった。比較ゲノミクスの研究からは，生物が3界に分かれる以前に存在していたと考えられる，共通祖先細胞の仮想的ゲノムについて調べられている[18]。ここではリボソーマルプロテインを筆頭に，翻訳因子や RNA polymerase など，やはり遺伝子発現関係の遺伝子がリストに挙がっている。これらのことから，生命システムを成立させるための最小代謝系は解糖系，遺伝子複製系，遺伝子発現系，エネルギー生産系，細胞膜生成系ではないかと考えられる（図1）。それぞれの代謝系はモジュールとして捉えることができ，各モジュールは数種類の酵素や構造タンパク質により構成される。例えば，解糖系ではヘキソキナーゼからピルビン酸キナーゼまでの10種類の酵素から構成されており，遺伝子複製系では DNA polymerase III を構成する9種のタンパク質と，ヘリカーゼなどを含む計13種類などから構成されている[19]。中でも，タンパク質合成を司る遺伝子発現系は，最も多くの酵素やタンパク質から成り立つ複雑な反応であるが，これについては先に述べた PURE system により既に再構築されている[5]。エネルギー再生系については解糖系において ATP が合成されるものの，

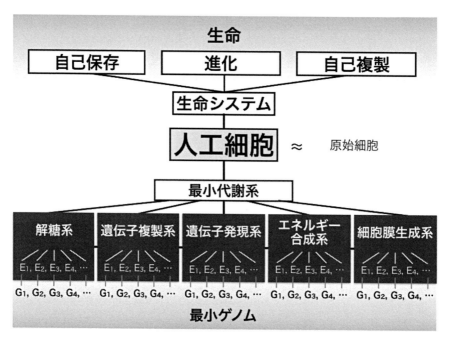

図1　人工細胞構築のためのデザイン

　5つの代謝系がそれぞれの構成酵素（または構造タンパク質）から再構成される。また，構成酵素に対応する遺伝子を統合することで，最小ゲノムを決定できる。これら代謝系は，ベシクル膜内に統合されることで生命システムとなり，自己保存，進化，自己複製という生命の特徴を発現する。

第 2 章　人工膜創製技術

膜内外のプロトン勾配から ATP を合成する ATP 合成酵素も効率的なエネルギー生産に適していると考えられる。F 型 ATP 合成酵素については，Kuruma らにより膜内在部分である F_o 複合体の無細胞合成が成功している[2,20]。

このように各モジュールを構成する最小限のタンパク質が決定すれば，自ずとそれらの遺伝子も決定することができる。つまり，これらを統合したものが生命に必須な遺伝子セットであると言える。このような構成的なアプローチによりミニマルゲノムを定義することができる。ミニマルゲノムは最終的に遺伝子複製系により複製され，細胞分裂により娘細胞に分配することができる。このようなミニマルゲノムの構成は，反応系を再構築することで初めて可能であり，細胞抽出液を用いたアプローチでは成し得ることが難しい。原理的にはこのミニマルゲノムと，最小代謝系をベシクルに内包することで，人工細胞を構築することが可能だと考えられる。ベシクル膜の中でタンパク質を合成し，自己複製までを実現するこの方法の背景には，オートポイエシスと呼ばれる概念が存在する。オートポイエシスは，チリの生物学者であるウンベルト・マトゥラーナとフランシスコ・バレーラにより提唱された概念であり，「生命をオーガナイズするものは何か？」という本質的な問いに迫ったものである[21]。細胞をモデルにした場合，図 2 に示すような自己創生的あるいは自己生産的なシステムのことを意味する。

2.3　自己複製の創発

先に述べたように，図 1 に挙げた最小代謝系のほとんどは既に再構築化が完了している。しか

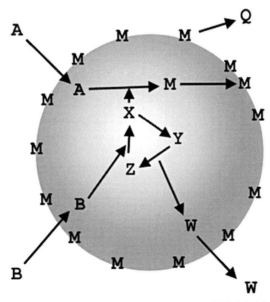

図 2　オートポイエティックなシステムにおける分子ダイナミクス
反応前駆体（A, B）を外環境から取り込み，内部の触媒（X, Y, Z）を介して自身の構成因子（M）を合成する。反応後の老廃物（Q, W）は外環境へ排出される[35]。

し，細胞膜生産系においては再構築が完了していない。このことが人工細胞構築のボトルネックであり，且つ自己複製が再現できない理由である。細胞の自己複製を再現するには，ゲノムの複製だけではなく，細胞膜の成長と分裂を再現しなくてはならない。この細胞の成長と分裂に関するこれまでの研究について，いくつかの特筆するべき研究成果がある。Luisi らは脂肪酸から構成されたベシクルに脂肪酸を供給することで，オリジナルの大きさを維持したままベシクルが2つに分裂することを観察した[22]。Szostak らはベシクル内部で疎水的なジペプチドを合成することで，合成産物が脂質二重膜に組み込まれ，膜の部分的な不安定化を引き起こし，その結果ベシクル外に存在するフリーの脂肪酸を通常のベシクルよりも優位に取り込むことを示した[23]。この結果は，内部の反応をきっかけとして自己成長するベシクルを構築したと言える。また同様の研究で，脂肪酸のみからなるベシクルと，脂肪酸とリン脂質の混合物からなるベシクルを同居させた場合，フリーの状態へ遊離した脂肪酸を混合ベシクルが優位に取り込むことを示した。これにより，ベシクルレベルでの競争状態が形成されるため，プロトセル期における膜の進化につながるものとして興味深い[24]。さらに膜の自己成長・分裂における重要な研究が，日本の研究者から報告されている。Sugawara らのチームは，ベシクル内部で DNA を複製し，その複製産物が脂質二重膜内に取り込まれることで膜の部分的不安定化を引き起こし，その結果リン脂質前駆体を取り込むことで自己成長自己分裂するベシクルを構築した。この研究成果は，遺伝情報媒体である DNA と膜の分裂を完全に同期させたものとしても大きな意義がある[25]。さらに，DNA 複製の基質や酵素を，ベシクル間融合を通してデリバリーすることで，継続的に数ラウンド回すことにも成功している[26]。

　これらのアプローチは，主に化学的な手法を用いて細胞の自己成長と分裂を再現したものであり，複雑な代謝反応は含んでいない。そのためゲノムという概念も取り込んでいない。また，全ての系においてベシクル外部から脂質または脂質前駆体を供給し，自己成長を促すというアプローチである。しかし，オートポイエシスの概念に従えば，これら脂質分子は内部のオーガナイズされた反応を通じて内部から供給されるべきであり，その方がより生物らしい。もちろんベシクル内部は閉鎖的空間であるため，内部から供給することはできない。よって必然的に，内部で合成する方法しか無いため，脂質合成系を内部に再構築しなくてはならない。では，脂質の生合成はどのようになっているのだろうか？

　脂質は脂溶性部分と水溶性部分が1つの分子に同居する非常にユニークな分子である。脂溶性部分は脂肪鎖と呼ばれる炭化水素が C16〜C18 ほど連なったものであり，この末端に水酸基を持つと脂肪酸となる。ある一定濃度以上であれば脂肪酸のみでもベシクルを形成することは可能であり，プロトセルではこの脂肪酸ベシクルがリボザイムを内包していたと考えられている（RNAワールド仮説）[27]。しかし，脂肪酸ベシクルは低分子の膜透過性が高いこと，2価のカチオン存在下で非常に不安定であるという弱点を持つ。さらには，現在地球上の生物の中で，脂肪酸のみから細胞膜を形成しているものは存在しない。これに対してリン脂質は，グリセロール3リン酸（イソプレノイド型はグリセロール1リン酸）をバックボーンとして，その1と2位に脂肪鎖が

第2章　人工膜創製技術

結合する分子構造である。リン脂質膜は脂肪酸膜に比べて安定であり，また全生物がこのリン脂質を使って細胞膜を形成している。リン脂質の生合成過程は，まず脂肪鎖の合成とその後のリン脂質合成に大別することができる（図3）。

　脂肪鎖は，acetyl-CoA と malonyl-CoA を基質として合成される。まず malonyl-CoA の CoA 部分が解離し，代わりに ACP（acyl carrier protein）というタンパク質が結合する。ACP は翻訳後に，CoA 由来の4-phosphopantetheine という分子が，36番目の Ser（大腸菌の場合）に修飾される[28]。この4-phosphopantetheine は先端にチオール基を持ち，これを起点として脂肪鎖が伸長する。その後 Fab（fatty acid binding）と呼ばれる一連の酵素によって脂肪鎖が伸長され，最後に TesA と呼ばれる酵素により，ACP から CoA に変換され脂肪鎖の合成が終了する。これらの反応系は2011年に Khosla らのグループにより再構築化が完了している[29]。そこでは，精製した ACP と 8種類の Fab 酵素（FabA，FabB，FabD，FabE，FabF，FabH，FabI，FabZ），TesA が至適条件で混合され，C18長鎖脂肪酸までを合成することに成功している。原理的には，この反応系をベシクルに内包することで，脂肪鎖の内部合成が達成できると考えられる。合成された脂肪鎖はその後，脂質膜に移行し，リン脂質合成反応に参加する。

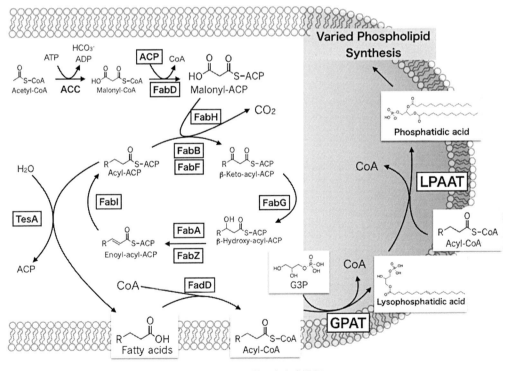

図3　リン脂質の生合成過程

　水溶性の生体分子である acetyl-CoA, malonyl-CoA, Fab 酵素，TesA, ACP により脂肪酸が合成される。その後 FadD により acyl-CoA に変換され，GPAT や LPAAT などのリン脂質合成酵素により膜上でリン脂質合成が行われる。

リン脂質合成反応は，数種のリン脂質合成酵素により細胞膜上で触媒される。細胞膜を構成する主要リン脂質は数種類あり，例えば大腸菌のケースでは phosphatidylethanolamine（PE），phosphatidylglycerol（PG），cardiolipin（CL）であり，真核生物のケースでは phosphatidylcholine（PC），phosphatidylinositol（PI），sphingomyelin（SM）などがメジャー脂質である。いずれのリン脂質生合成も，グリセロール3リン酸に脂肪鎖を2つ付加した phosphatidic acid（PA）を起点として合成されるものである（SMを除く）。脂肪鎖合成の場合，基質も触媒酵素も全て可溶性分子であった。しかし，リン脂質合成は一転して，脂肪鎖供給のための基質となる acyl-CoA も触媒酵素も膜局在分子である。そのため精製酵素を用いて再構築するというアプローチは困難である。その理由は，膜タンパク質の精製には一般的に界面活性剤を使用しなければならないため，界面活性剤を含んだ状態で酵素が精製される。この界面活性剤はベシクルの形成を阻害するため，酵素を内包することができない。そのため，この問題に対する合理的かつ唯一の解決方法は，ベシクル内部で触媒酵素群を合成することである。

2.4 膜タンパク質による膜の機能化

リン脂質の生合成は，グリセロール3リン酸に脂肪鎖を二つ結合することから始まる。1位と2位，それぞれの脂肪鎖の結合を触媒する酵素は，glycerol-3-phosphate acyltransferase（GPAT）と lysophosphatidic acid acyltransferase（LPAAT）で，前者は多数回膜貫通型のタンパク質であり，後者は膜アンカリング型のタンパク質である（図3）。Kuruma らはベシクルに PURE system 反応液と GPAT または LPAAT の DNA を内包し，内部で膜タンパク質酵素を合成した[30]。内部合成された酵素の活性を評価するため，基質となるグリセロール3リン酸と acyl-CoA を投入し，凍結・融解を繰り返すことで基質を膜小胞内部にデリバリーした。この条件で反応させたところ，GPAT を合成したベシクルの場合には，プロダクトの合成産物である lysophosphatidic acid が，LPAAT を合成した場合には，phosphatidic acid が検出された。これはベシクル内部で膜タンパク質酵素を合成し，その触媒活性を検出した初めての結果であり，細胞の自己複製につながる鍵となる研究成果である。この時のベシクルは，直径100〜200 nm 程度の SUV（small unilamellar vesicle）と呼ばれるサイズの小さいものであった。また，内部で合成された酵素量が少なかったこと，反応バッファー条件の違いから GPAT と LPAAT を連続して反応させることが難しかったことなどが原因で，ベシクルの形態変化を観察するまでには至らなかった。しかし今年2016年に Danelon らのチームから後続研究の報告があり，そこでは GPAT と LPAAT を連続して反応させることに成功している。さらに，以降の反応に関わる膜タンパク質酵素についても PURE system で合成しており，phosphatidylglycerol や phosphatidylethanolamine など他の主要なリン脂質の合成にも成功している[31]。これらの結果から，原理的にはリン脂質合成に関わる緒酵素をベシクル内部で合成し機能させることで，リン脂質を合成することが可能であることが実証された。さらにもう一つ特筆したい点は，合成された酵素が膜タンパク質だということである。反応前は脂質のみから構成されたベシクル膜が，内部

第 2 章 人工膜創製技術

での反応後，膜タンパク質を含んだベシクル膜となり，これにより膜が生化学的な機能を獲得したということである．人工細胞の実際的な構築を考える上で，ベシクルは単に生体分子やゲノムの入れ物という役割だけではなく，膜そのものが生命維持に重要な機能を持つことが重要である．

　リン脂質合成を触媒する上述の酵素の他にも，人工細胞を構築する上で重要な膜機能の再構築に取り組んだ例がある．Sec トランスロコンは，タンパク質が細胞外に分泌される際，または細胞膜に挿入する際のゲートとなる膜タンパク質複合体である[32]．大腸菌の場合，SecY, SecE, SecG 3 種類の膜タンパク質が基本的な構成因子であるとされているが，SecYE のみでもトランスロコン活性がある[32]．Matsubayashi&Kuruma らのグループが，PURE system による SecYEG の合成に成功している[33]．SUV 存在下の PURE system で SecYEG 3 種の構成タンパク質を SUV の外部から合成したところ，それぞれのタンパク質が自発的な膜挿入によりベシクル膜に挿入したことが，反応後のベシクルを単離することで観察できた（図 4）．この自発的な膜挿入は，ある種の人工膜で起こることが知られている[34]．ただしこれには翻訳反応とカップルしている必要があるため，タンパク質合成と同時に，新生ペプチド鎖が疎水的相互作用により脂質膜に挿入しているものと考えられる．自発的に膜挿入した膜タンパク質が，天然型と同じ膜配向性を維持しているかどうかを確認するために，N 末端または C 末端にプロテアーゼ認識配列を挿入し，膜挿入後のプロダクトのプロテアーゼ感受性を観察することで，膜内配向性を評価した．さらに，細胞質側に突出するループ部分にも認識配列を挿入することで，より詳細な解析を行った．その結果，自発的に膜挿入した SecY または SecE のうち，約 50～60％が天然型の膜配向性を維持しているという結果が得られた．このように，合成と同時に自発的に膜挿入し膜内配向性を維持した膜タンパク質が，パートナーである他のサブユニットタンパク質と膜上で複合体を形成しているかどうかを確認するために，Blue-Native PAGE 法（BN-PAGE）によりプロダクトを解析した．BN-PAGE は界面活性剤を用いて脂質膜から膜タンパク質を可溶化し，立体構造を維持した状態のまま PAGE によって分画する方法である．この BN-PAGE 法により，プロダクトを解析したところ，SecYEG または SecYE を合成した時のみ複合体を形成していることが確認された．SecYEG トランスロコンの膜分泌機能を評価するために，SecYEG 合成後に，基質タンパク質である pOmpA（precursor of outer membrane protein A）を，膜透過を触媒する細胞質内モータータンパク質 SecA の存在下で合成した．その結果，合成された pOmpA の約 15％が膜透過したことが観察された．この時，コントロールとなる，細胞から精製した SecYEG を用いて再構築した膜の活性は，20％程度であった．次に膜挿入活性を評価するため，6 回膜貫通型膜タンパク質である YidC を基質タンパク質として合成し，膜挿入後の配向性を評価した．その結果，合成された YidC の約 6％が天然型の膜内配向性を維持していることが観察された．精製 SecYEG を使用したコントロール実験では 16％程度であった．YidC は 1 番目と 2 番目のトランスメンブレンの間に，ペリプラズム側に大きく突出したループ構造を持つ．YidC を翻訳中のリボソームが正しく SecYEG に結合し，且つ SecA によりループペプチド鎖が膜の反対側に透

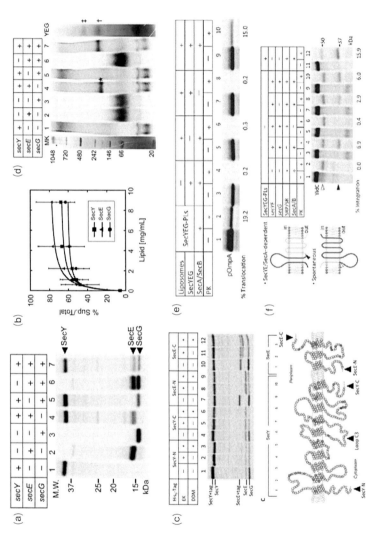

図4 無細胞系による、SecYEGトランスロコンの合成

PURE systemによるSecY, SecE, SecGの合成(a)と、自発的膜挿入による膜局在化(b)。エンテロカイネース(EK)認識配列をN末端またはC末端に導入したSecYまたはSecEを合成後、EK感受性を観察し膜内配向性を評価した(c)。Blue Native-PAGEによる、SecYEG複合体の観察(d)。無細胞合成したSecYEGのpOmpA膜透過活性(e)と、YidC膜挿入活性(f)。M.W.：分子量マーカー、YEG：細胞から精製したSecYEG複合体、DDM：n-Dodecyl-β-D-maltoside、PLs：proteoliposomes、PK：proteinaseK、％Translocation：合成された基質タンパク質のうち、膜透過したものの割合。図は文献33)から承認を得て掲載した(License Number：3984660408085)。

第 2 章　人工膜創製技術

過されれば，天然型の配向性で膜に挿入される．しかし，実際の人工膜には自発的に膜挿入するものが多いため，この場合にはループ部分が膜の反対側に配位されず，結果，逆向きの配向性で膜に挿入される．自発的な膜挿入を抑え，細胞内と同じ経路でタンパク質を膜挿入できる系の再構築が今後の課題である．

2.5　おわりに

人工細胞の構築は，酵素を精製し代謝反応の素過程を再構築するという，生化学の真髄の延長線上にあるものである．これまでの累々とした生化学的データをもとに，生命システムを再構築していくことは自然な流れであるとともに，取り組んでいる研究者として非常に胸が踊る研究である．ベシクルと無細胞系を組み合わせることで，擬似細胞を作り出すことはできるようになった．しかし，生命の最も生命らしい特徴である自己複製は未だに再現できない難問であり，今後はこの点に焦点を当てた多くの研究が進められるだろう．自己複製を達成するためには，DNAと同様に膜の複製が必須であり，これは上述の方法で数年のうちに達成できると考えられる．自己複製が実現したその先は，多細胞集団の再構築化に突入し，ここではさらに上位の階層での生命現象の再構築化が研究対象になる．それは，例えば神経細胞によるニューラルネットワークの再構築であり，あるいは発生・分化の再構築である．その中で，生命システムの階層をまたいだ共通原理を見出すことが人工細胞研究の真の目的である．

文　　献

1) J. G. Perez, J. C. Stark, M. C. Jewett, *Cold Spring Harb. Perspect. Biol.*, **8**, a023853 (2016)
2) Y. Kuruma, T. Ueda, *Nat. Protoc.*, **10**, 1328 (2015)
3) M. Madono, T. Sawasaki, R. Morishita, Y. Endo, *New Biotechnology*, **28**, 211 (2011)
4) S. Mikami, T. Kobayashi, M. Masutani, S. Yokoyama, H. Imataka, *Protein Expression and Purification*, **62**, 190 (2008)
5) Y. Shimizu, A. Inoue, Y. Tomari, T. Suzuki, T. Yokogawa, K. Nishikawa, T. Ueda, *Nat. Biotechnol.*, **19**, 751 (2001)
6) T. Terada, T. Murata, M. Shirouzu, S. Yokoyama, *Methods Mol. Biol. (Clifton, N. J.)*, **1091**, 151 (2014)
7) T. Ezure, T. Suzuki, M. Shikata, M. Ito, E. Ando, *Methods Mol. Biol. (Clifton, N. J.)*, **607**, 31 (2010)
8) R. J. Jackson, T. Hunt, *Methods Enzymol.*, **96**, 50 (1983)
9) J. Swartz, *J. Ind. Microbiol. Biotechnol.*, **33**, 476 (2006)
10) K. Takai, T. Sawasaki, Y. Endo, *Nat. Protoc.*, **5**, 227 (2010)
11) K. Ishikawa, K. Sato, Y. Shima, I. Urabe, T. Yomo, *FEBS Lett.*, **576**, 387 (2004)

12) G. Murtas, Y. Kuruma, P. Bianchini, A. Diaspro, P. L. Luisi, *Biochem. Biophys. Res. Commun.*, **363**, 12 (2007)
13) V. Noireaux, A. Libchaber, *Proc. Natl. Acad. Sci. USA.*, **101**, 17669 (2004)
14) S. M. Nomura, K. Tsumoto, T. Hamada, K. Akiyoshi, Y. Nakatani, K. Yoshikawa, *Chembiochem : a European Journal of Chemical Biology*, **4**, 1172 (2003)
15) P. Xu, X. Ge, L. Chen, X. Wang, Y. Dou, J. Z. Xu, J. R. Patel, V. Stone, M. Trinh, K. Evans, T. Kitten, D. Bonchev, G. A. Buck, *Sci. Rep.*, **1**, 125 (2011)
16) D. G. Gibson, J. I. Glass, C. Lartigue, V. N. Noskov, R. Y. Chuang, M. A. Algire, G. A. Benders, M. G. Montague, L. Ma, M. M. Moodie, C. Merryman, S. Vashee, R. Krishnakumar, N. Assad-Garcia, C. Andrews-Pfannkoch, E. A. Denisova, L. Young, Z. Q. Qi, T. H. Segall-Shapiro, C. H. Calvey, P. P. Parmar, C. A. Hutchison, 3rd, H. O. Smith, J. C. Venter, *Science* (New York, N.Y.), **329**, 52 (2010)
17) C. A. Hutchison, 3rd, R. Y. Chuang, V. N. Noskov, N. Assad-Garcia, T. J. Deerinck, M. H. Ellisman, J. Gill, K. Kannan, B. J. Karas, L. Ma, J. F. Pelletier, Z. Q. Qi, R. A. Richter, E. A. Strychalski, L. Sun, Y. Suzuki, B. Tsvetanova, K. S. Wise, H. O. Smith, J. I. Glass, C. Merryman, D. G. Gibson, J. C. Venter, *Science* (New York, N.Y.), **351**, aad6253 (2016)
18) J. K. Harris, S. T. Kelley, G. B. Spiegelman, N. R. Pace, *Genome Res.*, **13**, 407 (2003)
19) K. Fujiwara, T. Katayama, S. M. Nomura, *Nucleic Acids Res.*, **41**, 7176 (2013)
20) Y. Kuruma, T. Suzuki, S. Ono, M. Yoshida, T. Ueda, *Biochem. J.*, **442**, 631 (2012)
21) F. G. Varela, H. R. Maturana, R. Uribe, *Curr. Mod. Biol.*, **5**, 187 (1974)
22) E. W. Pasquale Stano, P. L. Luisi, *J. Phys. Condens. Matter*, **18**, S2231 (2006)
23) K. Adamala, J. W. Szostak, *Nat. Chem.*, **5**, 495 (2013)
24) I. Budin, J. W. Szostak, *Proc. Natl. Acad. Sci. USA.*, **108**, 5249 (2011)
25) K. Kurihara, M. Tamura, K. Shohda, T. Toyota, K. Suzuki, T. Sugawara, *Nat. Chem.*, **3**, 775 (2011)
26) K. Kurihara, Y. Okura, M. Matsuo, T. Toyota, K. Suzuki, T. Sugawara, *Nat. Commun.*, **6**, 8352 (2015)
27) U. F. Muller, Y. Tor, *Angew. Chem. Int. Ed. Engl.*, **53**, 5245 (2014)
28) R. H. Lambalot, C. T. Walsh, *J. Biol. Chem.*, **270**, 24658 (1995)
29) X. Yu, T. Liu, F. Zhu, C. Khosla, *Proc. Natl. Acad. Sci. USA.*, **108**, 18643 (2011)
30) Y. Kuruma, P. Stano, T. Ueda, P. L. Luisi, *Biochim. Biophys. Acta*, **1788**, 567 (2009)
31) A. Scott, M. J. Noga, P. de Graaf, I. Westerlaken, E. Yildirim, C. Danelon, *PloS one*, **11**, e0163058 (2016)
32) D. J. du Plessis, N. Nouwen, A. J. Driessen, *Biochim. Biophys. Acta*, **1808**, 851 (2011)
33) H. Matsubayashi, Y. Kuruma, T. Ueda, *Angew. Chem. Int. Ed. Engl.*, **53**, 7535 (2014)
34) Y. Kawashima, E. Miyazaki, M. Muller, H. Tokuda, K. Nishiyama, *J. Biol. Chem.*, **283**, 24489 (2008)
35) P. Stano, Advances in Minimal Cell Models : a New Approach to Synthetic Biology and Origin of Life (2011)

3　リポソームによる人工細胞の創製

佐々木善浩[*1], 秋吉一成[*2]

3.1　はじめに

　脂質および膜タンパク質は生体膜の重要な構成成分である。1960年代初頭にBanghamらにより，これらの脂質を水に分散させるだけで，脂質分子の自己組織化により，細胞膜類似の二分子膜構造をもつ球状の閉鎖小胞体（リポソーム）が得られることが見出された[1]。それ以後，様々な天然由来脂質が単離・精製されるとともにこれらの脂質から形成されるリポソームが天然の細胞膜の研究にモデル膜として幅広く利用され，基礎生物学や分子生物学分野において生命現象の解明に貢献してきた。またリポソームは，天然の細胞膜のモデルとして有用であるのみならず，ドラッグデリバリーシステムをはじめとする医学，薬学分野への展開や，化粧品，食品添加物，環境材料などとしての産業分野における利用など非常に幅広く用いられている[2]。

　本節では，このリポソームを用いた人工細胞の創製について我々の研究を中心に述べたい。まず，細胞膜の多様性を再現できるような脂質二分子膜が形成しえる人工細胞膜の多彩な構造を制御する手法，すなわち膜モルフォジェネシスの制御手法について紹介する。つぎに，リポソームと他の生体関連分子や無機分子とのハイブリッド化による機能化について触れる。最後に，物質輸送・エネルギー産生・情報伝達・代謝などの極めて高度な生体機能を担う膜タンパク質[3]を無細胞タンパク質発現系によりリポソームに直接組み込んだ人工細胞創製について紹介する。

3.2　膜モルフォジェネシス

　これまでに脂質からなる球状の閉鎖小胞体すなわちリポソームを作製する様々な手法が開発されており，その作製手法により，直径が数十nmのものから，細胞と同じスケール（数十から数百mm）の巨大リポソームまで調製することが可能である（図1）[4]。そのモルフォロジーも多岐にわたり，一枚膜リポソーム，多重層リポソーム（MLV），リポソームの中にさらに小さなリポソームが内包されたマルチリポソーム（MLL）などがあり，ボルテックス処理，超音波処理，エクストルーダー処理などによって調製可能である。従来の中空の球状構造のみならず，二次元方向に広がった平面脂質二分子膜も作製されており主にイオンチャネルをはじめとする膜タンパク質の解析などに用いられている[5]。

　一方，天然に目を向けると，細胞膜はその構造をダイナミックに変化させることで細胞の機能に深く関与していることが近年明らかになっている[6]。例えば，細胞はマイクロベシクルやエクソソームなどの細胞外ベシクルを分泌し，タンパク質や核酸などを他の細胞に輸送して細胞間情報伝達を行っている[7]。また，トンネルナノチューブと呼ばれる脂質ナノチューブにより細胞を

[*1]　Yoshihiro Sasaki　京都大学　大学院工学研究科　高分子化学専攻　准教授

[*2]　Kazunari Akiyoshi　京都大学　大学院工学研究科　高分子化学専攻　教授；
　　　　　　　　　　JST-ERATO

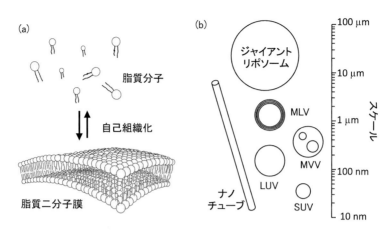

図1 脂質分子の自己組織化による脂質二分子膜の形成(a),
および脂質二分子膜からなる自己組織体の模式図(b)

連結し,サイトゾル内の物質を直接やり取りしていることも明らかになってきている[8]。このような膜構造変化は,細胞膜がその形態（morph-）を形成（-genesis）するプロセスすなわち「膜モルフォジェネシス」（membrane morphogenesis）と捉えることができ,生体はこの膜モルフォジェネシスを巧みに誘導・制御することで,高度な細胞機能を発現している。このように脂質が自己組織化することで形成される脂質ナノチューブを人工系において作製する研究も行われている。人工系における脂質ナノチューブ作製の歴史は比較的古く,20年ほど前に日米の研究者らによりある種の合成脂質から脂質ナノチューブが形成されることがほぼ同時に見出された[9]。その後,人工合成脂質ナノチューブの詳細な物性解明さらに材料科学分野へ応用が積極的に推進された[10]。具体的には,ナノ配線,ナノ反応容器,ナノ流路,DDSへの展開などが行われている。

これら合成脂質のみならず天然由来の脂質からの脂質ナノチューブ作製も検討されている。例えば,膜内外の浸透圧差などある種の条件下では,天然リン脂質からも脂質ナノチューブが形成されることも見出され,その形成挙動についての解析が行われた[11]。リン脂質にある種の化合物を添加することで脂質ナノチューブの形成を誘起する例も報告されている。例えば,リン脂質リポソームに,糖脂質の一種であるガングリオシドを添加するとその極性頭部のかさ高さに由来する脂質膜の曲率変化により,脂質ナノチューブ形成が誘起された[12]。この原理は比較的広範に適用可能であり,極性頭部にタンパク質[13]やデンドリマー[14]を導入した脂質によってもナノチューブ形成が誘起された。また,ごく最近ではリポソーム内水相の,液－液相分離により脂質ナノチューブが形成される系も見出されている[15]。

脂質膜に対し,適当な外部場を与えることで脂質ナノチューブを作製することもできる。Orwarらは,マイクロマニピュレーターにより,ジャイアントリポソームの脂質膜を牽引することで脂質ナノチューブを伸長させる先駆的な研究を報告している[16]。この手法によりリポソームがネットワーク化し,ナノスケールの反応容器として用いる研究も展開されている。ま

第2章 人工膜創製技術

た，天然の分子モーターを利用し，脂質膜を牽引することで脂質ナノチューブを作製する類似の手法も報告されている[17]。

さらに，最近の興味深い例として，マイクロ流路をナノチューブのテンプレートとして用いる系[18]や，基板上に固定化したリポソームに対し，外部場として電場[19]やせん断応力[20]を印可することでその配向が制御された脂質ナノチューブを比較的容易に作製する手法なども報告されている（図2）。

このように近年，様々な手法により脂質ナノチューブが作製できることが示されてきたが，その安定性の向上，サイズおよび配向制御，チューブ末端の構造制御など解決すべき課題は多い。我々は，固体基板上に固定化したジャイアントリポソーム中に荷電微粒子を内包し，外部電場による荷電微粒子の泳動現象を利用することで脂質ナノチューブを伸展させる新しい手法を見出している[21]。またこの手法により，伸長した脂質ナノチューブを他のリポソームと連結することも可能であり，より制御されたリポソームネットワーク構造作製の一手法として興味深い。

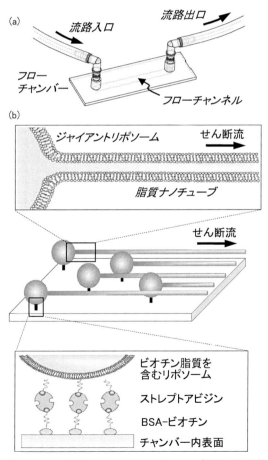

図2　せん断流によるソフトナノチューブ作製の概念図

3.3 ハイブリッドリポソーム

　天然由来の脂質は，その単離・精製・安定性などの理由から，薬学・医学・工学的な展開を行うための材料としては必ずしも適していない。これまでに様々な両親媒性化合物が合成され，その集合体の特性と人工細胞膜材料として利用する研究が多く行われてきた[2]。例えば，脂質頭部と疎水性二本鎖の間にアミノ酸残基をペプチド結合で導入したペプチド脂質は，膜内水素結合帯の形成によって会合安定性に極めて優れたリポソームを形成する[2]。また，極性頭部もしくは疎水性尾部に重合性官能基を導入し，脂質分子を重合することで安定な重合性リポソームを得ることも可能である[22]。さらにその安定性を向上させるため，膜表面はシリカのコロイド粒子と同様であるが，内部は細胞膜類似の二分子膜構造と内水相をもつ有機—無機複合材料（セラソーム）も調製されている[23]。

　一方，生体膜モデルとしての脂質膜リポソームと疎水化多糖からなるナノサイズのヒドロゲル（ナノゲル[24,25]）を混合すると，リポソーム表面にナノゲルが吸着し，リポソームをナノゲルが一層被覆したナノゲル—リポソーム複合体を作製できる[26,27]。リポソームは，様々な物質を脂質膜や内水相に内包することができ，疎水化した多糖の一種であるコレステロール置換プルラン（CHP）が水中で自己組織的に形成されるナノゲルは，安定にタンパク質を内包しえるドラッグデリバリーシステム（DDS）材料として有用である。このナノゲルにさらに重合性基を導入し，形成したナノゲルと水溶性モノマーを共重合させることにより，ナノゲルを架橋点とするマクロゲルが作製できることも明らかになっている[28~30]。これらの系を複合化し，ナノゲル—リポソーム複合体を架橋点とする新規ハイブリッドゲルが作製されている[31]。このハイブリッドゲルの分解においては，ナノゲルがまず放出され，それに引き続きリポソームが放出される二段階での徐放制御が可能であり（図3），再生医療などにおける薬剤やサイトカインを逐次的に徐放できる

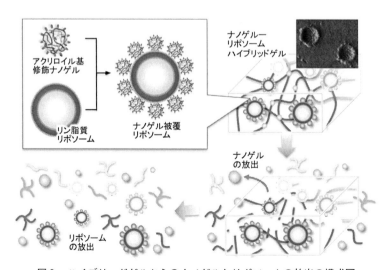

図3　ハイブリッドゲルからのナノゲルとリポソームの放出の模式図

新しい足場材料としての応用が期待されている。

3.4 人工細胞としてのプロテオリポソーム

膜タンパク質は，細胞膜において物質輸送・エネルギー産生・情報伝達・代謝などの極めて高度な生体機能を担う生体分子であり，その構造・機能解明は，新規医薬品の創製や，膜タンパク質そのものを用いるバイオデバイス開発において重要な課題である。このような膜タンパク質をリポソームに組み込んだ人工細胞いわゆるプロテオリポソームは，次世代ナノバイオデバイスとしてのバイオ機能素子として有望である。一般に，プロテオリポソームは，膜タンパク質を細胞系で大量発現した後に，界面活性剤により可溶化・精製後にリポソームに組み込んで調製されるが，操作が煩雑で効率など問題も多い。我々は，無細胞タンパク質発現と同時にリポソームへ再構成させるリポソーム－シャペロン法を開発した[32~34]（図4）。

無細胞タンパク質合成系は，タンパク質が合成されるために必要な成分をすべて含んだ細胞抽出液を利用し，材料である遺伝子 DNA や mRNA，アミノ酸やエネルギー源を添加して無細胞でタンパク質を生産させるものである[35]。リポソームは，水に溶けにくい膜タンパク質をその膜に取り込むことで凝集を抑制し，折り畳みを助けるシャペロン機能を有することがわかった。リポソーム存在下，コムギ胚芽由来の無細胞タンパク質合成系で1回膜貫通のチトクローム b5（b5）を合成させたところ，膜上にb5が集積して機能化リポソームを構築しえた[33]。細胞間チャネル（細孔）を形成する4回膜貫通型のコネキシン（Cx）43組込みリポソームの構築にも成功し，実細胞との Cx を介した新規 DDS の開発も行われている[34]。

また，この手法によりイオンチャネルを組み込んだプロテオリポソームを構築することも可能である[36]。具体的には，放線菌 *Streptomyces Lividans* のカリウムチャネルである KcsA を再構成し，電位依存性，pH 依存性といった電気生理学的機能が確認された。従来，その調製に1週間程度を要していたのに対し，本手法はわずか半日以内と大幅にその時間を短縮できる点でも興味深い。

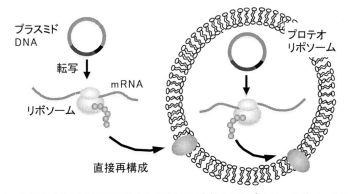

図4　無細胞タンパク質発現系からの直接再構成によるプロテオリポソームの作製

このような，リポソームへの再構成効率は再構成したい膜タンパク質そのものの性質に強く依存しており，現在までに多種多様な膜タンパク質の構造とリポソームへの再構成効率を系統立てて解析するには至っていない。そこで大腸菌由来の様々な貫通ドメイン数を有する85種類の膜タンパク質を抽出し，リポソーム存在下，無細胞膜タンパク質合成を行い網羅的な解析も行われている（図5）[37]。例えば，リポソームによる膜タンパク質の可溶化率を系統的に評価した結果，リポソームの添加なしでは，70％以上の膜タンパク質で可溶化率は5％以下であったのに対し，リポソームを添加することで90％以上の膜タンパク質で可溶化率が50％以上に増加することがわかった。さらに可溶化率と膜タンパク質の構造因子とをバイオインフォマティクス解析した結果，その可溶化率と相関関係を示すいくつかの因子が同定された。

3.5 おわりに

リポソームによる人工細胞の創製について，その形態を制御する「膜モルフォジェネシス」，異種の分子もしくは分子システムとのハイブリッドによる機能化，さらに機能性素子としての膜タンパク質とのハイブリッド化について，筆者らの研究例を中心に述べた。今後，このような観点から，形態制御，ハイブリッド化により高機能化したリポソームに対し，さらに機能性膜タンパク質を組み込むことで，バイオ機能素子としての人工細胞を作製し次世代ナノバイオデバイスへ展開することが期待される。

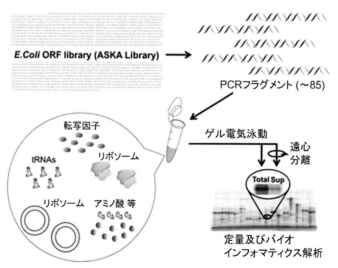

図5　無細胞タンパク質発現系における大腸菌膜タンパク質のリポソームによる可溶化の網羅的解析の概念図

第2章 人工膜創製技術

文　　献

1) A. D. Bangham, R. W. Horne, *J. Mol. Biol.*, **8**, 660 (1964)
2) 秋吉一成, 辻井薫 (監修), リポソーム応用の新展開, NTS (2005)
3) B. Alberts, A. Johnson, J. Lewis, M. Raff, K. Roberts, P. Walter, Molecular Biology of the Cell, 4th ed., Garland Science (2002)
4) V. P. Torchilin, V. Weissig (Eds.), *Liposomes*, Oxford Univ. Press (2003)
5) Y. M. Chan, S. G. Boxer, *Curr. Opin. Chem. Biol.*, **11**, 581 (2007)
6) 佐々木善浩, 秋吉一成, 化学, **67**, 68 (2011)
7) C. Kilchert, S.Wittmann, L. Vasiljeva, *Nat. Rev. Mol. Cell Bio.*, **17**, 227 (2016)
8) J. Hurtig, D. T. Chiu, B. Onfelt, *Wiley Interdisciplinary Reviews: Nanomedicine and Nanobiotechnology*, **2**, 260 (2010)
9) J. V. Selinger, M. S. Spector, J. M. Schnur, *J. Phys. Soc. B*, **105**, 7157 (2001)
10) T. Shimizu, M. Masuda, H. Minamikawa, *Chem. Rev.*, **105**, 1401 (2005)
11) F. Nomura, M. Honda, S. Takeda, T. Inaba, K. Takiguchi, T. J. Itoh, A. Ishijima, T. Umeda, H. Hotani, *J. Biol. Phys.*, **28**, 225 (2002)
12) K. Akiyoshi, A. Itaya, S. Nomura, N. Onoe, K. Yoshikawa, *FEBS Lett.*, **534**, 33 (2003)
13) J. C. Stachowiak, C. C. Hayden, D. Y. Sasaki, *Proc. Natl. Acad. Sci.*, **107**, 7781 (2010)
14) C. R. Safinya, U. Raviv, D. J. Needleman, A. Zidovska, M. C. Choi, M. A. Ojeda-Lopez, K. K. Ewert, Y. Li, H. P. Miller, J. Quispe, B. Carragher, C. S. Potter, M. W. Kim, S. C. Feinstein, L. Wilson, *Adv. Mater.*, **23**, 2260 (2011)
15) L. Yanhong, L. Reinhard, D. Rumiana, *Proc. Natl. Acad. Sci.*, **108**, 4731 (2011)
16) A. Karlsson, R. Karlsson, M. Karlsson, A. S. Cans, A. Strömberg, F. Ryttsén, O. Orwar, *Nature*, **409**, 150 (2001)
17) K. Gerbrand, V. Martijn, H. Bas, D. Marileen, *Proc. Natl. Acad. Sci.*, **100**, 15583 (2003)
18) K. P. Brazhnik, W. N. Vreeland, J. B. Hutchison, R. Kishore, J. Wells, K. Helmerson, L. E. Locascio, *Langmuir*, **21**, 10814 (2005)
19) J. A. Castillo, D. M. Narciso, M. A. Hayes, *Langmuir*, **25**, 391 (2009)
20) Y. Sekine, K. Abe, A. Shimizu, Y. Sasaki, S. Sawada, K. Akiyoshi, *RSC advances*, **2**, 2682 (2012)
21) Y. Sasaki, K. Akiyoshi, PCT Int. Appl. JP2011, 069337 (2011)
22) D. F. O'Brien, R. T. Klingbiel, D. P. Specht, P. N. Tyminski, *Ann. NY. Acad. Sci.*, **446**, 282 (1985)
23) Y. Sasaki, K. Matsui, Y. Aoyama, J. Kikuchi, *Nature Protocols*, **1**, 1227 (2006)
24) Y. Sasaki, K. Akiyoshi, *Chem. Rec.*, **10**, 366 (2010)
25) Y. Sasaki, K. Akiyoshi, *Chem. Lett.*, **41**, 202 (2012)
26) E. C. Kang, K. Akiyoshi, J. Sunamoto, *J. Bioactive Compatible Polym.*, **12**, 14 (1997)
27) T. Ueda, S. J. Lee, Y. Nakatani, G. Ourisson, J. Sunamoto, *Chem. Lett.*, **5**, 417 (1998)
28) N. Morimoto, T. Endo, M. Ohtomi, Y. Iwasaki, K. Akiyoshi, *Macromol. Biosci.*, **5**, 710 (2005)
29) N. Morimoto, T. Ohki, K. Kurita, K. Akiyoshi, *Macromol. Rapid Commun.*, **29**, 672 (2008)

30) U. Hasegawa, S. Sawada, T. Shimizu, T. Kishida, E. Otsuji, O. Mazda, K. Akiyoshi, *J. Controlled Release*, **140**, 312 (2009)
31) Y. Sekine, Y. Moritani, T. Ikeda-Fukazawa, Y. Sasaki, K. Akiyoshi, *Adv. Healthcare Mater.*, **1**, 722 (2012)
32) 秋吉一成, 現代化学, **428**, 30 (2006)
33) S. Nomura *et al.*, *J. Biotechnol.*, **133**, 190 (2008)
34) M. Kaneda *et al.*, *Biomaterials*, **30**, 3971 (2009); Y. Moritani *et al.*, *FEBS J.*, **277**, 3343 (2010)
35) H. Fukushima *et al.*, *J. Biochem.*, **144**, 763 (2008)
36) M. Ando, M. Akiyama, D. Okuno, M. Hirano, T. Ide, S. Sawada, Y. Sasaki, K. Akiyoshi, *Biomater. Sci.*, **4**, 258 (2015)
37) T. Niwa, Y. Sasaki, E. Uemura, S. Nakamura, M. Akiyama, M. Ando, S. Sawada, S. Mukai, T. Ueda, H. Taguchi, K. Akiyoshi, *Sci. Rep.*, **5**, 18025 (2015)

4 ベシクルの複合化による人工細胞構築の新展開

下林俊典[*1], 濵田 勉[*2]

4.1 はじめに

　生体膜は生物種によらずあらゆる生命に存在する構造である。それは，細胞内における静的な物理境界であるとともに，物質や情報の受け渡しや変形・分裂・接着といった生命活動の維持に重要な動的機能を実現する場でもある。分子生物学の進展により，それらの機能を引き起こす生体部品の分子レベルの構造とその機能に関する知見は蓄積されてきた。しかし，それらの部品が生体膜とどのように結合し，どのような構造を形成し，どのように機能を実現するのかはほとんど未解明である。これらを明らかにするための一つの方法は，機能を誘起する部品と脂質膜を複合化したシステムを人工的に創り，実際に構造と機能が実現するかを調べていくことである。また，このような過程を経て高次機能性人工膜を精密に設計・制御できるようになれば，生物が持つ機能を備えた人工細胞ロボットの応用が現実味を帯びてくる。

　本節では，生体膜の構造と機能の理解およびその応用を目指して我々が行ってきた，ベシクル（膜小胞）の複合化システムに関する最新の研究を紹介したい。順に，①組成が非対称な多成分リポソームから紐解く脂質ラフトの形成メカニズム，②細胞接着を模倣する再構成システムの開発，③細胞サイズ膜小胞内の分子システムが受ける物理的効果，に関して紹介する。

4.2 組成が非対称な多成分リポソームから紐解く脂質ラフトの形成メカニズム

　生体膜は多種類のタンパク質とリン脂質から構成されていることは古くから知られているが，これらの分子が生体膜でどのような構造を形成しているかは未だによくわかっていない。およそ20年前，生体膜内における多数のタンパク質とリン脂質の分布は均一ではなく，「特定の脂質種（スフィンゴ脂質とステロール）とタンパク質が局在するナノサイズのドメイン構造（脂質ラフトと呼ばれる）が多数存在し，この構造が膜内外の情報や物質のやり取りを行うプラットフォームの役割を担っている」という仮説（ラフト仮説）が提案された[1]。2000年代に入ると蛍光可視化技術の向上によって，脂質二重膜小胞（リポソーム）を蛍光顕微鏡で観察できるようになった。それに伴い，生体膜を模倣した人工膜を用いて脂質ラフト構造の形成メカニズムを明らかにしようとする研究が始まった。非常に興味深いことに，スフィンゴ脂質，ステロール脂質，不飽和脂質のたった3種の脂質を用いてリポソームを再構成すると，脂質ラフトを彷彿とさせるスフィンゴ脂質とステロールからなるドメイン構造が確認された[2]。この構造は物理学の概念である相分離構造として解釈できることがわかり，"生体膜に存在するとされる脂質ラフト構造は相分離と

---

*1 Shunsuke F. Shimobayashi　（国研）海洋研究開発機構　数理科学・先端技術研究分野　研究員

*2 Tsutomu Hamada　北陸先端科学技術大学院大学　先端科学技術研究科　マテリアルサイエンス系　生命機能工学領域　准教授

いう物理現象として理解できるのではないか？"と現在では考えられている。このように物理学的な観点から脂質ラフトの形成メカニズムを紐解こうとする研究は一定の成功をおさめてきたといえる[3,4]。しかしながら，多くの未解決問題が残されている。我々は生体膜における脂質ラフトと再構成された人工生体膜モデルにおける"脂質ラフト"のサイズが大きく異なることに着目し，そのサイズの違いはどのようなメカニズムで生じるのか，その成因に迫った[5]。

生体膜ではナノサイズの微小ドメインが報告されているのに対して，図1(a)に示すように再構成された生体膜モデルでは直ちにマイクロサイズのドメインが形成される。我々は生体膜の内膜と外膜では脂質組成が非対称であることに着目し[6]，それが生体膜モデルにおける"脂質ラフト"（すなわち，スフィンゴ脂質とステロールから構成される相分離ドメイン）のサイズに与える影響を明らかにすることで，この未解決問題を解決できるのではないかと考えた。まず，3種類の脂質（DOPC，DPPC，コレステロール）を用いて完全に相分離した細胞サイズの脂質二重膜小胞（リポソーム）を作製し[7] 注1，GM1（生体膜の外膜にのみ存在している糖脂質の一種）と混合した。すると，GM1は相分離リポソームの外側に挿入されることが蛍光測定から明らかとなり，組成が非対称な相分離リポソームの構築に成功した。GM1が外膜に挿入された相分離リポ

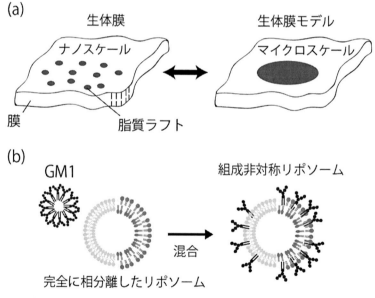

図1　(a)生体膜と再構成された生体膜モデルでのドメインサイズは大きく異なる。
　　　(b)組成が非対称なベシクルの作製。

注1　DOPC，DPPC，Cholesterolの3種の脂質を用いて脂質二重膜小胞を再構成すると，約25℃ではDOPCに富む領域とDPPCとCholesterolに富む領域に相分離する。DPPCとCholesterolに富む領域が生体膜における"脂質ラフト"と対応すると考えられている。

第 2 章　人工膜創製技術

ソームを観察していると，非常に興味深いことにその相分離構造はダイナミックに変化した。初めリポソームは完全に相分離していたが，紐状パターンを中間状態として経由し，ミクロ相分離状態へと転移することが実験的に明らかとなった（図2(a)）。また，脂質組成が非対称になることで生じる自発曲率の寄与を考慮することで，完全相分離からミクロ相分離へと転移することを数値シミュレーションにおいても確認した（図2(b)）。具体的には，膜の弾性エネルギーにおける自発曲率項の値が，GM1の外膜への挿入によってゼロからある値（実験から見積もられる）へと変化したと考え，その後の動力学を膜の弾性と相分離を記述する時間依存型ギンツブルグ—ランダウ方程式（通称 TDGL 方程式）を数値的に解くことで調べた[8]。さらに，添加する GM1 の濃度を上昇させると，ミクロドメイン（図2(c)の黒い領域）のサイズは小さくなることが明らかとなり，GM1濃度が高い領域ではその大きさはナノサイズとなった。興味深いことに，これは生体膜でみられる"脂質ラフト"のサイズに相当する。

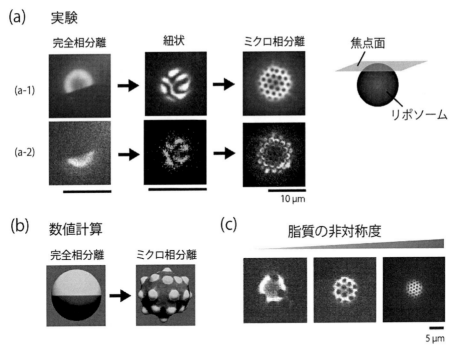

図2 (a) GM1添加後の完全に相分離したリポソームは紐状状態を経由してミクロ相分離状態へと転移する（実験）。(a-1) DOPC に富むドメインと(a-2) DPPC に富むドメインが別々に蛍光ラベルされている。(b) GM1添加によって自発曲率が変化した完全相分離リポソームはミクロ相分離状態へと転移した（数値計算）。(c)外部添加した GM1濃度を上昇させることで，ミクロドメインのサイズはナノスケールまで減少した。ここでは DOPC に富むドメインが蛍光可視化されている。

  Reprinted figure with permission from [Shunsuke F. Shimobayashi, Masatoshi Ichikawa, Takashi Taniguchi, "Direct observations of transition dynamics from macro-to micro-phase separation in asymmetric lipid bilayers induced by externally added glycolipids" EPL 113 (2016) 56005] Copyright 2016 by the European Physical Society.

以上をまとめる。まず，完全に相分離したリポソームの外膜に GM1（糖脂質の 1 種）を挿入することで，脂質組成が非対称なリポソームを構築した。その組成が非対称なリポソームの相分離構造は変容し，完全相分離状態からミクロ相分離状態へと転移した。さらに，添加する GM1 濃度を上昇させるにつれてドメインサイズは減少し，GM1 濃度が高い領域では，そのサイズは生体膜でみられる脂質ラフトの典型的なサイズ（100 nm 程度）となった。以上の結果より，生体膜でナノサイズの"脂質ラフト"が観察されるのは，生体膜の脂質組成が非対称だからであると予想される。なお本研究は，京都大学の谷口貴志博士と市川正敏博士との共同研究である。

4.3 細胞接着を模倣する再構成システムの開発

赤血球などの浮遊細胞を除いて，細胞は細胞外マトリックスや他の細胞と接着している。細胞は接着によって外部環境の力場を感知し，分化や細胞死といった自らの運命を決定している。このように細胞接着は生命を理解する上で非常に重要な現象であるが，力とその生化学シグナルへの変換が行き来する複雑さゆえにそのメカニズムは未だによくわかっていない。よって，細胞接着を単純化した再構成システムを用いて，その力学過程をまず明らかにすれば，細胞接着のメカニズムの解明に役立てることができるはずである。しかしながら，これまでの再構成研究では溶液中に浮遊するリン脂質膜小胞を細胞膜のモデルとして用いてきており，接着した細胞を模したモデルシステム自体が存在していなかった。そこで我々は，細胞接着を模倣する再構成システムを新規に開発し，単純な力学過程として細胞接着のメカニズムに迫った[11]。

細胞膜には細胞接着タンパク質が存在し，細胞間接着は主に細胞膜から外部へ突出した一組の細胞接着タンパク質が互いに結合することで生じる[12]。今回我々は，その細胞間接着を一組の相補的な短鎖 DNA 間の結合を用いて模倣した。DNA 分子は，デオキシリボース，リン酸，4 種の塩基（アデニン，チミン，グアニン，シトシン）から構成される。アデニンとチミン，グアニンとシトシンはそれぞれ特異的に水素結合し，安定に二重螺旋構造を形成する。近年では，この DNA がもつプログラマブルな結合能の応用性に注目が集まっている。その応用は DNA オリガミ[13]やコロイド粒子[14]に始まり，近年ではエマルジョン[15]やリポソーム[16]といった柔らかなマテリアルへと拡張されている。我々は，短鎖 DNA 間の結合様式が細胞接着分子間のそれに類似することに着眼し，短鎖 DNA 間の結合を用いて細胞接着を模倣することを考案した。

ガラス基板に支持された平坦膜（サポーティッドメンブレン）と単一巨大リポソームを相補的な短鎖 DNA—コレステロール[注2]で修飾し，図 3(a) のような新規な細胞接着模倣システムを構築した。サポーティッドメンブレン上に接着面を構成することができるため，接着面の可視化並びに三次元構造の正確なキャラクタリゼーションが可能となった。さらに，膜の赤道面の揺らぎのパワースペクトルを計測することで接着したリポソームの表面張力を測定することに初めて成

[注2] 短鎖 DNA とコレステロールを結合した分子。この分子を外部から添加すると，コレステロールが自発的に膜内に挿入され，脂質二重膜の表面が短鎖 DNA によってコーティングされる。

第2章　人工膜創製技術

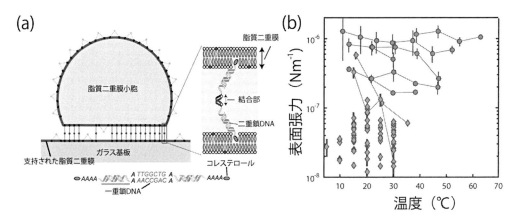

図3　(a)細胞接着を模倣する再構成システムの概略図。(b)接着したリポソーム（丸）と浮遊するリポソーム（ひし形）の表面張力の温度依存性が示されている。接着したリポソームの表面張力は浮遊リポソームより大きく，温度に依存しないことがわかる。
11) Published by the PCCP Owner Societies.

功した。結果，接着したリポソームは溶液中を浮遊するリポソームと比べて著しく大きい表面張力を示すことが明らかとなった（図3(b)）。さらに，表面張力の温度応答を調べたところ，浮遊するリポソームの表面張力は温度上昇とともに減少したが，接着リポソームの表面張力は温度に依存しないことが明らかとなった（図3(b)）。これらの結果は，膜の弾性エネルギーと流体膜上を動くDNAの自由エネルギーを結合する理論モデルによって準定量的に説明された。以上より，細胞接着を模倣する新規なモデルシステムが開発され，そのモデル系を用いることで細胞接着現象の背後にあるメカニズムの一端が明らかとなった。なお，本研究はケンブリッジ大学Cicutaグループとの共同研究である。

4.4　細胞サイズ膜小胞内の分子システムが受ける物理的効果

最後に，膜小胞内部にDNA分子を内封した複合システムの実験について紹介する[17]。これまで述べてきたように，細胞は脂質2分子膜により覆われ，その形を維持している。膜の重要な機能の1つは，マイクロメートルの空間を作り，DNAやタンパク質などの生体高分子を細胞内に閉じ込めることである。このような微小な細胞空間では，単位体積あたりの膜表面積が増大し，膜と生体高分子との相互作用の比重が大きくなる。近年，膜で囲まれた細胞サイズ空間に生体分子システムを閉じ込める実験が試みられ，空間サイズに依存して分子の振る舞いが変化することが見出されてきている[18,19]。

ここでは，リン脂質単分子膜で覆われた細胞サイズの膜小胞（油中水滴）に閉じ込めたDNA分子の解析結果を紹介する（図4(a)）。我々は，T4ファージDNA（全長57 μm）と細胞内で核酸分子に作用している代表的なポリアミンであるスペルミジン（SPD）を，膜小胞内部に封入した。光学顕微鏡による観察の結果，膜小胞の空間サイズに依存して，DNA分子が膜への吸着・脱吸

人工細胞の創製とその応用

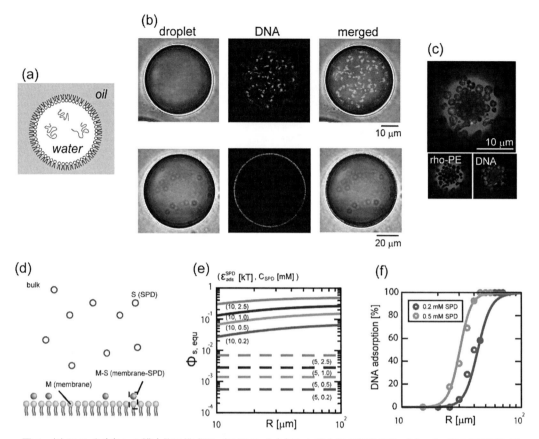

図4 (a) DNA を内包した膜小胞の模式図。(b) DNA を内包した膜小胞の顕微鏡像。(c) order 相の膜領域に吸着した unfold 状態の DNA。(d)膜表面への SPD 吸着の模式図。(e)熱平衡状態における SPD 吸着量の小胞半径 R 依存性。(f) DNA 吸着の小胞半径 R 依存性の実験データおよび理論曲線。

Reprinted figure with permission from [Tsutomu Hamada, Rie Fujimoto, Shunsuke F. Shimobayashi, Masatoshi Ichikawa, Masahiro Takagi, *Phys. Rev. E*, **91**, 062717, 2015.] Copyright 2015 by the American Physical Society.

着を変化させることを見出した。約 30 μm よりも小さい半径の膜小胞では DNA は内水相に存在し，大きい膜小胞では DNA は膜表面に吸着した（図4(b)）。膜面への吸着に伴う DNA 1 分子あたりの自由エネルギー変化は，次の形で記述される。

$$F = k_B T \ln\left(\frac{r_2^2}{3r_3^2}R\right) + \varepsilon_{\mathrm{conf}} - \varepsilon_{\mathrm{ads}} \tag{1}$$

ここで，R は膜小胞の半径，r_2，r_3 は膜表面上および水溶液中で広がった DNA 分子の特徴的な半径である。第1項目は並進エントロピーの損失，第2項目は分子構造エントロピーの損失，第3項目は吸着エネルギーの獲得を示している。この吸着エネルギーの起源は，SPD と DNA の協同的効果であると考えられる。多価カチオンである SPD は，負電荷の DNA 分子間に実効的な引力を誘起し，folding 転移を引き起こすことが知られている。よって，負電荷である脂質膜と DNA との間にも，同様に引力が誘起される。すなわち，脂質膜表面への SPD の吸着量が増

加すると，DNA分子の膜への吸着エネルギーが増加する（図4(d)）。膜面および内水相に存在するSPD分子についてFlory-Hugginsタイプの自由エネルギーを計算すると，熱平衡状態における膜へのSPDの吸着量が得られる。図4(e)に示したように，膜小胞サイズが増加すると，SPD吸着量が増加する。これは，微小空間における分子の吸着平衡が，バルク系と異なることを示している。小胞サイズが増加すると，単位面積あたりの体積が増加する。すると，系のSPD濃度が一定であっても，単位面積あたりのSPD分子の絶対量は増加する。これにより，空間サイズが大きくなると，表面への分子吸着量が増す。(1)式の吸着エネルギーがSPD吸着量に比例すると仮定すると，DNAの膜吸着に関する熱平衡状態での確率分布（ボルツマン分布）が得られ，理論曲線は実験データと一致していることがわかる（図4(f)）。このように，小胞内に存在するポリアミンとの協同的効果を考慮した自由エネルギーにより，膜小胞と複合化したDNA分子の振る舞いを説明することができる。

また，SPD濃度を増加させると，DNA分子はfolding状態に転移する。このfold状態のDNA分子が膜面に吸着すると，小胞の空間サイズが大きいときにのみunfold状態に転移することも観察されている。興味深いことに，これらのDNA分子の挙動を決定づける膜小胞サイズは10〜100 μmに存在しており，これは典型的な細胞のサイズと等しい。実際の生体細胞内でもDNA分子の一部が核膜表面付近に存在することが報告されており[20]，我々の研究が明らかにした物理的効果が細胞機能の制御機構の一部を担っていることが考えられる。さらに，小胞の膜面を相分離させ，流動性の異なる領域が共存する膜面へのDNA分子の吸着挙動を調べた。Unfold状態のDNA分子は固いorder相に，fold状態のDNA分子は柔らかいdisorder相に選択的に局在することがわかった（図4(c)）。すなわち，DNA分子の構造的状態が膜との相互作用を決定するパラメータとなっている。このDNAの実験結果と同様に，ナノ粒子やペプチドが，その実効的なサイズに依存して，相分離した膜上での局在領域を変化させることも報告されている[21,22]。これらの局在メカニズムは，膜との相互作用により定性的に理解できる。unfold状態のDNA分子が膜に吸着すると，脂質分子の並進エントロピーが損失するため，固いorder相が好まれる。また，fold状態のDNA分子は，柔らかいdisorder相の膜に吸着して覆われることで，吸着領域を増すことができると考えられる。なお本研究は，北陸先端科学技術大学院大学の高木昌宏教授，京都大学の市川正敏博士との共同研究である。

4.5 まとめ

ここでは，ベシクルの構造複合化に関する最新の研究成果について紹介した。ベシクルは生体膜モデルとして，これまで多くの研究が行われてきた。特に本稿で紹介した細胞サイズの膜小胞は近年研究が盛んであり，生物・化学研究者によるタンパク質系の再構成実験や物理学者による生命現象の抽象化実験が行われている。本稿では，ベシクル複合システムの最新の研究例を示すにとどめたが，細胞内の膜動態を対象にした研究も進んでいる。例えば，細胞内での物質輸送である出芽変形（エンドサイトーシス機能）や膜の開閉（オートファジー機能）を人工的にリポソー

ムで設計・制御することができる[23]。興味のある方は，最近の解説を参考にされたい[24,25]。

文　献

1) K. Simons et al., *Nature*, **387**, 569 (1997)
2) T. Baugmart et al., *Nature*, **425**, 821 (2003)
3) T. Hamada et al., *Soft Matter*, **7**, 9061 (2011)
4) M. Yanagisawa et al., *Phys. Rev. Lett.*, **100**, 148102 (2008)
5) S. F. Shimobayashi et al., *EPL*, **113**, 56005 (2016)
6) J. E. Rothman et al., *Science*, **195**, 743 (1977)
7) S. L. Veatch et al., *Phys. Rev. Lett.*, **94**, 148101 (2005)
8) T. Taniguchi *Phys. Rev. Lett.*, **76**, 4444 (1996)
9) C. Yang et al., *Nat. Mat.*, **13**, 645 (2014)
10) F. M. Watt et al., *Nat. Rev. Mol. Cell Bio.*, **14**, 467 (2013)
11) S. F. Shimobayashi et al., *Phys. Chem. Chem. Phys.*, **15**, 15615 (2015)
12) M. Takeichi, *Science*, **251**, 1451 (1991)
13) P. W. K. Rothemund, *Nature*, **440**, 297 (2016)
14) L. Di Michele et al., *Nat. Com.*, **4**, 2007 (2013)
15) L.-L. Potani et al., *PNAS*, **109**, 9839 (2012)
16) L. Parolini et al., *Nat. Com.*, **6**, 5948 (2015)
17) T. Hamada et al., *Phys. Rev. E*, **91**, 062717 (2015)
18) S. M. Nomura et al., *ChemBioChem*, **4**, 1172 (2003)
19) K. Takiguchi et al., *Langmuir*, **27**, 11528 (2011)
20) W. F. Marshall et al., *Mol. Biol. Cell*, **7**, 825 (1996)
21) T. Hamada et al., *J. Am. Chem. Soc.*, **134**, 13990 (2012)
22) M. Morita et al., *Soft Matter*, **8**, 2816 (2012)
23) T. Hamada et al., *J. Am. Chem. Soc.*, **132**, 10528 (2010)
24) 濱田勉ほか，生化学，**86**, 209 (2014)
25) 執行航希ほか，材料表面の親水・親油の評価と制御設計，p.507, テクノシステム (2016)

5 バイオソフトマターの物理工学に基づく非平衡開放系の人工細胞の構築と制御

瀧ノ上正浩*

5.1 はじめに

近年，細胞の再構成プロセスを通じた，生命現象の物理科学的な理解や，化学リアクタや環境応答性・適応性のある高機能なインテリジェントマテリアルの創成のために，人工細胞（Artificial cell, Artificial cell-like system）の構築が盛んに行われるようになってきている。いずれも，人工的に作られた細胞様のシステムを構築するという点では共通しているが，目標値は地球上の細胞の再現から，地球上の細胞を超えた機能を持つ新規システムの構築まで様々である。本節では，その後者である，生命システムにインスパイアされた，非平衡動的な自己組織化システムの物理科学的な解明や，設計・構築・制御する工学的な方法論の構築を目指した研究に焦点を当てて解説する。

まず，人工細胞を考える上で，Szostakらによる原始的な細胞（初期生命時代の原始細胞，または，人工細胞）の細胞成長・分裂サイクルの概念図（図1(a)）[1]は重要である。これによると，細胞は，細胞の膜を構成するための基質や細胞内の代謝に相当する反応を行うための基質を獲得しながら成長し，ある程度大きくなったら，熱力学的な不安定性や周りの流体から及ぼされる応

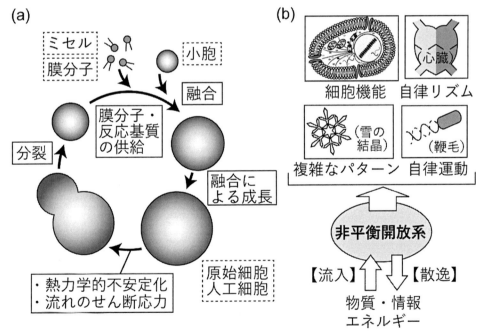

図1 (a)原始細胞および人工細胞の融合・成長・分裂サイクル（Szostakらの論文[1]を元に作成），(b)非平衡開放系における散逸構造・動的秩序構造の例

---

* Masahiro Takinoue 東京工業大学 情報理工学院 准教授

力などによって，より安定なサイズに分裂し，元に戻るというプロセスを繰り返すとされる。ここで重要なことは二つある。一つは，原始的な細胞にはシステムを維持するためにある程度の安定性が必要ではあるが，分裂するためにはある程度は不安定でなくてはならないという微妙な物理的制約があるということである。もう一つは，動的なシステムを維持する上では，原始的な細胞への反応基質の供給が必要であることである。実際には，これに加えて，反応生成物の一部が徐々に散逸することも必要である。反応基質によるエネルギー供給に加え，反応物の散逸によるエントロピーの排出によって動的な秩序が形成される。これは，Prigogineによって散逸構造という概念で一般化されている動的な物理・化学システムに関する事実である（図1(b)）[2]。つまり，二つをまとめると，原始的な細胞を構築する上では化学物質（反応基質と反応生成物）が流入出できる非平衡開放的な状況の実現が必須であるということになる。さらに，このような状況を実現することで，細胞の外部刺激への応答や細胞間のコミュニケーションなど，高次の機能の実現も可能になってくるため，様々な場面において重要性は高い。

5.2 非平衡開放系の人工細胞の現状

上記のような観点から，今までに，非平衡開放系の人工細胞の構築を目指した研究がいくつか報告されている。脂質二重膜小胞（リポソーム）は半透膜の性質を持っているため一部の化学物質は流入出することができる。これを利用した人工細胞[3]や，化学的に半透膜の性質を高めてより多くの化学物質を流入出させられる人工細胞[4]が報告されている。また，リポソームを融合させて，その後，流体の応力で分裂させることで，化学物質の交換を実現した人工細胞[5]や油中水滴で同様の融合・分裂を起こさせて化学物質の交換を実現した人工細胞[6]も構築されている。より高度なものとしては，ナノポア形成膜タンパク質によりリポソームにナノチャネルを形成させて化学物質の流入出を実現した人工細胞[7,8]がある。タンパク質の代わりに，DNAナノテクノロジーによって人工的に構築したナノポア構造体を用いて同様にリポソームにナノチャネルを形成させ，化学物質の流入出を実現した人工細胞[9,10]（図2(a)）や，リポソームの代わりにナノポアの開いたDNAナノ構造で油中水滴を構築し，化学物質の流入出ができる人工細胞[11]も報告されている。

さらに，マイクロ流路中のリアクタを人工細胞とする研究も近年進んでいる。例えば，シリコン基板上に形成したマイクロ流路にDNAを固定して，流路を介して化学物質の流入出を実現できるマイクロチップ人工細胞[12,13]（図2(b)）がある。化学物質の流入出は，メインの流路から人工細胞リアクタ部までをつなぐ細い流路中の物質拡散によって実現されるため，流路の太さによって，化学物質流入出の速度を制御する。また，円環状の流路に多数の溶液流入出用流路がバルブを介して接続された，円環流路型の人工細胞リアクタ[14,15]（図2(c)）も報告されている。化学物質の流入出は，バルブの開閉と流路中を流れる溶液の速度によって制御できる。また，筆者らはマイクロ流路中で油中水滴の融合・分裂をコンピュータ制御して物質流入出を実現した人工細胞[16,17]を報告している。油中水滴の融合・分裂の頻度によって，化学物質の流入出の速度を制

第2章 人工膜創製技術

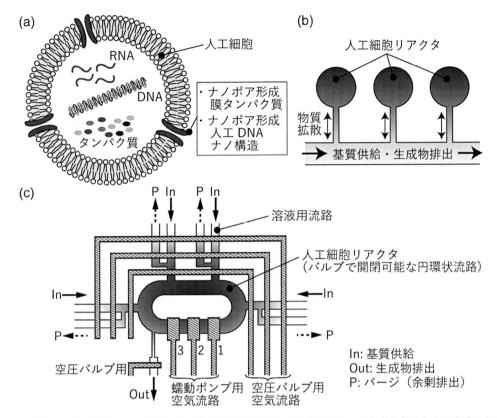

図2 (a)ナノポア形成タンパク質やナノポア形成人工 DNA ナノ構造によって化学物質流入出を実現したリポソームベースの人工細胞[7,9,10]，(b)シリコン基板上に加工した人工細胞リアクタ（文献12,13)を元に作成）．下部のメイン流路から人工細胞リアクタ部へ，細い流路を通じた拡散によって基質が供給され，人工細胞リアクタで生成された生成物もこれらの流路を通じた拡散によって排出される．(c)円環状の部分が人工細胞リアクタで，流路を通じて外部から基質が供給されたり，外部へ生成物を排出したりする（文献14,15)を元に作成)．斜線を描いた流路は空気を入れる流路で人工細胞リアクタの上に配置されている．空圧が高くなると，下にある流路を押すことで，流れを妨げるため，バルブとして機能する．同様に，蠕動ポンプ用の空気流路も上に配置されており，1→2→3の順に高圧にすると，人工細胞リアクタ内の溶液を時計回りに流すことができ，溶液の混合を実現できる．

御できる．

　このように，様々な方法で化学物質の流入出を実現した人工細胞が構築されている．一部は，地球上の細胞に類似した構造になっているものもあるが，一部は，マイクロ流路の利用などによって，構造上は地球上の細胞とは異なったものになっているものもある．いずれにしても，動的な細胞システムにとって本質的な非平衡開放系の状況をうまく作り出している．以下では，筆者の研究室で提案している二つのタイプの非平衡開放系人工細胞について解説する．

5.3 マイクロ流路によるコンピュータ制御型の人工細胞

　非平衡開放系の人工細胞を構築する重要な目標として，人工細胞内での非平衡化学反応の実現と制御がある。ここで言う非平衡化学反応とは，代謝系，遺伝子回路，シグナル伝達回路，細胞間コミュニケーションをはじめとする化学反応で，これらによって細胞は生命活動の維持，環境応答，概日リズム，分化・パターン形成などを実現している。人工細胞内で，これらの化学反応を実現することが目標である。

　ナノポア形成タンパク質などを用いて，膜内外の物質移動を可能にすることで，非平衡開放系を実現している例をすでに示したが，実は，人工細胞に単に化学物質の流入出のための孔が開いてるというだけでは，非平衡化学反応をきちんと制御することはできず，例えば，リズム現象を発生させることなどは難しい。非平衡化学反応をきちんと制御するためには，化学物質の流入出の速度を制御する機構が必要となってくる。実際の細胞は，イオンチャネルやイオンポンプといった膜タンパク質による物質流入出，エンドサイトーシス・エキソサイトーシスによる小胞ベースの物質流入出を高度に組織化させて，物質流入出の速度を制御していると考えられる。

　このような観点から，物質流入出の速度を人工的に制御しやすい，マイクロ流路を用いた人工細胞の研究（図2(b)，2(c)）が近年急速に進んでいる。しかしながら，従来の方法では化学物質の流入出の速度の制御はある程度できても，制御精度の低さや，応答時間の遅さといった問題があった。例えば，図2(b)のタイプでは，基本的には流路中の分子拡散の速度に頼っているため，シリコン基板上に作り込まれた流路の太さで制御するしかなく，動的に変化させたり微調整したりすることは難しい。また，図2(c)のタイプでは，送液の速度やバルブの開閉によって，動的な制御をすることは可能であるが，送液するためのポンプやチューブ内にある大量の液体すべての流速を変化させないと，リアクタ内外への反応基質の供給と反応生成物の排出を制御することができないため応答が遅い。また，逐一バルブの開閉を制御しないといけないため煩雑である。このような状況のため，外部から任意のタイミングで任意のコントロールを加えることや，反応状態の情報を元にフィードバックをして制御することなど，非平衡化学反応をより精密かつ動的に制御することは非常に困難だった。

　筆者らはエンドサイトーシス・エキソサイトーシスによる小胞ベースの物質流入出に着想を得たマイクロ流体システムを構築し，この問題を克服した。このシステムは，人工細胞として用いる油中水滴ベースのマイクロリアクタと，人工細胞に融合することで化学物質を供給したり排出したりする輸送用油中水滴からなる（図3）。人工細胞はマイクロ流路中に固定され，反応基質を内包した輸送用油中水滴はマイクロ流路上流で生成されて，マイクロ流路を通って人工細胞まで到達する。人工細胞用油中水滴も化学物質輸送用油中水滴も，界面活性剤によって油相中で安定化されているため，化学物質輸送用油中水滴が人工細胞に接触しただけでは融合せず，通過してしまう（図4(a)）。流路中には，人工細胞を挟む形で電極が配置されており，交流電圧を印加した状態で，化学物質輸送用油中水滴が人工細胞に接触すると，両者は融合する（図4(b)）。流路中は油相の流れがあるため，融合した化学物質輸送用油中水滴は，流れの応力によって人工細

第2章　人工膜創製技術

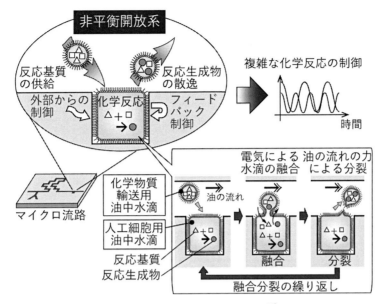

図3　人工細胞リアクタの概念図[17]

マイクロ流路に固定された人工細胞用油中水滴に，化学物質輸送用の油中水滴が融合と分裂を繰り返すことによって人工細胞内への反応基質の供給と，人工細胞外への反応生成物の排出を実現する。

胞から引きちぎられるように分裂する（図4(b)）。

　まず，人工細胞中で，化学物質の流入出の速度が制御できていることを示すため，図4(c)に示したpH振動反応 bromate-sulfite-ferrocyanide（BSF）反応[18]の振動を制御する実験を行った。BSF反応は，化学物質の流入出の速度が適切な場合のみpHの振動を発生する。図4(d), (e)は，pHが振動する条件での人工細胞の蛍光顕微鏡像と蛍光強度の時間変化であり，pHが振動していることがわかる。

　次に，化学物質の流入出の速度のより高度な制御を実現するために，制御のための理論の定式化を行い，化学物質の流入出をパルス密度変調制御の方法で考えることができることを示した（図5(a)）。簡潔に言うと，$q(t)$のような時間に依存する関数の化学物質の流入出速度を実現したいとすると，$p(t;T,w)$のような0または1の値のみをとるパルス波のパターンによってそれを近似することができ，パルス波$p(t;T,w)$の0が融合していない状態，1が融合した状態となるように，コンピュータで制御して電圧をON/OFFすれば良いということになる。つまり，化学物質の流入出の速度を融合・分裂の頻度で制御できるということである。これを用いれば，一定値関数（図5(b)）や正弦波関数（図5(c)）などプログラムで書けるような形状の関数であれば，任意の関数を生成することができる。これを用いると，フィードバック制御を行うことができる。つまり，設定した反応状態（例えば，振動状態およびその周期など）に合うように，融合・分裂の頻度を微調整しながら実際の反応状態を変化させていくことができる（図5(d)）。図5(e), (f)が実際に行ったフィードバック制御の実験であり，最初振動していなかったBSF反応を，融

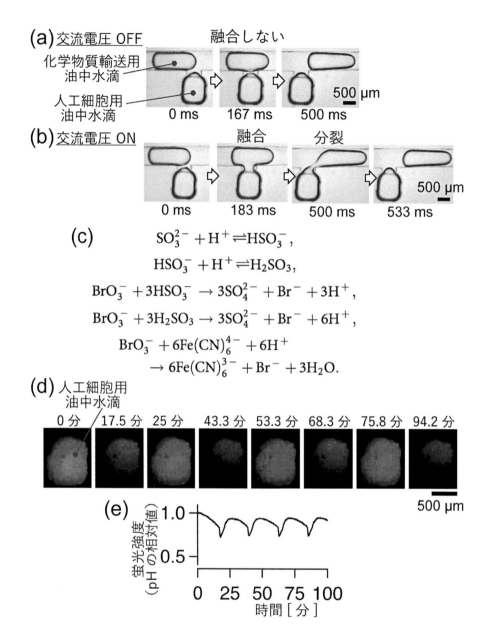

図4 (a)・(b)流路中に固定された人工細胞用油中水滴と，流路を左から右へ流れている化学物質輸送用の油中水滴。電圧を印加しない場合，人工細胞用油中水滴と化学物質輸送用の油中水滴は接触するのみで融合しないが(a)，電圧を印加した場合，両者は融合する(b)。流路には油相が流れ続けているので，流れの応力で両者は分裂させられる。(c)非平衡化学反応 pH 振動反応 bromate-sulfite-ferrocyanide (BSF) 反応[11]。反応基質の流入と反応生成物の流出を適切に制御した場合のみ pH の振動が発生する。(d)人工細胞リアクタで，反応基質の流入と反応生成物の流出を制御し，BSF 反応を発生させた。溶液内の pH の振動を蛍光顕微鏡で観察した。pH 値の高低に反応して蛍光強度が変わる pH 指示薬フルオレセインを用いて計測しており，明るい状態（白い状態）は pH が高い時で，暗い状態（黒い状態）は pH が低い時を示す。(e)水素イオン濃度の増減を pH の相対値で表示してグラフ化した。この pH 振動では，pH 値がおよそ3から7の間を振動する。

第 2 章　人工膜創製技術

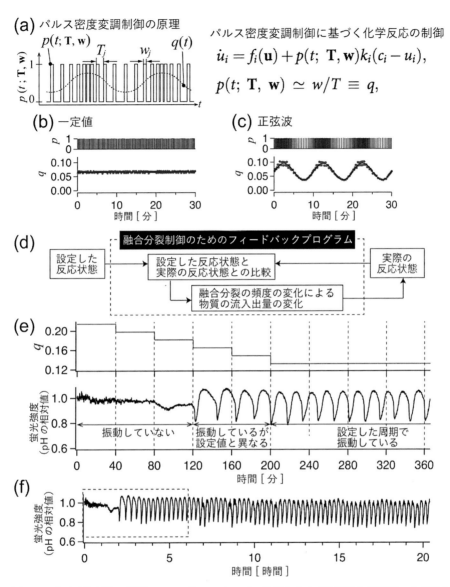

図5　(a)パルス密度変調制御の原理。パルス波 p によって，時間変化する物質流入出速度 q を実現する。パルスの密度が高いところでは物質流入出速度が大きくなる。T はパルスの周期，w はパルスの幅。(b)パルス密度変調による一定値の物質流入出速度の実現。(c)パルス密度変調による正弦波形の物質流入出速度の実現。(d)人工細胞リアクタ内での化学反応のフィードバック制御の概要。(e)フィードバック制御によってpH振動反応（リズム反応）が発生するような実験条件を自動的に探索する様子。(f)リズム反応の長時間維持。四角の点線で囲まれた範囲が(e)の図。

合分裂頻度を変化させていくことで，設定した周期である15分周期になるように変化させ，設定値になったあとはそれを長時間維持することができている。

　ドロップレットや小胞によって液体をデジタル化して物質輸送や反応を制御するという方法

は，マイクロ流体工学だけではなく，前述のエンドサイトーシス・エキソサイトーシスや，細胞内小器官の間でのタンパク質などの輸送手段である小胞輸送など，実際の細胞の中にもたくさん存在する．分子の単純拡散だけで物質輸送を制御しようとするのは非常に難しいため，細胞膜には能動輸送のための超高機能なタンパク質である膜輸送体（イオンポンプなど）が存在するが，個々の分子に特化した機能（結合解離定数，チャネルサイズなど）の高度なチューニングが必要になる．細胞はこれに加えて，上記のような小胞ごと輸送するという制御方法を編み出して，物質の性質に大きくは依存しない高度な物質輸送方法を確立している．小胞を利用した物質輸送方法は，膜輸送体による能動輸送に比べると物質選択性が多少落ちるという欠点はあるが，単純拡散に比べると，区画化（カプセル化）されていることによって，物質の濃縮効果，反応のマスキング（反応クロストークの低減），反応のパラレル化などの様々な大きな利点をもたらす．筆者らが今回開発したリアクタはこのような生命システムの高度な小胞制御システムに倣ったものである．

5.4 DNA ナノ構造による人工細胞

上記のマイクロ流体技術を利用した人工細胞リアクタでは，コンピュータを用いてトップダウン的に物質流入出の速度を制御したが，物質流入出の速度を自律的に制御できるように分子的に作り込むことは，さらにチャレンジングで重要なテーマである．膜タンパク質を模倣したDNAナノ構造によるナノポア形成は，これを実現する上での重要なテクノロジーであると考えられる．DNAを用いると，様々な構造をデザイン通りに実現できる[19,20]だけでなく，分子的なコンピュータ[21]を実現することもできるため，複雑な機能の実現も可能であると考えられている[22]．タンパク質の機能改変は難しく時間のかかる研究であるが，DNAを用いれば，二次構造予測ソフトNUPACK[23]，DNAオリガミデザインソフトcadnano[24]などのコンピュータデザインに基づいて機能設計・機能改変を行うことができるようになる．

筆者らは，このような観点から，膜がすべてDNAでできた人工細胞（DNA人工細胞）の構築に挑戦している（図6(a)）[11]．一般に，リポソームのような膜を構成する脂質分子などは，石鹸のような両親媒性分子である．本研究ではDNAオリガミ（親水性）によるナノ構造に疎水性のコレステロール分子を結合することでこれを実現した．筆者らが構築したDNAオリガミは直径約100 nmの正六角形の巨大な板状のナノ構造であり，1枚の板の片面だけに多数のコレステロールを結合させている（図6(b)）．この両親媒性DNAナノ構造の水溶液を油と混ぜて撹拌すれば，ドレッシングのように油中水滴を生成することができる（図6(c), (d)）．図6(e)は共焦点顕微鏡によってDNAナノ構造が油中水滴の油水界面に自己組織化することを蛍光観察したものである．このDNA人工細胞を非平衡開放系にするために，正六角形の中心に穴を開けたDNAオリガミナノ構造も用いた．接触した油中水滴同士の間でのイオンの移動があることが，電気計測によって確認されている．

ナノ粒子・マイクロ粒子が油中水滴を安定化したものは一般にPickeringエマルションと呼ば

第 2 章　人工膜創製技術

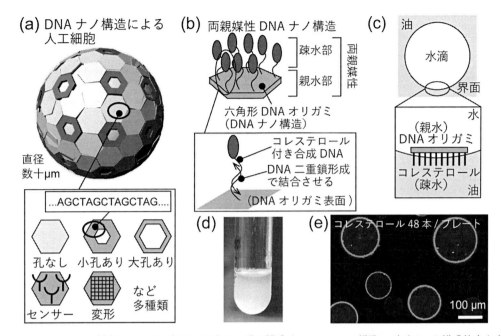

図 6　(a) DNA ナノ構造による人工細胞の概念図。膜を構成する DNA ナノ構造のデザインや構成比率を変えれば，様々な機能を付加できる。(b) 人工細胞の膜のための DNA ナノ構造のデザイン。DNA オリガミと呼ばれる技術で DNA ナノ構造を構築し，DNA ナノ構造の片面だけをコレステロール修飾して両親媒性化する。(c) 両親媒性化された DNA ナノ構造による油中水滴の安定化。油中水滴界面に両親媒性化 DNA ナノ構造が自己組織化する。(d) 両親媒性化された DNA ナノ構造による油中水滴エマルション。(e) 両親媒性化された DNA ナノ構造による油中水滴エマルションの顕微鏡像。数十〜100 μm 程度のサイズ（細胞サイズ）の油中水滴が観察された。

れている。本研究は，DNA ナノ構造で構築した Pickering エマルションの一種であると考えられ，人工細胞構築という観点だけでなく，ソフトマター物理の研究としても興味深い。現在，疎水化率や DNA ナノ構造の形状と自己組織化効率の関係を明らかにしている。また，DNA コンピュータ技術と組み合わせることで，動的な特性のある人工細胞膜の構築にもチャレンジしている。

5.5　おわりに

本節では，非平衡開放系の人工細胞の現状と我々のアプローチについて示した。人工細胞リアクタのコンピュータ制御の研究はウェットな人工細胞システムの世界とドライな数理・コンピュータの世界を繋ぐもので，生命システムの物理学・化学的な理解を助ける基盤となるとともに，データ駆動型およびモデル駆動型の化学反応制御システムや細胞状態制御システム[25]の構築などを通して，分析／合成化学やバイオメディカルサイエンスへの貢献もできると考えられる。また，DNA ナノ構造による人工細胞は，それとは逆に，外部制御を必要としない自律制御の機構を持つ人工細胞の実現へ向けた技術の開発につながる。将来的には，実際の細胞の能力を凌駕

する高度な分子マシン（分子ロボット[22]）の実現につながると考えられる。このような研究を通して，「生命とは何か？」という人間の根源的な問いを物理学的な手法によって解明していく一つの手段になることも期待される。

文　献

1) J. W. Szostak, D. P. Bartel, P. L. Luisi, *Nature*, **409**, 387 (2001)
2) G. Nicolis, I. Prigogine, Self-Organization in Nonequilibrium Systems, From Dissipative Structures to Order through Fluctuations, Wiley (1977)
3) S. Pautot, B. J. Frisken, D. A. Weitz, *Langmuir*, **19**, 2870 (2003)
4) Z. Nourian, W. Roelofsen, C. Danelon, *Angew. Chem. Int. Ed.*, **51**, 3114 (2012)
5) M. M. Hanczyc, S. M. Fujikawa, J. W. Szostak, *Science*, **302**, 618 (2003)
6) A. V. Pietrini, P. L. Luisi, *ChemBioChem*, **5**, 1055 (2004)
7) V. Noireaux, A. Libchaber, *Proc. Natl. Acad. Sci. USA.*, **101**, 17669 (2004)
8) Y. Elani, R. V. Law, O. Ces, *Nat. Commun.*, **5**, 5305 (2014)
9) M. Langecker, V. Arnaut, T. G. Martin, J. List, S. Renner, M. Mayer, H. Dietz, F. C. Simmel, *Science*, **338**, 932 (2012)
10) J. R. Burns *et al.*, *Angew. Chem. Int. Ed.*, **52**, 12069 (2013)
11) D. Ishikawa, Y. Suzuki, C. Kurokawa, M. Ohara, M. Morita, M. Yanagisawa, R. Kawano, M. Endo, M. Takinoue, *Proc. microTAS* (2016)
12) E. Karzbrun, A. M. Tayar, V. Noireaux, R. H. Bar-Ziv, *Science*, **345**, 829 (2014)
13) A. M. Tayar, E. Karzbrun, V. Noireaux, R. H. Bar-Ziv, *Nat Phys.*, **11**, 1037 (2015)
14) J.-C. Galas, A.-M. Haghiri-Gosnet, A. Este'vez-Torres, *Lab Chip*, **13**, 415 (2013)
15) H. Niederholtmeyer, V. Stepanova, S. J. Maerkl, *Proc. Natl. Acad. Sci. USA.*, **110**, 15985 (2013)
16) M. Takinoue, H. Onoe, S. Takeuchi, *Small*, **6**, 2374 (2010)
17) H. Sugiura M. Ito T. Okuaki Y. Mori H. Kitahata M. Takinoue *Nat. Commun.*, **7**, 10212 (2016)
18) E. C. Edblom, Y. Luo, M. Orban, K. Kustin, I. R. Epstein, *J. Phys. Chem.*, **93**, 2722 (1989)
19) N. C. Seeman, P. S. Lukeman, *Rep. Prog. Phys.*, **68**, 237 (2005)
20) P. W. K. Rothemund, *Nature*, **440**, 297 (2006)
21) M. Takinoue, D. Kiga, K.-I. Shohda, A. Suyama, *Phys. Rev. E*, **78**, 41921 (2008)
22) M. Hagiya, A. Konagaya, S. Kobayashi, H. Saito, S. Murata, *Acc. Chem. Res.*, **47**, 1681 (2014)
23) Nucleic Acid Package (NUPACK), http://www.nupack.org
24) cadnano, http://cadnano.org
25) 北野宏明，実験医学，**33**, 100 (2015)

6 マイクロ・ナノデバイスによる膜系システムの理解

吉田昭太郎[*1]，神谷厚輝[*2]，竹内昌治[*3]

6.1 はじめに

細胞膜は両親媒性分子のリン脂質が会合し，リン脂質二重膜を形成している。この細胞膜は僅か5nm程度の厚さであるが細胞内外を隔てており，細胞膜上でエネルギー変換，シグナル伝達や物質輸送などの生命活動に重要な反応が行われている[1]。このような重要な反応の多くは，細胞膜に埋め込まれた膜タンパク質が司っている。膜タンパク質には多様な種類・機能があるため様々な疾患に関わっていることが知られており，現在開発されている薬剤の約半数が膜タンパク質をターゲットとしていると言われている[2]。したがって，創薬分野において膜タンパク質の機能や薬剤応答を解析することは重要である。しかし，細胞の膜上には多くの種類の膜タンパク質や細胞を形づくる細胞骨格などが存在しているため，目的の膜タンパク質の機能や薬物応答の素反応を観察することは困難である。そこで，近年，人工的な平面または球面リン脂質二重膜を作製し，目的の膜タンパク質自身の機能や薬物応答の素反応が行われている[3~5]。

人工平面リン脂質二重膜は，膜タンパク質の種類の中の主にイオンチャネルの機能解析研究に用いられている。古典的な人工平面リン脂質膜の作製法は，貼り合せ法やペインティング法がある[6]。貼り合せ法は疎水性素材でできた穴の片側に気—液界面に形成させたリン脂質単分子膜を貼り，もう片方に同様にリン脂質単分子膜を貼ることによりリン脂質単分子膜同士が貼り合され，平面リン脂質二重膜が形成される。ペインティング法は，リン脂質溶液を疎水性素材でできた穴に塗布し平面リン脂質膜を形成させる。

人工球面リン脂質二重膜（特にリポソームと呼ぶ）は，細胞膜と高い親和性を有しているため，ドラッグデリバリーシステムの担体として実用化されている[7]。光学顕微鏡観察可能な細胞サイズのリポソーム（直径約5μm以上）は，膜タンパク質の機能観察やリン脂質の膜物性観察に用いられている[8]。また，無細胞タンパク質合成系を細胞サイズリポソーム内に封入し種々のタンパク質を発現させるといった人工細胞モデルも作製されている[9,10]。

微小電気機械システム（Micro Electro Mechanical Systems：MEMS）は，主に機械要素部品，センサ，アクチュエータ，電子回路を一つのシリコン基板，ガラス基板上に集積化したマイクロメートルサイズの微細なシステムのことを指す[11]。マイクロ・ナノメートルオーダーの流路や反応室によって様々な気体・液体を少量でも分析できるという利点を持つため，近年，MEMS技術は化学・生物分析分野に盛んに応用されている[12]。

---

* 1　Shotaro Yoshida　東京大学　生産技術研究所　竹内昌治研究室　特任研究員
* 2　Koki Kamiya　（公財）神奈川科学技術アカデミー　人工細胞システムグループ；JSTさきがけ
* 3　Shoji Takeuchi　東京大学　生産技術研究所　教授；（公財）神奈川科学技術アカデミー　人工細胞システムグループ

現在，国内外の研究者によって，古典的な人工細胞膜作製法の問題点を解消するために，人工膜作製（平面膜やリポソーム膜）にも MEMS 技術が取り入れられている[13〜15]。人工膜を MEMS 技術で作製することにより，例えば，膜作製効率の向上，膜作製のハイスループット化，単一サイズのリポソームの作製，リポソーム内水相へ高濃度に物質を封入，真核細胞の細胞膜のような外膜と内膜でリン脂質組成の異なるリン脂質組成非対称膜の作製に成功している。したがって，MEMS 技術を用いた人工膜によって，人工細胞モデル研究は新しい局面に差し掛かっていると言える。本稿では，主に我々の研究室で開発されたマイクロ・ナノデバイスを利用した，平面脂質膜とリポソームの作製法とその応用を紹介する。

6.2 液滴接触法による平面脂質二重膜作製とイオンチャネル計測

平面脂質二重膜を形成する簡便な方法として，我々は「液滴接触法（Droplet Contact Method：DCM）」を開発した[16]。この方法は，まず両親媒性のリン脂質分子を分散した有機溶媒へ液滴を二つ滴下することで脂質単分子膜をそれぞれの液滴の表面に自己組織化的に形成させ，さらにそれらの液滴を接触させることで疎水性相互作用により脂質二重膜を形成するものである（図1(a)）[17]。水滴を接触させるもっとも一般的な方法は，「∞」状に横に並べた二つのウェルへ有機溶媒を満たし，それぞれのチャンバへ水滴を滴下する方法である（図1(b)）。液滴の体積をウェルのサイズによって制御できるため，液滴の界面にかかる圧力や液滴の接触面の面積を用途に応じて最適化することができる。また，それぞれの液滴へ触れるように電極を設置することで，平面脂質二重膜へナノポアやイオンチャネルを再構成した際に液滴間を通り抜けるイオンを検出することができる（図1(c)）。ウェルは疎水性のアクリル樹脂である Polymethyl methacrylate（PMMA）を切削加工によって削ることにより製作し，底面に Ag/AgCl 電極を配置した。

さらに，界面に形成される脂質二重膜の面積が大きいほど二重膜が割れて壊れやすいことから，界面の面積を小さくするための，マイクロ加工によって直径150 μm 程度の微小な穴をあけた板（セパレータ）でウェル間を分断する改良も行っている（図2(a)）[17]。この改良によって，

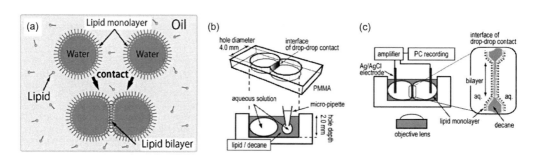

図1　(a)液滴接触法の概念図，(b)液滴接触法を実現するウェルデバイス，
(c)ウェル間の電気計測のための電極の配置
(a)は文献17）より，(b)(c)は文献16）よりそれぞれ改変。

第 2 章　人工膜創製技術

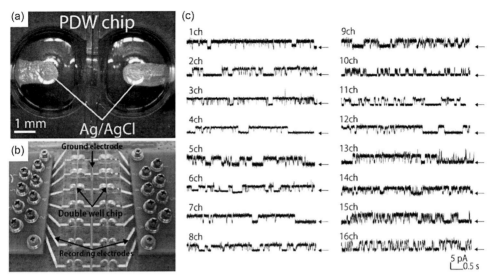

図 2　(a)液滴接触法のための，底面に銀塩化銀電極と中央のセパレータを配置したウェル，
(b)16チャネルを同時計測可能なウェルアレイ，(c)16チャネル同時計測結果
図は文献17)より改変。

　脂質二重膜にポアを形成するアラメチンペプチドを通過するイオン電流を，二週間程度記録し続けることができるようになった。ウェルを並列に並べ，それぞれのウェル中の電極から同時に電流を計測することで，特定の膜タンパク質について一度に大量の信号を得ることも可能である（図 2(b),（c)）。液滴接触法はウェルに有機溶媒と水滴を滴下するだけの簡便な操作で実現できるため，インジェクションロボットを用いて脂質二重膜形成および信号取得を自動化することにも成功している。膜タンパク質をターゲットとした創薬研究において，従来の手間と技術を要するパッチクランプを用いた方法の代わりに高効率スクリーニングを実施可能になると期待できる。また，本デバイスでαヘモリシン，アラメチシン，ヒトカルシウム依存性カリウムイオンチャネル（hBK）などの信号を取得することに成功した。特にhBKチャネルに対して，細胞外にあたるウェルへ阻害剤イベリオトキシンを作用させた際だけに，hBKチャネルの信号が消失したことから，阻害剤の作用点を検出する用途にも応用可能であると考えられた。そこで，hBKチャネルの細胞内外どちらに作用するか未知であったアミロイドβを添加したところ，アミロイドβはhBKチャネルの細胞内外のいずれにも作用することが示唆された。

　液滴接触法デバイスは開放系であるため（図 1(b)，図 2(a)，(b)），2つのウェルには別々の脂質や反応物を導入することができるが，ウェルに流路を設けることによってウェル内の物質を交換することができる（図 3(a)，(b)）[18]。液滴接触法によって構成した脂質二重膜にαヘモリシンを導入した後，細胞内側の溶液を流路によって交換することで，αヘモリシンに対して任意のタイミングでブロッカーを添加，あるいは除去できることが示された。また，ウェルを同心円状に配置し，細胞内部側のウェルを回転させることで，連続的にウェル内部の物質の交換が可能であ

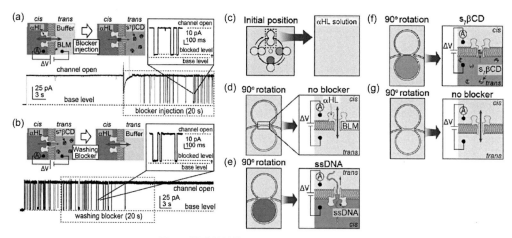

図3 液滴接触法における内部物質の交換

(a), (b)ウェル中に流路を設けることによる，脂質二重膜にチャネルを導入した後のウェル内部の物質の交換。細胞内部側へのブロッカーの添加(a)と除去(b)。(c)〜(g)同心円状に配置したウェルの内部側を回転させることによる，ウェル内部の物質の連続的な交換。(c)初期状態，(d)チャネルのみ導入，(e)チャネルを通過する分子の導入，(f)ブロッカーの導入，(g)チャネルのみの導入。

(a), (b)は文献18)より，(c)〜(g)は文献19)より改変。

る（図3(c)〜(f)）[19]。ここでは概念実証として，脂質二重膜の存在しない初期状態から，脂質二重膜の構成およびαヘモリシンのみの導入→αヘモリシンを通過する一本鎖DNA（ssDNA）の導入→ブロッカーである$s_7\beta$シクロデキストリン（CD）の導入→再びαヘモリシンのみの導入，と連続的に物質を交換しながらチャネル電流を計測できることが示された。これらの溶液交換可能性によって，膜タンパク質に対して任意のタイミングで連続的に分子を作用・脱作用させるスクリーニングに用いることができると考えられる。

ウェルを用いた液滴接触法は脂質二重膜が重力方向に平行に形成されるため，通常上下から観察を行う光学顕微鏡で膜の形成を視認することは困難であった。そこで，上下に液滴を形成することで，汎用の顕微鏡で膜を観察しながらイオン電流を計測できるシステムを構築した（図4）。マイクロ加工技術により製作した親水／疎水のパターンによって，有機溶媒中に液滴のアレイを形成することができる。その上に巨大な液滴を滴下することによって，アレイ状の液滴に圧力がかかり脂質二重膜が形成される（図4(a), (b)）[20]。この方法によって形成された脂質二重膜アレイは，脂質二重膜の表面積と液滴の体積の比が小さく，蛍光分子の拡散を解析するのに適した系であることがわかっている。また，上部の回転するチャンバと下部のチャンバの間に脂質二重膜を形成する方法（図4(c), (d)）では，脂質二重膜を光学観察しながら，回転によって連続的にαヘモリシンのシグナルを計測可能である[21]。これらの方法を用いることで，脂質二重膜に再構成したナノポアやイオンチャネルにおける分子の輸送を電気的に計測すると同時に，蛍光分子や蛍光タンパク質を用いた光学観察を行うことが可能になると期待される。

第2章　人工膜創製技術

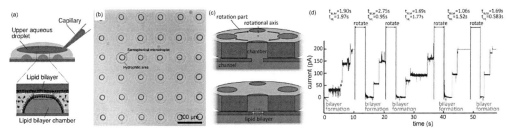

図4　光学観察可能な平面脂質二重膜の形成

(a), (b)ドロップレットアレイ上での液滴接触法。(a)親水／疎水パターン上に微小ドロップレットアレイを形成し，上部に滴下した巨大ドロップと接触させる。(b)形成された平面脂質二重膜アレイ。(c), (d)回転する上部のチャンバと下部のチャンバの間における平面脂質二重膜の形成。(c)回転チャンバの概念図。(d)回転の繰り返しによるチャネル電流の連続的計測。

(a), (b)は文献20)より，(c), (d)は文献21)より改変。

6.3　マイクロ流路中における流体のせん断力を利用した脂質二重膜形成方法

　マイクロデバイスを用いた脂質二重膜の形成法の一つとして，我々はマイクロ流路中における流体のせん断力を利用した方法を開発した（図5）[22〜24]。マイクロ流路内にチャンバを設け，水，脂質を含んだ有機溶媒，水の順に流すと，流体のせん断力によってチャンバ内に水が封じられ，界面に脂質二重膜が自己組織化的に形成される（図5(a)）。この原理を利用することで，マイクロ流路に水と有機溶媒を順に導入するという簡便なプロセスのみで脂質二重膜で封じられたチャンバアレイを形成することができ，内部の蛍光観察が可能である。また，チャンバ部分にあらかじめ電極をパターニングしておくことで，脂質二重膜に導入したチャネルタンパク質などの電気計測を行うことも可能である（図5(b), (c)）。この流体のせん断力によって形成した脂質二重膜で封じられたチャンバ内部から流路側へ圧力をかけた上でさらに流路に水を流すと，脂質二重膜が押し出されてせん断され，球面の脂質二重膜（リポソーム）を形成可能である（図5(d)）。この方法によって形成されたリポソームは粒径が一定になることがわかった。以上のように，マイクロ流路中における流体のせん断力を用いた方法によって，脂質二重膜で封じられ蛍光・電気計測可能なチャンバアレイを簡便に作製することができ，さらに均一直径のリポソーム形成に利用することも可能である。

6.4　マイクロデバイスによるリポソームの作製

　リポソームによる生体分子の観察は，細胞を用いたアッセイと異なり脂質やタンパク質などの生体分子の濃度を思い通りに変化させ実験することが可能である。細胞サイズの巨大リポソームの古典的な作製法は，静置水和法やエレクトロフォーメーション法が挙げられる。両者方法は，クロロホルムに溶解したリン脂質を，ガラス板上で乾燥させリン脂質フィルムを作製する。そして，緩衝溶液を加えるとリン脂質が自己組織的に会合しリポソームが形成される。これらの方法で作製されたリポソームは，大きさや形状にばらつきがあり，真核細胞の細胞膜のようなリン脂

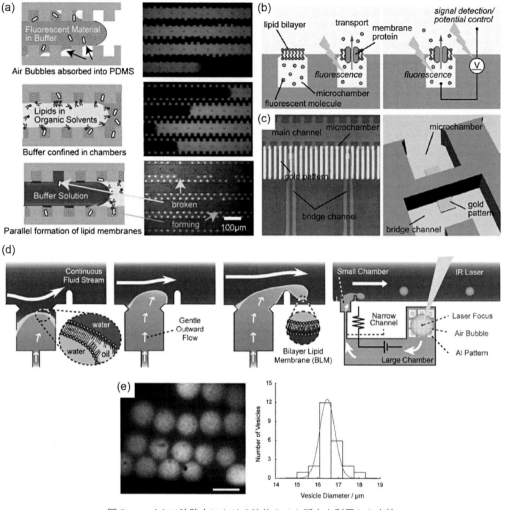

図5 マイクロ流路中における流体のせん断力を利用した方法
(a)チャンバを多数もつ流路に水を導入し,脂質を含む有機溶媒,水と順に流すとせん断力によってチャンバに水が封じられ,界面に脂質二重膜が形成される。(b),(c)チャンバに電極を配置しておくことで電気計測が可能。(d),(e)有機溶媒を流しながらチャンバから水を押し出すと,せん断力によって球状の脂質二重膜(リポソーム)が形成される。
(a)は文献22)より,(b),(c)は文献23)より,(d)は文献24)より改変。

質二重膜の内膜と外膜が異なったリン脂質種で構成されたリン脂質非対称膜の作製は原理上難しい。近年,マイクロデバイスを用いたリポソーム作製法が開発され,均一サイズのリポソームの形成などに成功しているが,作製時の有機溶媒が残留し安定性に問題がある[25]。

我々は残留有機溶媒が極めて少ないリン脂質非対称膜リポソームの作製に成功している[26]。接触法により平面リン脂質非対称膜を作製し,この平面膜にジェット水流を印加するとリン脂質マイクロチューブが形成され,直径約200μm程の大きなリポソームと直径約10μm程の小さなリ

第 2 章　人工膜創製技術

ポソームに不均一に分裂し非対称膜リポソームが形成される（図6）。この小さなリポソームの脂質二重膜に有機溶媒層がないことをラマン顕微鏡観察により明らかにした。リン脂質チューブの不均一な分裂の様子を数値流体力学シミュレーションにより解析したところ，レイリー・プラトー不安定性という物理法則がリポソーム形成に支配的に関わっていることが明らかになった。リン脂質のマイクロチューブの間に含まれている有機溶媒が，マイクロチューブが変形することによりラプラス圧によって，有機溶媒が大きなリポソーム側に移行することにより小さなリポソームに残留有機溶媒が極めて少なくなっていると推測される。

　この作製法で作製したリン脂質非対称膜リポソームを用いて，リン脂質二重膜を横切る方向のリン脂質分子運動（フリップーフロップ）の観察に成功している。例えば，外膜にホスファチジルコリン（PC），内膜にホスファチジルコリン（PC）／ホスファチジルセリン（PS）の非対称膜リポソームを作製し，PS の分子運動を観察した。ホスファチジルセリンに特異的に結合する蛍光標識したタンパク質（アネキシン V）を，非対称膜リポソームの外側に添加し観察を行った。この非対称膜組成リポソームの膜上にアネキシン V 由来の蛍光は観察されない（図7(a)）。このリポソームを37℃で数時間保存すると，アネキシン V 由来の蛍光が非対称組成リポソーム膜上で観察された。これは，リン脂質二重膜の内膜に存在している PS 分子が外膜に露出したからである。我々のリン脂質組成非対称膜リポソームでリン脂質の分子運動がはじめて観察可能になっ

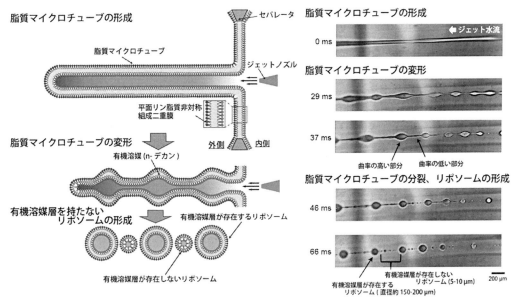

図 6　残留有機溶媒が少ないリン脂質非対称膜リポソームの作製
（左図）平面リン脂質二重膜にジェット水流を印加すると，2種類の大きさのリポソームが形成される。小さなサイズのリポソームの膜には，有機溶媒層が存在しない。（右図）リポソーム形成の高速度カメラ撮影。
文献26)より改変。

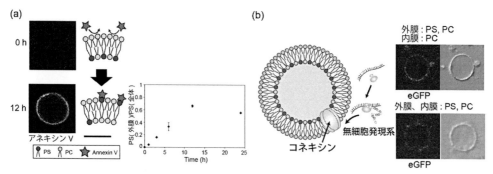

図7 リン脂質非対称膜リポソームによる生体分子の相互作用観察
(a)リン脂質の分子運動観察，(b)eGFPが結合した膜タンパク質の再構成挙動観察。
文献26)より改変。

た。

　さらに，リン脂質非対称膜リポソームへの膜タンパク質コネキシンの取込み挙動についての観察を行った。コネキシンは神経や心臓に多く発現していると言われており，コネキシンは細胞間でアミノ酸やイオンなどの小分子を輸送する働きを持っている。細胞内で行われるタンパク質産生を試験管内で行うことができる無細胞タンパク質発現系を用いて，コネキシンの非対称膜リポソームへの取込みを観察した。その結果，外膜に負電荷のリン脂質が存在する非対称リポソームでは，コネキシンのリポソーム膜への取込みが増大した（図7(b)）。これらの結果は，真核生物の生体膜組成が非対称である意義の1つを示唆している。

6.5 結論

　本稿では，マイクロ・ナノデバイスを用いた人工脂質二重膜システムの形成，およびその利用法について紹介した。主に我々の研究室で開発された，液滴接触法を用いた平面リン脂質二重膜の形成法とイオンチャネル計測，またマイクロデバイスを用いた平面リン脂質二重膜およびリポソームの形成法について概説した。マイクロ・ナノデバイスを用いることで，簡便・頑健・高効率に脂質二重膜を形成でき，脂質や溶液の組成を調整することも可能になるため，膜タンパク質の解析や人工細胞モデル研究において極めて有用なツールであると考えている。

文　　　献

1) M. Edidin, *Nat. Rev. Mol. Cell Bio.*, **4**, 414 (2003)
2) G. C. Terstappen, A. Reggiani, *Trends Pharmacol. Sci.*, **22**, 23 (2001)

3) K. Kamiya, K. Tsumoto, T. Yoshimura, K. Akiyoshi, *Biomaterials*, **32**, 9899 (2011)
4) H. Sasaki, R. Kawano, T. Osaki, K. Kamiya, S. Takeuchi, *Lab Chip*, **12**, 702 (2012)
5) M. Hirano, Y. Onishi, T. Yanagida, T. Ide, *Biophys. J.*, **101**, 2157 (2011)
6) 岡田秦伸, 最新パッチクランプ実験技術法, 吉岡書店 (2011)
7) 秋吉一成, 辻井薫, リポソーム応用の新展開, NTS (2005)
8) L. A. Bagatolli, *Biochim. Biophys. Acta (BBA)-Biomembranes*, **1758**, 1541 (2006)
9) V. Noireaux, A. Libchaber, *Proc. Natl. Acad. Sci. USA*, **101**, 17669 (2004)
10) P. Stano, P. Carrara, Y. Kuruma, T. P. de Souza, P. L. Luisi, *J. Mater. Chem.*, **21**, 18887 (2011)
11) M. Tanaka, *Microelectron. Eng.*, **84**, 1341 (2007)
12) S. J. Lee, S. Y. Lee, *Appl. Microbiol. Biotechnol.*, **64**, 289 (2004)
13) E. E. Weatherill, M. I. Wallace, *J. Mol. Biol.*, **427**, 146 (2015)
14) D. van Swaay, A. deMello, *Lab Chip*, **13**, 752 (2013)
15) S. Matosevic, *Bioessays*, **34**, 992 (2012)
16) K. Funakoshi, H. Suzuki, S. Takeuchi, *Anal. Chem.*, **78**, 8169 (2006)
17) R. Kawano, Y. Tsuji, K. Sato, T. Osaki, K. Kamiya, M. Hirano, T. Ide, N. Miki, S. Takeuchi, *Sci Rep.*, **3**, DOI: 10.1038/srep01995 (2013)
18) Y. Tsuji, R. Kawano, T. Osaki, K. Kamiya, N. Miki, S. Takeuchi, *Lab Chip*, **13**, 1476 (2013)
19) Y. Tsuji, R. Kawano, T. Osaki, K. Kamiya, N. Miki, S. Takeuchi, *Anal. Chem.*, **85**, 10913 (2013)
20) T. Tonooka, K. Sato, T. Osaki, R. Kawano, S. Takeuchi, *Small*, **10**, 3197 (2014)
21) F. Tomoike, T. Tonooka T. Osaki, and S. Takeuchi, *Lab Chip*, **16**, 2423 (2016)
22) S. Ota, H. Suzuki, S. Takeuchi, *Lab Chip*, **11**, 2485 (2011)
23) T. Osaki, Y. Watanabe, R. Kawano, H. Sasaki, S. Takeuchi, *J. Microelectromech. Syst.*, **20**, 797 (2011)
24) S. Ota, S. Yoshizawa, S. Takeuchi, *Angew. Chem. Int. Ed.*, **48**, 6533 (2009)
25) P. C. Hu, S. Li, N. Malmstadt, *ACS Appl. Mater. Inter.*, **3**, 1434 (2011)
26) K. Kamiya, R. Kawano, T. Osaki, K. Akiyoshi, S. Takeuchi, *Nat. Chem.*, **8**, 881 (2016)

7 膜弱秩序構造のダイナミクス

下川直史[*1], 高木昌宏[*2]

7.1 はじめに

　生体のしなやかな動きの背景には，分子，細胞，個体，それぞれの階層で「生きる」というダイナミクスが存在する。「生きる」の本質を，分子のレベルで考えると，弱い結合や相互作用から生まれるダイナミックでありながら，しなやかな秩序の存在する複雑な動きに目を向ける必要がある。言葉を換えると，「生体のしなやかな秩序」の背景には，弱い相互作用から生じる秩序構造（弱秩序構造）があると言える。ワトソン・遺伝子の分子生物学（第4版）には，その弱い秩序構造に関連して，次のような記述がある[1]。「細胞内で起こる重要な化学現象は，必ずしも共有結合の形成や切断を伴わない。細胞の中にあるほとんどの分子の位置は，弱い，あるいは二次的な引力または斥力で決まっている。弱い結合は，多くの分子，特に巨大分子の形の決定に重要な役割を果たしている。弱い結合で重要なのは，水素結合，ファン・デル・ワールス結合，疎水結合，イオン結合である。」

　細胞（Cell）は，膜で覆われた微小空間であり，［表面積］／［体積］の比が大きいため高い反応性など膜表面の効果を持つ。細胞膜の構造に関しては，1972年にSingerとNicolsonによって"流動モザイクモデル"が提唱されて以来[2]，構成分子が膜面内を自由に拡散・移動し，均一に分布していると考えられてきた。しかし1997年にSimonsとIkonenらによって，飽和脂質やコレステロールが豊富な秩序相からなる「相分離ミクロドメイン構造」の存在が示唆され，"ラフト"と呼ばれている[3]。ラフトはスフィンゴ脂質とコレステロールが豊富に含まれる相分離した弱秩序としての「膜ミクロドメイン構造」である。

　細胞膜には，イオンチャネルやGタンパク質結合型受容体，酵素連結型受容体など，シグナル分子と結合して機能する膜タンパク質が存在し，細胞シグナル伝達過程に関与することが知られている。ラフトの構成成分は，飽和脂肪酸鎖に富み，分子が密に会合していると考えられ，一方，非ラフト領域を構成するリン脂質は，シス二重結合不飽和脂肪酸鎖に富み，比較的緩やかに会合しているというモデルが提唱されている。ラフト形成の背景には，脂質間の疎水的相互作用が関係し，そこに膜チャネルや受容体が含まれており，ラフトの動的挙動が信号伝達を調節するというモデルが考えられ，細胞生物学者を中心に活発な研究が展開されているが，あくまでも仮説であり，実際の生体におけるラフトの存在に関しては，多くの謎が残っている[4]。

　我々は，膜のダイナミックな構造変化を，2次元（2D）ダイナミクス（ラフトを中心とした相分離状態の変化）と3次元（3D）ダイナミクス（エンドサイトーシス，エキソサイトーシス，

[*1] Naofumi Shimokawa　北陸先端科学技術大学院大学　先端科学技術研究科
　　　　マテリアルサイエンス系　助教
[*2] Masahiro Takagi　北陸先端科学技術大学院大学　先端科学技術研究科
　　　　マテリアルサイエンス系　教授

第 2 章　人工膜創製技術

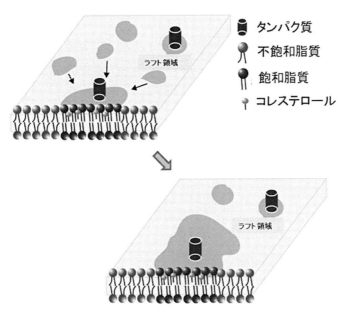

図1　2次元（2D）ダイナミクス

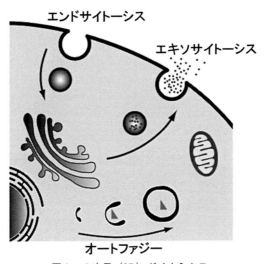

図2　3次元（3D）ダイナミクス

オートファジーに代表される形態変化）に分類して研究を行っている（図1, 図2）。

　ラフト構造は，リン脂質を用いた人工系（細胞サイズリポソーム）でも再現でき，生命ダイナミクスの根本である自己組織化的な秩序構造形成のモデル系として，ソフトマター物理学の分野でも注目されている。

　ここからは，人工膜の2次元，3次元ダイナミクス，そしてそのダイナミクスの背景にある「弱い化学結合」について論じてみたい。

結論から述べると,実際には,2D,3D ダイナミクスは,共役しており,相分離構造における線張力を理解し,制御することが極めて重要である。物理化学の領域では,相分離構造を安定化する構造 (Linactant) の概念が提唱され,細胞レベルでの脂質ラフト形成との関連が注目されている。ここでは,まず初めに,相分離構造を安定化する Linactant について紹介し,次に静電相互作用と,相分離,そして膜自発変形について述べることにする。

7.2 二次元マイクロエマルション:ラインアクタント

相分離は簡単には混合のエントロピーと成分間の相互作用の競合により説明される現象である。高温ではエントロピーが支配的となるために混ざり合い,低温では同種成分間の相互作用によるエネルギーの利得分が大きくなるために相分離が起きる。最も馴染み深い相分離としては水と油が挙げられる。ビーカーの中に水と油を入れれば,比重の関係で底には水,ビーカー上部には油がたまる。境目は界面と呼ばれ,水と油が接触している部分である。大雑把に言えば,相分離しているときは,この界面の面積(界面積)が最小になるようにする。それは界面張力と界面積の積から求まる界面エネルギーを最小にするためという表現が適切である。しかし,そこへ界面活性剤を添加すれば,界面張力が劇的に減少し,マクロには混ざり合った状態となる。しかし,分子スケールで水と油が混ざり合っているわけではなく,マイクロ〜ナノメートルスケールでは組成や温度に応じて,ミセル・ラメラ・ヘキサゴナルなどの様々なメソ構造を形成することが知られており,マイクロエマルションとして広く研究されていることは言うまでもないことである[5]。

多成分脂質膜においても相分離が観察される。代表例として飽和脂質 DPPC (dipalmitoylphosphocholine) と不飽和脂質 DOPC,さらにコレステロール (Chol) の三成分から成る系が挙げられる。この三成分系では DPPC と Chol に富む液体秩序 (Liquid-ordered, L_o) 相と DOPC に富む液体無秩序 (Liquid-disordered, L_d) 相とに相分離する。この場合も界面エネルギーを下げるために,相分離の結果形成されるドメインは円形であり,複数のドメインはブラウン運動し衝突・合体をし,最終的には一つのドメインとなる。例えば L_o 相を油,L_d 相を水と見なせば,上記の水・油相分離の二次元版と捉えることができる。では,この場合界面活性剤に対応する分子は存在するのだろうか?

リン脂質は2本の炭化水素鎖を有している。DPPC は2本のパルミトイル基,DOPC は2本のオレイル基を有している。この DPPC に富む相と DOPC に富む相との界面に局在し,界面張力を下げる候補として,POPC というリン脂質が提案されている。POPC はパルミトイル基とオレイル基を1本ずつ有したリン脂質であり,生体膜には非常に豊富に含まれている脂質である[6]。このように飽和鎖と不飽和鎖を1本ずつ有しているリン脂質をソフトマター物理では「ハイブリッド脂質」と呼んでいる[7]。ハイブリッド脂質は相分離ドメイン界面に吸着し,界面張力を下げ特異なドメイン構造(ミクロ相分離構造)を形成すると期待されている。つまりは,膜面という二次元平面内でできるマイクロエマルションであるため,"二次元マイクロエマルション"と

第 2 章 人工膜創製技術

捉えることができる。脂質膜の場合，界面は「線状」となるため，界面張力は線張力，界面エネルギーはラインエネルギーと言う場合がある。そのため，界面に吸着する界面活性剤をこの場合"line-active agent（linactant，ラインアクタント）"と言う[8]。詳しくは後述するが，界面に吸着し線張力を下げる分子をここではラインアクタントと表現する。

　POPC のラインアクタントとしての可能性はいくつか研究がなされている。実際に POPC を含む系で線張力の低下が起き，特徴的なドメイン形成がいくつか報告されている[9,10]。しかし，同時に POPC はドメイン界面には局在しにくいという結果も得られている[11]。それは，界面に局在することによるエントロピーロスが大き過ぎることが考えられる。シミュレーションによっても，多くのハイブリッド脂質がラインアクタントとしては機能しないであろうことが予測されている[11]。我々も固液相分離において POPC はラインアクタント的な振る舞いを示す可能性があるが（図3），液液相分離においてはラインアクタントとして振る舞わないことを顕微鏡観察より明らかにした[12]。特に POPC は液液相分離においては L_o ドメイン内に少量取り込まれ，相内の秩序を部分的に乱すことで線張力を下げていることを報告した。そのため，界面に局在せずとも線張力を下げる働きをすることがわかった。このように界面に局在せずとも線張力を下げる分子も存在する。そのため，メカニズムに関係なく，線張力を下げる分子全般をラインアクタントと表現することもある。

　しかし，ラインアクタントという考え方は非常に興味深いと期待される。実際に HIV gp41 の融合ペプチドが脂質膜の相分離界面に挿入され膜融合を誘起する系において，ラインアクタントの添加が融合を阻害することなどが報告されており，広くウィルス感染の阻害方法への応用が期待されている[13]。また，脂質膜の相分離をマイクロエマルションのように捉えることで，様々なドメイン形状，サイズの制御が可能になると期待される。そのため，脂質分子に限定せずに，このような分子を探索・設計することは将来的に非常に期待される研究であると言える。ラインアクタント分子の指針としては①脂質膜に含まれること（十分な疎水部を有していること），②ドメイン界面に局在し界面張力を下げること，③脂質膜内で拡散し界面へ選択的に移動できることが重要になると考えられる。また，そのような分子のドメイン側と非ドメイン側の"太さ"を変化させることで曲率を誘起することができ，形成される構造を自在にコントロールできる可能性も示唆されている[14]。

7.3　静電相互作用を伴う相分離

　生体膜中には親水頭部に電荷を有した荷電脂質も存在する。代表的な親水基としてはホスファチジルグリセロール（PG），ホスファチジルセリン（PS），ホスファチジルイノシトール（PI）などが存在する。荷電脂質はタンパク質の吸着や膜電位の発生などに大きく関与する重要な分子であるが，荷電脂質が脂質膜内での秩序形成において果たす役割については未解明な部分が多く存在する。ここでは，荷電脂質を含む脂質膜での相分離についての基礎的な研究例，研究成果を紹介する。

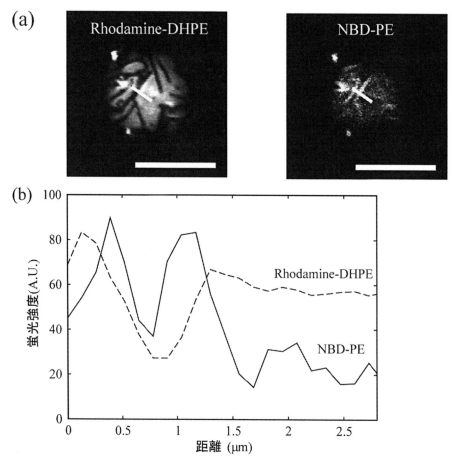

図3 (a) DOPC/DPPC/POPC ＝40：40：20での共焦点顕微鏡画像。Rhodamine-DHPE と NBD-PE による染色。スケールバーは10μm。(b)顕微鏡画像内の白いバーに沿った蛍光強度プロファイル。実線が NBD-PE，破線が Rhodamine-DHPE のプロファイル。0.8μm 付近が両方の蛍光強度が低いドメイン領域，0.1μm 以下と1.3μm 以上が Rhodamine-DHPE が強く NBD-PE が弱い非ドメイン領域。0.5μm と1.2μm のドメイン界面付近で NBD-PE の蛍光強度が特異的に大きくなっており，POPC の局在を示唆している。

典型的な中性リン脂質二成分系 DOPC/DPPC では室温付近で相分離が広い組成領域で観察される。不飽和脂質 DOPC を荷電不飽和脂質 DOPG（dioleoylphosphoglycerol）に置き換えたとき，相分離が阻害されることが報告されている[15]。具体的には DOPC/DPPC＝50：50の組成比の場合，温度を上げて相分離が消失する温度（miscibility temperature, T_m）は T_m＝33℃ 程度であるが，DOPG/DPPC＝50：50の場合 T_m＝25℃ 程度となる。これは，相分離によって DOPG に富んだ領域が形成された場合，領域内の荷電脂質濃度が高くなり，静電反発による大きな自由エネルギーの増加を引き起こすため相分離が阻害されると考えられる。したがって，塩の添加によりこの静電反発を遮蔽すれば，相分離が促進すると考え，DOPG/DPPC へ NaCl 10 mM を添

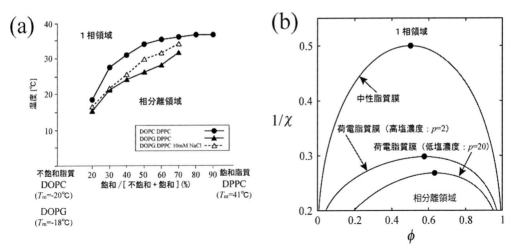

図4 (a) DOPC/DPPC 二成分系と DOPG/DPPC 二成分系の相図。(b) 荷電脂質／中性脂質二成分系のモデルより計算した相図。$p=20$ は塩濃度が低い荷電脂質膜の場合，$p=2$ は塩濃度が高い荷電脂質膜の場合に対応する。縦軸の $1/\chi$ はおよそ温度 T に比例するパラメータ，横軸 ϕ は荷電脂質のモル分率を表す。黒丸は臨界点を表す。

加した。その結果，$T_{\mathrm{m}}=28$°C となり，中性の消失温度に近づくことがわかった。これらの振る舞いをまとめた相図が図4(a)である。この荷電不飽和脂質による相分離の阻害は DOPS (dioleoylphosphoserine)/DPPC/Chol[16]，DOPG/スフィンゴミエリン (SM)/Chol[17,18] といった類似の系でも報告されている。

　荷電不飽和脂質による相分離の阻害は，静電エネルギーを考慮に入れた理論的なモデルにより説明される[16,19]。中性脂質と荷電脂質の二成分から成る脂質膜において，二成分の占有面積 Σ が同じであると仮定したとき，膜内での荷電脂質のモル比（面積分率）を ϕ とすると，混合の自由エネルギーは

$$F_{\mathrm{mix}} = \phi \ln\phi + (1-\phi)\ln(1-\phi) + \chi\phi(1-\phi)$$

と書ける。ここで，χ は相互作用パラメータであり，エネルギーの単位は $k_{\mathrm{B}}T$（k_{B} はボルツマン定数，T は温度）である。NaCl のような1価の塩が溶けた溶液内にある荷電脂質膜が感じる静電エネルギーは Poisson-Boltzmann 理論を用いて

$$F_{\mathrm{ele}} = 2\phi\left[\frac{1-\sqrt{1+(p\phi)^2}}{p\phi} + \ln(p\phi+\sqrt{1+(p\phi)^2})\right]$$

と表すことができる[20]。ここで，$p=2\pi l_{\mathrm{B}} l_{\mathrm{D}}/\Sigma$ で $l_{\mathrm{B}} = e^2/4\pi\varepsilon_{\mathrm{w}} k_{\mathrm{B}}T$（$e$ は電気素量，ε_{w} は溶液の誘電率）はビエルム長，Σ は脂質分子の占有面積，$l_{\mathrm{D}} = (\varepsilon_{\mathrm{w}} k_{\mathrm{B}}T/2e^2 n_{\mathrm{b}})^{1/2}$ はデバイ長でおおよそ溶液の塩濃度 n_{b} で決まるパラメータである。よって，全自由エネルギーは $F_{\mathrm{tot}} = F_{\mathrm{mix}} + F_{\mathrm{ele}}$ とな

り，ϕ に対してエネルギーを最小化することで相図を得ることができる。χ パラメータはおおよそ温度 T の逆数に比例することを考慮に入れ，相図を作成した（図4(b)）。この結果，中性の系が最も相分離領域が広く，荷電脂質を含む系では相分離が抑制されていることがわかる。さらに，塩濃度を高くすることで，相分離領域が広がることも示されており，実験結果と定性的に一致していることがわかる。この相分離の抑制は粗視化分子動力学シミュレーションによっても示されている[21]。また，より定量的な理論モデルとして，脂質の相転移の効果を入れたモデルも提案されている[22]。

7.4 静電相互作用による膜の自発的変形

リン脂質膜ベシクルは通常球形をしている。DOPC/DPPC の二成分系では温度変化の結果，相分離が起きたとしても，相分離ドメインが出芽（バディング）することはあっても[23,24]，膜のトポロジーが変化することはない。しかし，DOPG/DPPC では温度を下げ相分離が起き，さらに温度を下げると膜面に穴（膜孔，ポア）が形成される[25]。ここでは，この膜の自発的なポア形成について詳しく触れる。

DOPG/DPPC 二成分系において温度を下げると相分離構造が形成されることは先に述べた通りである。その後，さらに温度を下げると，脂質膜に穴が形成され，球状のベシクルは穴のサイズの成長と共に，カップ状→ボウル状→ディスク状と形態変化する。ポア形成は，①相分離により荷電脂質に富んだ領域が形成される（図5上），②温度をさらに下げると荷電脂質濃度が高くなり，領域内での静電反発が大きくなる（図5中央），③反発に耐え切れなくなりポアが開き，さらに脂質の疎水部が水と触れ合わないように荷電脂質がポアの縁に局在し安定化する（図5下），というメカニズムにより起こっていると考えられる。ポア形成における温度，組成比，塩濃度，ベシクルサイズの影響を実験的に調べたところ，(i) より低い温度のとき，(ii) 塩濃度が低いとき，(iii) DPPC の組成比が高いとき，(iv) ベシクルサイズが小さいときにポアが形成されやすいことがわかった[25]。以下では説明の都合上，ポアを形成したベシクルにおいて荷電脂質に富んだ領域をポア部，中性脂質に富んだポア以外の領域をバルク部（図5下）と呼ぶこととする。

温度を下げ相分離が形成され，さらに温度を下げると，相分離した二相間の組成の差は大きくなる。そのため，より温度を下げれば荷電脂質はさらに濃縮され静電反発が大きくなる。したがって，より温度が低いときの方が，ポア形成が起きやすくなり (i) の実験結果が理解できる。さらに，ポア形成はいくつかの荷電脂質分子が脂質膜内で寝たような配向をとることがきっかけで引き起こされていることがシミュレーションより示唆されている[21]。

塩を添加すると，この荷電脂質間の反発が遮蔽により小さくなる。そのため，ポア形成のきっかけとなる静電反発によるストレスが生じにくくなり，ポアはできにくくなる。また，ポア形成後を考えると，荷電脂質間の静電反発により荷電脂質は見かけ上大きな親水頭部を有しているため，ポアの縁に局在し安定化すると考えられる。しかし，塩の添加により反発が小さくなると親水頭部は見かけ上大きくはならず，縁を安定化しにくくなる。この2つの理由から塩濃度が低い

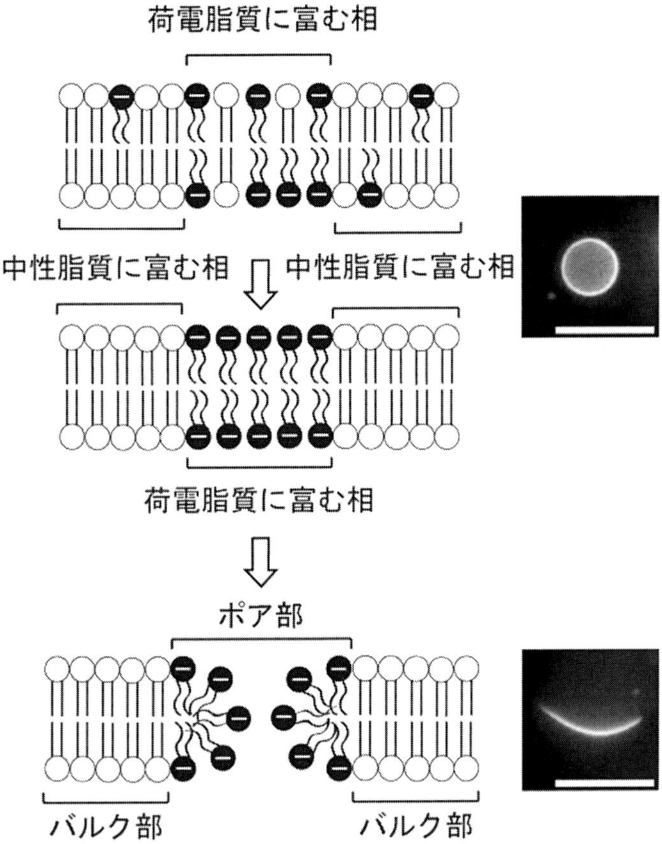

図5 ポア形成のメカニズムと蛍光顕微鏡画像

相分離が起き，さらに温度を下げ二相間の濃度差が大きくなると，荷電脂質に富んだ領域からポアが形成される。ポアが開くまでは球状ベシクルであるが，ポアが形成しそれが大きく成長すると膜が開いた形状となる。スケールバーは10 μm。

方が，ポアが形成されやすくなり，(ii)の結果と対応する。この荷電脂質によるポアの縁の安定化や塩濃度によるポア形成の違いは，粗視化分子動力学シミュレーションによっても再現されている[21,25]。

ポアは荷電脂質に富んだ領域内での静電反発がきっかけで起こると考えられるが，バルク部の影響も非常に大きい。相分離の結果，バルク部は中性脂質DPPCに富んだ領域となる。DPPCは飽和脂質で硬い脂質であるため，ベシクルのような曲がった膜面を好まず，平らな膜を形成しようとする。そのため，ポアができ，ベシクルが開いた方がバルク部も安定化できるというメリットがある。ポアの縁の安定化には少量のDOPG分子があれば十分である。そのため，DPPCが多く含まれる膜の方が，ポアが開きやすくなると考えられ(iii)の結果と一致する。

ベシクルのサイズ依存性は大きなベシクルと小さなベシクルがポアを形成した場合の縁の長さが大きく関係している。単純にベシクルサイズが2倍になればポアの縁の長さも2倍となる。そ

のため,縁にかかるエネルギーも2倍大きくなる。したがって,大きなベシクルではこの縁にかかるエネルギーが大きいためにポアが形成されにくい。したがって,(iv)に示した通り小さなベシクルの方がポアを形成しやすいこととなる。

これらの振る舞いはベシクルが曲面を作ることによる曲率エネルギー F_{curv} とポアの縁にかかるエネルギー F_{line} の競合により記述でき,

$$F = F_{curv} + F_{line} = 2\pi\kappa(1+\cos\theta) + \pi\gamma D \sin\theta \left(\frac{2}{1+\cos\theta}\right)^{1/2}$$

で表される[25]。ここで,κ はバルク部の曲げ剛性率,γ がポアの縁の線張力,D がベシクルの直径,θ はポアの開き角で $\theta=0$ が球状,$\theta=\pi$ が完全に開いたディスク状である。球状と完全に開いたディスク状のエネルギーを比較すると

$$\gamma^* = \frac{2\kappa}{D}$$

が得られる。γ^* は臨界線張力であり,$\gamma > \gamma^*$ のときは球形,$\gamma < \gamma^*$ のときはポアが形成されることになる。これより,バルク部がDPPCのように硬い場合(κ が大きい場合)やベシクルが小さい場合(D が小さい場合)に γ^* が大きな値となり,ポアが形成されやすくなることがわかる。また典型的な γ の値が $\gamma = 10$ pN[26]であることから,荷電脂質による縁の安定化によって,線張力が2~3桁減少することが見積もられる。

7.5 まとめ

これまでに述べた内容から,2D,3Dダイナミクスは,共役しており,相分離構造における線張力を理解し,制御することが極めて重要であることが理解できる。物理化学の領域で提唱され始めた,相分離構造を安定化する構造(Linactant)の概念については,今後,多彩な脂質組成を持つ細胞での脂質ラフト(相分離構造)形成との関連が,益々注目されるであろう。

細胞模倣膜の物理・化学的ストレス環境下での線張力変化を詳細に調べる。次に,分子間相互作用とダイナミクスの関連性を,ソフトマター物理の側面から理解する。さらに,相分離構造形成,その延長線上にある3Dダイナミクスを制御するためのLinactantの分子設計指針を確立する。具体的には,単分散交互両親媒性オリゴマー骨格を利用し,疎水部に複数の相互作用部位を導入することで,膜分子素子による線張力制御,さらには2D,3D秩序構造の制御を試みることも可能である。

今後の展開として,重要なポイントを列挙すると,以下の3点になる。

(1)膜の秩序ダイナミクスと分子間力相互作用の関係についての学理を構築する。

生物,物理,化学,数学の融合研究として,膜ダイナミクス研究を実施する。生物工学と,ソフトマター物理,有機合成化学,数理シミュレーションを融合する。

(2)生理活性物質の作用機序を膜内での分子間相互作用で理解する。

第2章 人工膜創製技術

　免疫，生体防御，血圧調節，痛み，発熱，細胞増殖など，脂質メディエーターを中心に作用機序を分子間相互作用から解明し，新たな薬効成分など，機能分子のデザインへとつなげる。

(3)自己組織化的に規則構造構築するマテリアルデザイン

　自己組織化規則構造の構築を膜分子素子として活かす。例えば，ブロック共重合体の自己組織化を利用した Directed Self-Assembly（DSA）法を応用した，分子素子開発（特に Linactant）に貢献する。肥満がリスクファクターの生活習慣病の予防，治療に役立つ化合物はもちろん，半導体などの電子材料，光学材料，刺激応答性材料分野での，スマートマテリアルの創製に貢献する。

文　　献

1) D. Watson et. al., Molecular Biology of the Gene (Fourth Edition), The Benjamin/Cummings Publishing Company, Inc.：ワトソン　遺伝子の分子生物学，第4版（上），松原謙一，中村桂子，三浦謹一郎（監訳），p. 160 (1987)
2) J. R. Vane, *Nature New Biol.*, **231**, 232 (1971)
3) K. Simons, E. Ikonen, *Nature*, **387**, 569 (1997)
4) I. Levental, et al., *J.Mol.Biol.*, **428**, 4749 (2016)
5) J. N. イスラエルアチヴィリ，分子間力と表面力，朝倉書店 (2013)
6) L. M. G. Van Golde et al., *Chem. Phys. Lipids*, **1**, 282 (1967)
7) R. Brewster et al., *Biophys. J.*, **97**, 1087 (2009)
8) S. Trabelsi et al., *Phys. Rev. Lett.*, **100**, 037802 (2008)
9) T. M. Konyakhina et al., *Biophys. J.*, **101**, L08 (2011)
10) S. L. Goh et al., *Biophys. J.*, **97**, 1087 (2009)
11) E. Hassan-Zadeh et al., *Langmuir*, **30**, 1361 (2014)
12) N. Shimokawa et al., *Phys. Chem. Chem. Phys.*, **17**, 20882 (2015)
13) S.-T. Yang et al., *Nat. Commun.*, **7**, 11401 (2016)
14) R. Brewster et al., *Biophys. J.*, **98**, L21 (2010)
15) H. Himeno et al., *Soft Matter*, **10**, 7959 (2014)
16) N. Shimokawa et al., *Chem. Phys. Lett.*, **496**, 59 (2010)
17) C. C. Vequi-Suplicy et al., *Biochim. Biophys. Acta, Biomembr.*, **1798**, 1338 (2010)
18) S. Pataraia et al., *Biochim. Biophys. Acta, Biomembr.*, **1838**, 2036 (2014)
19) S. May et al., *Phys. Rev. Lett.*, **89**, 268102 (2002)
20) D. F. Evans, H. Wennerström, The Colloidal Domain Where Physics, Chemistry, Biology and Technology Meet, Second Edition, John Wiley, New York (1999)
21) H. Ito et al., *Phys. Rev. E*, **94**, 042611 (2016)
22) N. Shimokawa et al., *J. Phys. Chem. B*, **120**, 6358 (2016)

23) R. Lipowsky, *J. Phys. II France*, **2**, 1825 (1992)
24) M. Yanagisawa *et al.*, *Biophys. J.*, **92**, 115 (2007)
25) H. Himeno *et al.*, *Phys. Rev. E*, **92**, 062713 (2015)
26) D. V. Zhelev *et al.*, *Biochim. Biophys. Acta, Biomembr.*, **1147**, 89 (1993)

第3章　人工細胞創製

1　クレイグ・ベンターの戦略

1.1　はじめに―クレイグ・ベンターの紹介―

古村　崚[*1]，青木　航[*2]

　近年，生命現象を人工的に再構成することで生命の理解を試みる「合成生物学」の研究が盛んに行われている。合成生物学分野の第一人者として，人工合成ゲノムを用いた生命の創製に取り組んできたクレイグ・ベンターが挙げられる。ベンターは，2008年に世界で初めて，自律的に自己複製できる生物 *Mycoplasma genitalium* のゲノムの人工合成を行った[1]。また2010年には，*Mycoplasma capricolum* のゲノムを，人工合成した *Mycoplasma mycoides* のゲノムに置換することに成功した[2]。さらに，2016年には，生存に必須ではない遺伝子を削ぎ落とし，473個の遺伝子からなる人工合成ゲノムを持つマイコプラズマ JCVI-syn3.0の構築に成功した[3]。本稿では，ベンターがこれらの研究をどのような戦略に基づいて行ってきたかについて紹介する。

　まず，ベンターの経歴を紹介する。研究者としてのベンターのキャリアは，アドレナリン受容体タンパク質を生化学的なアプローチで解析することから始まった。しかし，受容体タンパク質の構造を完全に理解するためには，DNA 配列を決定する必要があった。そのため，研究分野を生化学から分子生物学にシフトさせた。

　ベンターは，サンガー法を用いることで，ヒトの脳アドレナリン受容体遺伝子の配列を決定した[4]。しかし，サンガー法は手作業で行われていたため，非効率的で精度が低いという問題があった。そこで，より高効率・高精度に DNA シーケンスを決定するため，バイオテクノロジー企業であるアプライド・バイオシステムズが開発していた自動配列解読装置に注目した。ベンターはこの装置を利用することで，マウスの心臓にある二つの受容体の遺伝子配列の解読に成功した。これらは，自動配列解読装置によって読まれた世界初の遺伝子配列であった[5]。

　これらの成功経験から，ベンターは遺伝子配列を一つ一つ明らかにするのではなく，生物が持つ全遺伝情報である「ゲノム」を解読したいと思うようになった。特に，医学研究に役立てるため，ヒトゲノムの解読に興味を持ち始めた。しかし，約3.2 Gbp からなる巨大なヒトゲノムの配列決定は，当時の技術では困難であった。そこで，ベンターは，全ゲノムショットガン法と呼ばれる技術を用いることにした。全ゲノムショットガン法とは，ゲノムをランダムに断片化した

[*1]　Ryo Komura　京都大学　大学院農学研究科　応用生命科学専攻　生体高分子化学分野
　　　修士課程

[*2]　Wataru Aoki　京都大学　大学院農学研究科　応用生命科学専攻　生体高分子化学分野
　　　助教

後，個別に配列を決定し，両端が互いに共通する断片同士をコンピューター上でつなぎあわせ，元のゲノム配列を決定するという方法である。ベンターは，この方法を用いて，ゲノムサイズの小さい生物の全ゲノム解読を試み，1995年にインフルエンザ菌 *Haemophilus influenzae* の1,830,137 bp のゲノムを解読した[6]。自律的に自己複製できる生物のゲノム解読は，世界初の成果であった。さらに，ベンターは1995年に *M. genitalium* のゲノム解読[7]，1996年にアーキアの一種である *Methanococcus jannaschii* のゲノム解読[8]にも成功した。さらに，長く複雑な真核生物のゲノム配列でも解読できるようにショットガン法を改良し，約120 Mbp のショウジョウバエのゲノム解読にも成功した[9]。そして，2000年6月26日に政府との共同発表という形で約3.2 Gbp のヒトゲノム解読の終了を宣言し，2001年に「The Sequence of the Human Genome」と題する論文をサイエンス誌において発表した[10]。

ヒトゲノムの解読後，ベンターは海洋微生物の網羅的ゲノム解析を行った。なぜなら，海洋微生物には未知の種が多く存在し，バイオエタノール生産や二酸化炭素固定など，環境問題解決に役立つ遺伝子を持つ生物を発見できる可能性があると考えたためである。2004年，ベンターは，全ゲノムショットガン法を用いることで，サルガッソ海の表層海水中に含まれる微生物のゲノムを網羅的に解読した。その結果，120万種以上の新しい遺伝子が発見された[11]。ベンターは，同様のメタゲノム解析を大西洋のより広い海域についても行い，多数の新しい遺伝子を発見した[12]。

このように，自動配列解読装置とショットガン法を利用することで，ベンターは，多くのDNA 配列を決定してきた。しかし，近年のベンターは研究内容を，合成生物学を用いた，生命を構成する遺伝子の最小セット探索にシフトさせている。本稿では，どのような動機・戦略に基づき，合成生物学分野でベンターが研究を進めてきたかについて詳しく紹介する。

1.2 最小ゲノムの構築に向けて

生物のゲノム解読が容易に行えるようになったため，デジタル情報として生物を記述できるようになった。ベンターはシーケンシング技術の発展にしたがって，生命を構成する最小の遺伝子セットは何であるのかという疑問を抱くようになった。例えば，大腸菌や枯草菌のような微生物でも4,000から5,000個の遺伝子を持つが，より単純な微生物であるマイコプラズマが持つ遺伝子の数は，500個程度しかない。また，ゲノム解読の結果をもとに，*H. influenzae* と *M. genitalium* の遺伝子を比較したところ，256個の遺伝子が共通していた[13]。これらの事実から，ゲノムから不要な遺伝子を取り除き，単純化していけば，全ての生物に共通する，生命を成立させるために必要な最小限の遺伝子セットを見つけることができるのでは，とベンターは考えるようになった。また，最小限の遺伝子セットが見つかれば，「生命とは何か」という生物学における謎に対し，一つの答えを導き出すことができる。

ゲノムから不要な配列を取り除き，最小の遺伝子セットを決定するためには，二つの技術を開発する必要があった。一つは，人工的にゲノムを合成する技術である。最小ゲノムを決定するた

第 3 章 人工細胞創製

めには，生物が元々保持しているゲノム中の遺伝子を欠損させていく，というアプローチも考えられた。しかし，ゲノム中の何百箇所にもある非必須遺伝子を欠損させることは非常に困難である。そこで，不要な遺伝子を含まない最小ゲノムを人工的にゼロから作るという戦略をとることにした。もう一つは，人工合成したゲノムを移植する技術である。人工ゲノムを合成することができても，それに変異が入ることなく反応系から取り出し，レシピエント細胞の中で機能させなければならない。そのため，ゲノムを傷つけることなく，レシピエント細胞に移し，そこで起動させる方法を開発する必要があった。ベンターはこれら二つの課題を克服するための研究を開始した。

1.3 ゲノムの人工合成技術の確立

ベンターは最小ゲノムを構築するという目標に向け，ゲノムの完全人工合成の研究に取り組んだ。まず，ΦX174という5,386 bpからなるバクテリオファージのゲノムを人工合成した[14]。バクテリオファージの人工ゲノムは，精製したオリゴヌクレオチドに対し，ライゲーション・アセンブリを行って連結させることで合成された。この人工ウイルスは，本物のウイルスと同様に大腸菌へ感染することができた。そのため，ゲノムを正確に合成することができれば，人工合成されたゲノムであっても生命を制御することが可能であることが示された。しかし，ウイルスは代謝を宿主細胞に依存しているため，完全に自律した生命とはいえない。そのため，生命を構成する最小セットを見つけるためには，自律的に自己複製できる生物のゲノムを人工合成する方法を確立する必要がある。そこで，新たなゲノム人工合成の対象として，*M. genitalium* という生物の約580 kbpのゲノムが選ばれた。

ウイルスと比較すると非常に大きい約580 kbpのゲノムを人工合成するため，小さなゲノム断片を合成し，順番につなげていくという戦略がとられた。まず，合成するゲノムをデザインした。人工ゲノムは *M. genitalium* のゲノムを元に合成されたが，一部改変が加えられた。人工ゲノムであることを示すことができるように，実験に携わった研究者の名前やアルファベット表などをコドン暗号で記述した「透かし」配列がノンコーディング領域に加えられた。次に，デザインしたゲノムを5,000～7,000 bpの長さのカセット101個に分割して合成した。それぞれのカセットは，バクテリオファージのゲノム合成時と同様に，オリゴヌクレオチドから合成したさらに小さな断片を一つずつ連結させることで合成された。続いて，カセットをつなげる作業に移行した。カセット同士は，互いに隣り合うカセットとオーバーラップ領域を持つように設計された。そのため，*in vitro* でアッセンブルすることで，カセット同士を連結することができた。その後，連結したカセットをベクターに組み込み，大腸菌で培養を行うことで，配列のクローニングが行われた。はじめは四つのカセットをつなげて，24 kbpの断片を作成した。その後，24 kbp 断片を三つ連結して72 kbpの断片，さらに，それらを二つ連結して144 kbpの断片が作成された。ここまでの過程でゲノムの大きさの1/4サイズの断片を合成することができた。しかし，大腸菌は巨大な配列を安定的に保持することができないため，これ以上の大きさの断片について連結とク

ローニングを行うことは困難であった。そこで、ベンターは宿主を酵母 Saccharomyces cerevisiae に変更した。なぜなら、長い DNA をクローニングするために開発された酵母用の人工染色体 YAC ベクターを用いてクローニングすれば Mbp サイズの配列を保持できる上、S. cerevisiae 自体の相同組換えも利用できるためである。このように、in vitro の組換えと S. cerevisiae の相同組換えを利用して小さな断片を連結させることで、ベンターは、2008年に M. genitalium の約580 kbp からなる全ゲノムの人工合成に成功した[1]（図1）。

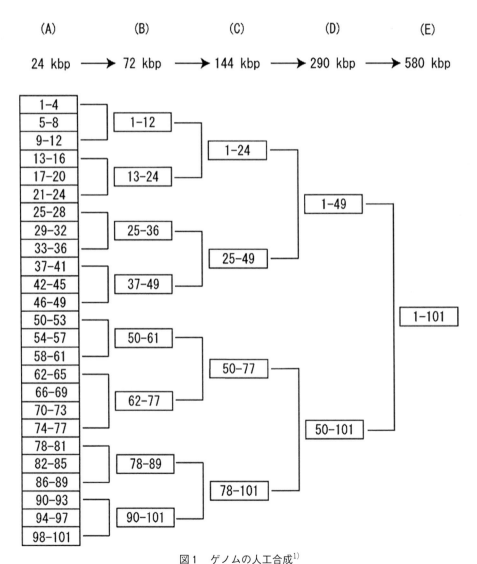

図1　ゲノムの人工合成[1]
数字は5,000〜7,000 bp の大きさに合成されたカセットの番号を示す。
(A)〜(C)は in vitro アッセンブル、(D), (E)は酵母の相同組換えによって行われた。

第 3 章　人工細胞創製

1.4　ゲノムの移植技術の確立

人工ゲノムの合成に成功したベンターは，ゲノムの移植技術の開発に取り組み始めた[15]。ゲノムのドナーとなる生物として，*M. mycoides* が選択された．本来なら，自律的に自己複製できる生物の中で最小のゲノムを持つ *M. genitalium* を用いるべきであった．しかし，*M. genitalium* は生育速度が遅く，実験を行いにくかったため，より早く成長し，実験で扱いやすい *M. mycoides* がドナーに選ばれた．ゲノム移植技術の開発では，人工合成したゲノムではなく *M. mycoides* の内在性ゲノムを用いた．その理由は，コスト効率を追求したからである．

ゲノムを移植するレシピエントとしては，*M. mycoides* の近縁種である *M. capricolum* が選択された．*M. mycoides* と *M. capricolum* はどちらも約 1 Mbp の大きさのゲノムを持つ生物であり，似通ったゲノム配列を持つ．したがって，ゲノムの移植を行えば，レシピエントのゲノムがドナーのゲノムに置換されると予想された．

ゲノムの移植を行う上で，二つの課題があった．一つ目の課題は，ドナーからのゲノム単離であった．ゲノムに変異が入ると，移植先の細胞が死ぬ可能性がある．また，ゲノムは非常に大きいため，粗雑に扱うとすぐに断片化してしまう．そこで，細胞をアガロースゲルに固定して酵素処理をした後，透析や電気泳動を行ってタンパク質や脂質などの不要な成分を取り除き，最終的にゲノムだけを単離するという方法がとられた．この方法によって，ゲノムを傷つけることなく精製することに成功した．二つ目の課題は，レシピエントの準備であった．ゲノムを受け入れる側の *M. capricolum* は，通常状態では，外部からゲノムを取り込むことができない．そこで，pH 変化と栄養制限によってレシピエント細胞を変形させ，また，塩化カルシウム処理を行うことで，細胞内部にゲノムを入りやすくした．こうして，二つの課題を克服し，ゲノムの移植実験を行う準備が整った．

M. mycoides の内在性ゲノムのレシピエントへの移植を簡単に確認するため，ドナーのゲノムには，あらかじめ，マーカーとしてテトラサイクリン耐性遺伝子 *tetM* と β-ガラクトシダーゼ遺伝子 *lacZ* が組み込まれた．実際に移植実験を行ったところ，レシピエント細胞がテトラサイクリン・X-gal 含有プレート上で青色コロニーを形成した．しかし，この結果だけでは，ゲノムの移植ではなく，ゲノムの組換えが起こっただけである可能性も否定できない．そこで，ゲノム移植に成功したことを確かめるために，*M. mycoides*，*M. capricolum*，ゲノムを移植されたレシピエント細胞の 3 種類について，遺伝子型と表現型を調べることにした．遺伝子型については，コロニー PCR，表現型についてはウエスタンブロッティングとプロテオーム解析を用いて調べられた．その結果，*M. mycoides* とレシピエント細胞の解析結果が相同で，*M. capricolum* とは異なるものであることが判明した．これらの結果から，ゲノムの移植によって，種の書き換えが可能であることが証明された．

ゲノムの移植技術の開発を受け，ベンターは *M. mycoides* の約 1.08 Mbp ゲノムをベースに人工合成したゲノムを *M. capricolum* に移植する実験を続けて行った．人工合成ゲノムを用いた実験でも，前述のゲノム移植研究の結果と同様，元 *M. capricolum* であったレシピエント細胞は，

109

M. mycoides と同様の表現型・遺伝子型を示すようになった。こうして，人工合成されたゲノムを持つマイコプラズマが2010年に生み出された[2]。このマイコプラズマは，人間によってコンピューター上で設計されたゲノムを持つ，生命の歴史上初めての生物といえる。この結果から，自律的に自己複製を行う生物においても，ゲノムによって生命が完全に制御されていること，また，人工的に化学合成されたゲノムがオリジナルな内在性ゲノムを代替しうることが実証された。

1.5 最小ゲノムの構築

ゲノムの人工合成法と移植法が確立したため，ベンターは，最小の遺伝子セットの決定に取り組むことにした。この目標を達成するため，約1.08 Mbpのゲノムを持つ M. mycoides のゲノムをベースに，生存に必須でない遺伝子を取り除いたゲノムを人工合成し，M. capricolum のゲノムと置き換えるという戦略をとることにした。非必須遺伝子の除去によるゲノムの縮小は，①非必須遺伝子が含まれないようにゲノムを設計する（Design），②設計された配列を元に合成する（Build），③遺伝子欠損したゲノムでもマイコプラズマが生育できるか試験する（Test）の3ステップからなるDBTサイクルを繰り返すことによって行われた。DesignとBuildについては，これまでに確立されたゲノムの人工合成技術を用いて行われた。

そこで，Testをどのように実施することで，効率的に最小の遺伝子セットを決定したかについて詳しく説明する。本来ならば，新たに設計した，非必須遺伝子が含まれないゲノム全体を人工合成した後，レシピエントに移植して生育に対する影響を調べなければならない。しかし，この方法では，レシピエント細胞に問題が起こった際，その問題の原因がどの遺伝子欠損によるものであるかを特定することが難しい。そこで，ゲノムを8等分し，それぞれのセグメントごとに生育への影響を調べるという方法がとられた。つまり，1/8が非必須遺伝子の取り除かれた人工合成配列，残りの7/8が元々の配列になるようなゲノムを，8つのセグメントについて構築し，レシピエントに対する影響が個別に調べられた。

最初のゲノム設計は，遺伝子の必須性を調べた先行研究のデータを元に行われた。しかし，8セグメント中，7セグメントについて，レシピエントが生存できないことが確認された。原因として，これまでの研究では必須遺伝子ではないと考えられていた遺伝子の中に，準必須遺伝子が存在していることが考えられた。準必須遺伝子とは，生存に必須ではないが，欠損すると著しく生育が落ちてしまう遺伝子である。そこで，ベンターは新たにトランスポゾンを使った実験を行い，遺伝子を必須・準必須・非必須の3種類に分類した。そのデータに基づいて，遺伝子欠損ゲノムを設計した結果，4セグメントでレシピエントが生存できるようになった。そこで，先行研究ではなく，トランスポゾンを使った実験で得たデータに基づき，ゲノム設計をさらに精密に行うこととした。DBTサイクルを合計3サイクル行った結果，2016年，M. mycoides が元々持っていた901個の遺伝子のうち，428個が欠損し，473個の遺伝子から構成された最小ゲノムを持つマイコプラズマ JCVI-syn3.0 が構築された[3]。

第3章 人工細胞創製

元々の M. mycoides のゲノムサイズは約1.08 Mbpであったが，本研究を通じ，約531 kbpにまでゲノムサイズが縮小された。これまで発見されていた自律的に自己複製できる生物の中で最も小さいゲノムを持つ生物は，約580 kbpのゲノムを持つ M. genitalium であった。そのため，今回構築された生物は，地球上の自律的に自己複製できる生物の中で，最小のゲノムを持つ新しい生物といえる。今回構築した最小ゲノムに含まれている473個の遺伝子には，438個のタンパク

表1 遺伝子の機能分類[3]

機能の分類	保持された遺伝子	欠損した遺伝子
Glucose transport and glycolysis	15	0
Ribosome biogenesis	14	1
Protein export	10	0
Transcription	9	0
RNA metabolism	7	0
DNA topology	5	0
Chromosome Segregation	3	0
DNA metabolism	3	0
Protein folding	3	0
Translation	89	2
RNA（rRNAs, tRNAs, small RNAs）	35	4
DNA replication	16	2
Lipid salvage and biogenesis	21	4
Cofactor transport and salvage	21	4
rRNA modification	12	3
tRNA modification	17	2
Efflux	7	3
Nucleotide salvage	19	8
DNA repair	6	8
Metabolic processes	10	10
Membrane transport	31	32
Redox homeostasis	4	4
Proteolysis	10	11
Regulation	9	10
Unassigned	79	134
Cell division	1	3
Lipoprotein	15	72
Transport and catabolism of nonglucose carbon sources	2	34
Acylglycerol breakdown	0	4
Mobile elements and DNA restriction	0	73
合計	473	428

質と35個のRNAがコードされていた。これらの遺伝子の機能を大きく分けると，41%が転写・翻訳，18%が細胞膜，17%が細胞質代謝，7%がゲノム情報の保存に関わるものであった。この結果から，転写・翻訳に関わる遺伝子が生命の構成に大きく関わっていることが示唆された。より詳細な遺伝子機能の分類については表1にまとめた。473個の最小遺伝子セットのうち，149個の遺伝子についてはその機能が不明であった。これらの中には，他の生物にも共通して保存されている配列も含まれていたため，生存に必須である未知の生命現象の存在が示唆された。今回の研究で作られた細胞は，今後の生命科学研究の重要なプラットフォームになると考えられる。

1.6 おわりに

本稿で紹介したように，ベンターは，ゲノムの人工合成技術を用いて，非必須遺伝子を取り除いた最小ゲノムを持つマイコプラズマの構築に成功した。現在，ゲノムの人工合成に関する研究は他の研究者達の間でも盛んに行われている。特に，近年では，真核生物のゲノム人工合成が注目されている。2014年の酵母染色体1本の人工合成[16]の成功を受け，2016年には，酵母の全ゲノムを人工合成するプロジェクトSc 2.0計画[17]がスタートした。さらに，2016年6月にはヒトゲノム人工合成プロジェクトもスタートした[18]。最小ゲノムについての研究は，日本でも行われてきた。日本のミニマムゲノムファクトリープロジェクトでは，枯草菌のゲノム縮小が行われ[19]，有用物質生産に特化した微生物の構築に向けた研究が行われている。

このように，ベンターをはじめとする合成生物学の研究者達によって，太古から受け継がれてきた生命の設計図「ゲノム」の謎が徐々に解明されつつある。このまま研究が進めば，将来的にはゲノム合成技術によって，人工的に設計されたゲノムを持つ生物を生み出すことができるようになるかもしれない。例えば，二酸化炭素を吸収することができる生物や，石油を生産できる生物を生み出すことができれば，様々な地球上の問題を解決できる。また，医療への応用として，エイズのような難病を治療できる物質の生産や，患者のゲノム情報を元に最適な治療ができる「テーラーメイド治療」の普及なども考えられる。さらに，ゲノムに関する情報が蓄積すれば，生物がどのように進化してきたか，そして，生命とは何であるかについて，深い考察ができるようになり，基礎生物学の発展につながるはずである。

しかし，このような夢の技術を達成するには，ゲノムを機械的に読み書きするだけではなく，その内容を完全に理解する必要がある。ゲノムの完全な理解には，まず，全遺伝子の機能を同定する必要がある。ベンターは，最小ゲノムを持つ生物を構築することができたが，そのゲノムに含まれる遺伝子の1/3は機能未知であった。このような機能未知の遺伝子の生体内における役割を明らかにしなければならない。加えて，タンパク質の情報をコードしていない遺伝子以外のDNA配列の意味を理解する必要がある。遺伝子以外のノンコーディング領域にも転写因子の結合など，生命現象に深く関わるものがある。そのため，ノンコーディング領域の内，生命維持に寄与している領域とそうでない領域とを区別し，寄与している領域の担う機能を解明しなければならない。

第 3 章　人工細胞創製

　これまで，世界中の研究者達が，長い時間をかけることで，4 文字の言葉で記述されているゲノムの解明に取り組んできた．しかし，ゲノムの完全な理解はいまだ達成されていない．そのため，未知遺伝子および非コード領域の機能を網羅的に探索できる新しいアイデアと，それに対応できる高度な分析技術が生命を理解するために求められていると考えられる．

文　　献

1) D. G. Gibson *et al.*, *Science*, **319**, 1215 (2008)
2) D. G. Gibson *et al.*, *Science*, **329**, 52 (2010)
3) C. A. Hutchison, 3rd *et al.*, *Science*, **351**, aad6253 (2016)
4) F. Z. Chung *et al.*, *FEBS Lett.*, **211**, 200 (1987)
5) J. Gocayne *et al.*, *Proc. Natl. Acad. Sci. U. S. A.*, **84**, 8296 (1987)
6) R. D. Fleischmann *et al.*, *Science*, **269**, 496 (1995)
7) C. M. Fraser *et al.*, *Science*, **270**, 397 (1995)
8) C. J. Bult *et al.*, *Science*, **273**, 1058 (1996)
9) M. D. Adams *et al.*, *Science*, **287**, 2185 (2000)
10) J. C. Venter *et al.*, *Science*, **291**, 1304 (2001)
11) J. C. Venter *et al.*, *Science*, **304**, 66 (2004)
12) D. B. Rusch *et al.*, *PLoS Biol.*, **5**, e77 (2007)
13) A. R. Mushegian *et al.*, *Proc. Natl. Acad. Sci. U. S. A.*, **93**, 10268 (1996)
14) H. O. Smith *et al.*, *Proc. Natl. Acad. Sci. U. S. A.*, **100**, 15440 (2003)
15) C. Lartigue *et al.*, *Science*, **317**, 632 (2007)
16) N. Annaluru *et al.*, *Science*, **344**, 55 (2014)
17) Synthetic Yeast 2.0, http://syntheticyeast.org/sc2-0/
18) J. D. Boeke *et al.*, *Science*, **353**, 126 (2016)
19) K. Ara *et al.*, *Biotechnol. Appl. Biochem.*, **46**, 169 (2007)

2　進化する人工細胞の構築と生命の起源

市橋伯一*

2.1　序論：生命の初期進化の理解を目指して

　私たちの共通祖先となる生命は，諸説あるが約30～40億年前に誕生したと言われている。そこに至る過程ではRNAワールド，RNA—タンパク質ワールド，DNA—RNA—タンパク質ワールドなどがあり，様々な原始生命システムが進化してきた過程があると考えられている（図1）。この初期進化過程には化石などの資料は残っていない。したがって，すべて推測であり，実際のところは何もわかっていないに等しい。しかし，この過程にこそ生命の誕生の秘密がある。原始地球において有機物質が集合し，進化する能力を獲得し，少しずつ進化を続けた結果，生命と呼ばれる状態へとたどり着いたはずである。生命はどうやって生まれたのだろうか。この問いに答えることは，知的生命体である人類に突き付けられた大きな挑戦である。

　分子の集まりがいかにして生命に至るのだろうか？この質問に答える最も直接的な方法は，実際に原始生命を模した分子システムを構築し進化させてみることである。本当に生命が分子の集まりから生まれ進化して現在の形になったならば，適切な環境が整えばその過程を再現できるはずである。逆にそれが再現できない限り，私たちは生命の誕生を理解したとは言えないだろう。もし，進化する分子システムを構築できたとすると，その分子は少しずつ進化して現在の生命のようになっていくのだろうか。そこにはどのような困難があり，どのように乗り越えることができるのだろうか。こうした研究は，いわば原始地球における生命の誕生の過程を追体験しようとする試みである。もちろん，原始地球の状況を完全に再現できているわけではない。本稿で紹介する分子システムには，現在の生物から抽出した遺伝子や複製酵素が使われている。これらが原始地球に存在したとは考えにくい。ただし構成する分子の種類は違ったとしても，原始地球の複製システムも本稿で紹介する分子システムと同じ機能（RNA複製や翻訳など）を持っていたはずである。したがって，本稿で紹介する進化システムは，原始複製システムを機能的に模擬した実験モデルとして有用だと考えている。

　このような考えに基づいて，これまでに私たちのグループでは自発的に進化する分子システムを構築してきた。本稿では，私たちのこれまでの研究を軸に，分子の集合が現在の生物のように

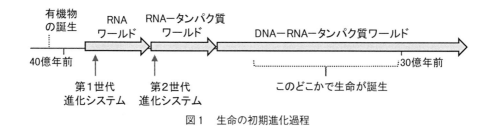

図1　生命の初期進化過程

＊　Norikazu Ichihashi　大阪大学　大学院情報科学研究科　准教授

第3章　人工細胞創製

なるために必要な条件を論じたい。本書籍のテーマは人工細胞であるが，私たちは特に人工細胞を作ろうとしたわけではない。ただ高い進化可能性を持つ分子システムを追求した結果，必然的に区画構造を持つ人工細胞に至ったことを紹介したい。

2.2　進化するために必要な条件

進化が起こるためには，以下の3つの条件を満たす必要がある。表現の仕方は文献によって様々であるが，
①複製すること
②性質に多様性があり，その多様性が複製後も受け継がれること
③性質に応じた選択（淘汰）が起こること
が一般的に挙げられる。当然ながら生物はこの3条件を満たす。生物は子供を作ることにより複製し，突然変異により性質に多様性が生まれる。一部の性質は子供にも受け継がれ，その性質が子孫の数に影響を与えれば，選択が起こることになる。生物ではなくても，この3つの性質を満たす物質が存在すれば，それは進化することになる。事実，これまでにこれらの条件を満たした分子システムがいくつか報告されている。以下では，これまでに構築された進化する分子システムについて，その複製様式に応じて分類して紹介する。

2.3　第1世代進化システム

1968年から2012年までにいくつかの進化する分子システムが構築された。これらのシステムでは，RNAやDNAなどの核酸が複製し，複製中の突然変異により多様性が生まれ，より速く複製できる配列が進化する。これらの進化が生物の進化と大きく違うところは，RNAやDNAにコードされた配列は複製されるだけで，別の分子の配列へと翻訳されないことにある。生物の場合，DNA配列はタンパク質のアミノ酸配列として翻訳されるが，これらの分子システムには翻訳機構はなく，DNAあるいはRNA配列はただの複製鋳型として働き，より複製されやすい配列が進化することになる。このような翻訳を行わない複製システムを第1世代の複製システムと呼びたい。これは機能的にみると，RNAワールドに存在した翻訳システムが誕生する以前の原始的な複製システムに相当するだろう。

最初の第1世代進化システムは，シュピーゲルマンらのグループによって構築されたRNA複製システムである（図2(A)）[1]。このシステムはRNA複製酵素とその鋳型となるRNA，そしてRNAの材料からなり，複製酵素によってRNAが複製される。RNAの材料と複製酵素を追加しながら継代すれば，際限なくRNA複製を続けることができる。RNA複製が続くと，複製エラーや複製時のRNAの組み換えによりRNA配列が変化する。その変化によって複製されやすさが変わり，より複製されやすいRNAが進化することになる。シュピーゲルマンの実験では，約15世代（論文中のデータから概算）の継代の結果，元々4,000塩基あったRNAが約200塩基までに短くなったものが進化している。その後，DNAとDNA複製酵素を用いた複製システムやDNA

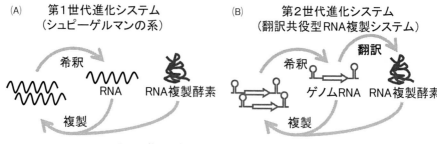

図2　第1世代，第2世代進化システム模式図

とRNAを組み合わせた複製システムなど，他のタイプの第1世代進化システムも構築された。これらについても，長期間継代した結果，より速く複製するDNAやRNAが進化することが報告されている[2,3]。

2.3.1　第1世代進化システムの限界

第1世代進化システムの進化の特徴として，進化は比較的すぐに停止する。シュピーゲルマンの系の場合，約15世代を経たのちに，配列は222塩基長の1種類の配列に収束し，それ以上は変化していない[1]。私たちも同じ実験系を使って更なる継代を行ったのだが，この条件下ではこれ以上速く増えるRNAは出現していない。DNAを用いた他の第1世代複製システムの例でも，350世代後に短いDNAへと進化した後，それ以上の変化は報告されていない[2]。進化が停止してしまう1つの理由として，複製するDNAやRNAの配列変化によって変化する性質の幅が少ないことが考えられる。第1世代進化システムの場合，配列変化によって変化する性質は複製のされやすさ（認識されやすさや複製速度）に限られる。多くの場合，RNA，DNAは短いほど複製が速い。したがって，複製酵素によって認識されるぎりぎりまで短くなってしまったらそれ以上進化のしようがない。つまり，配列変化でできることが少なく進化可能性が低いために，すぐに進化の袋小路に突き当たってしまうということである。それでは，進化可能性を高めるにはどうしたらいいだろうか。おそらく原始地球のRNAワールドに存在した原始複製システムも同じ問題に突き当たっていたと考えられている。そしてその時，原始複製システムが見つけた答えが，翻訳システムの導入だという説がある。

2.4　遺伝情報を翻訳することの重要性

生物学における翻訳とは，RNAの持つ4種類の塩基からなる配列を20種類のアミノ酸配列へと変換することである。RNAの4種類の塩基（アデニン，シトシン，グアニン，ウラシル）は全て親水性であり化学的に似たような性質を持つ。この化学的性質の均一性は情報を担う物質としては理想的であるが，RNAを触媒として使う場合には逆に弱点となる。生体内の多様な化合物を扱うために，触媒分子は化学的に多様な性質（親水性，疎水性，負電荷，正電荷，硫黄原子など）を持つ必要があるが，これらの性質はRNAを構成する塩基で達成することはできないか，

第 3 章　人工細胞創製

難しい。そこで，塩基配列が持つ情報をより多様な化学特性を持った分子（アミノ酸）の配列（タンパク質）に翻訳することが必要になる。翻訳という装置により，RNA ではできなかったような多様な反応を触媒できるようになる。これは RNA に限られていた RNA ワールドからの脱却であり，生物の無限の進化を可能にするものであったと考えられている[4]。この生命の進化の歴史に倣い，第 1 世代に翻訳装置を導入したものが第 2 世代進化システムとなる。

2.5　第 2 世代進化システム
2.5.1　翻訳共役型 RNA 複製システム

　第 2 世代進化システムの特徴は，進化可能性を高めるために RNA 配列をタンパク質に翻訳するシステムを持つことである。第 2 世代進化システムは，いわば RNA―タンパク質ワールドにおける原始複製システムに相当するだろう。第 2 世代に相当する進化システムは，これまでに私たちが構築した 1 例しか報告されていない。

　第 2 世代の進化システムを構築するために，私たちはシュピーゲルマンらの RNA 複製システムに大腸菌から精製した翻訳システム（リボソーム，翻訳タンパク質群，tRNA などを含む）を導入した[5]。このシステムでは，鋳型となる RNA（これを人工ゲノム RNA と呼ぶ）に RNA 複製酵素の遺伝子がコードされている。このシステムでは，人工ゲノム RNA から RNA 複製酵素が翻訳され，その複製酵素により元の人工ゲノム RNA が複製されるという翻訳共役型の RNA 複製が起こる（図 2(B)）。このシステム中で RNA はどのように進化するのだろうか。実は，このままではゲノム RNA は数世代後には複製できなくなり，決して進化は起こらない。このシステムが進化するためには，翻訳の導入により新しく生じた 2 つの問題を解決する必要がある。その 2 つの問題とは，遺伝子と機能の関連づけと寄生体の出現である。

2.5.2　細胞構造による情報分子と機能分子の関連づけ

　第 2 世代の進化システムでは，情報を持つ分子（RNA）とその情報が翻訳されて生じた機能を持つ分子（複製酵素などのタンパク質）が別の分子として別れてしまっている。したがって，仮に突然変異によって活性の高い変異型複製酵素遺伝子が現れたとしても，その酵素が自分の情報を複製する保証はない。同じ溶液中に多くのゲノム RNA が存在すれば，むしろ全く関係のないゲノム RNA を複製してしまう可能性の方が高いだろう。その場合は変異型の遺伝子を持つ RNA が選択的に増えることはなく，進化が起こることもない。さらにもっと深刻なのは，正常な機能を失った RNA を淘汰できないことである。突然変異によって遺伝子機能が上昇することは稀であり，ほとんどの突然変異は遺伝子の機能を破壊する。このままではそのような複製酵素遺伝子が破壊されてしまった RNA であっても，正常な遺伝子を持つ RNA から翻訳された複製酵素に便乗して増えることができてしまう。したがって，この RNA 複製を継代しても，徐々に遺伝子の機能が破壊された RNA の比率が増えていき，最終的には全く複製できなくなってしまう。実際に，翻訳共役型の RNA 複製システムを継代してみると次第に平均複製能力が低下し，16 回の植えつぎ後にはもう検出限界以下になってしまった（図 3(A)）。

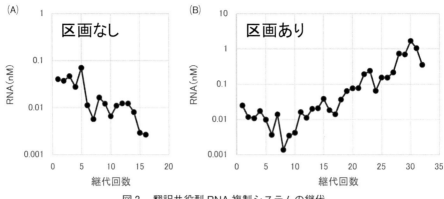

図3 翻訳共役型RNA複製システムの継代

　正常な機能を失ったRNAを淘汰し，より良い遺伝子が選択されるためには，翻訳された複製酵素は自分の由来するRNAだけを複製するしくみが必要である．そのしくみの1つが細胞のような区画構造である．反応システムが区画化されていて，区画に1分子のRNAしかなければ，あるRNAから翻訳された複製酵素は自身が由来するRNAのみを増やすことができる．これによって，複製酵素が破壊されたRNAは子孫を残すことができず淘汰され，良い遺伝子は多くの子孫を残すことができ，進化が起こることとなる．区画構造として私たちは油中水滴（エマルジョン）を用いた．これは油の中に分散させた約2μmの直径を持つ微小な水滴である．静置しておけば数時間は安定に存在し，新しい反応液を加えて撹拌することにより，水滴に新しい反応液を供給することもできる．この区画構造を使って翻訳共役型のRNA複製システムを継代してみると絶滅することなく複製が継続し，8回目の植えつぎからは複製能力が上昇していくことを見出した（図3(B)）[5]．最終的に得られたRNAには38個の突然変異が蓄積し，複製能力は元の100倍以上へと進化していることを見出した．この結果は，翻訳と共役した第2世代の進化システムの成立には，細胞のような区画構造が必要であることを示している．

2.5.3 寄生体の出現

　翻訳共役型RNA複製システムが直面したもう一つの問題は，寄生体の出現である．私たちはこのシステムでゲノムRNA濃度が高くなると，内部の複製酵素を脱落させた短いRNAが必ず出現することを見出した．この短いRNAは複製酵素遺伝子を持たないためにそれ自体では複製できないが，複製酵素による認識配列を保持しているため，他のRNAから翻訳された複製酵素に依存して自身を複製する（図4(A)）．すなわちゲノムRNAに寄生する寄生RNAである．この寄生RNAが1分子でも出現すれば，その小ささのために極めて速く複製し，宿主ゲノムRNA複製をほぼ完全に阻害してしまう．実は前項で行った継代実験では，寄生体を出現させないようにゲノムRNA濃度を低く保つように継代量の調整をしていた．原始生命がそのような操作を行えたはずはないため，この進化システムが成立するためには寄生体の問題も解決しなければならない．

第3章 人工細胞創製

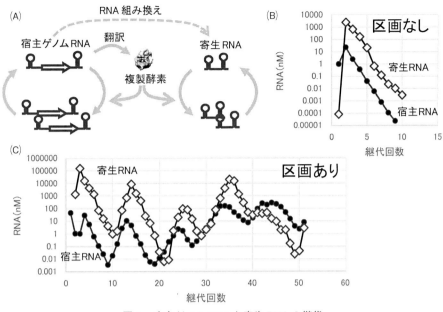

図4　宿主ゲノムRNAと寄生RNAの継代

　この寄生体の問題は，私たちの用いた翻訳共役型RNA複製システムに限らず，ある程度の複雑性を持つ複製システムに共通の問題である．寄生体とはただ複製に必要な複数要素のうち1つを脱落しただけで生じる可能性がある．今回の例では，ゲノムRNAの持つ複製酵素遺伝子と複製酵素による認識配列のうち，複製酵素遺伝子のみ失うことにより寄生体となった．元々持っていたものを失うだけで生じるため，いかなる複製システムにも寄生体は簡単に生じうる．そして一度生じてしまうと，寄生して複製することにより本来の複製機構を阻害する．このような寄生体，あるいは利己的な複製因子の出現は，マンフレッド・アイゲンのハイパーサイクルモデルなどで理論的に予想された問題である[6]．

2.5.4 細胞構造による寄生体防御

　寄生体の問題の解決法としては，理論的な研究により，細胞のような区画構造が有効であることが予想されている．複製反応を区画化した溶液中で行えば，寄生体が出現したとしても一部の区画内に限定され，それ以外の区画ではゲノムRNAが問題なく複製するという効果である．この予想を検証するために，私たちは区画のある条件とない条件でRNA複製を継代した．前述の継代実験との違いは，この実験では一切ゲノムRNA濃度の調整をせず一定の希釈率で継代を行ったことである．希釈率は複製率よりも低く設定したため，継代するとゲノムRNA濃度は上昇し，ある程度のRNA濃度以上になると寄生体が出現することになる．区画がない場合は，直ちに寄生体が出現しゲノムRNAよりも100倍以上の濃度まで急速に複製した（図4(B)）．その後はゲノムRNAも寄生体も複製できず希釈されるだけとなり絶滅してしまった．これに対し反応液を区画化した場合は，初めこそ寄生体が出現し濃度を低下させていったが，継代10回目以降は

複製が再開することを見出した（図4(C)）。この上昇の原因は，上昇するタイミングで寄生体の平均区画内濃度が1分子以下になり，寄生体が存在しない区画が生じたためだと考えられる。その後RNA濃度が上昇すると再び複製が停止するという振動パターンが観察された。これはあたかも自然界の捕食者—被食者や宿主—寄生体間でしばしばみられる個体数動態のようである。さらに興味深いことに，この複製をさらに続けると振動パターンが変化し，最終的には宿主濃度が寄生体濃度を上回ることを見出した。宿主ゲノムRNAの配列を解析してみると複数の変異体が進化してきており，最終に出現した変異体は，寄生体に対してある程度の耐性を獲得したことを見出している[7]。この知見は，細胞のような区画構造が寄生体からの防御に有効であること，そして区画構造によって複製を続ければ宿主ゲノム寄生体からの防御機構を進化させることができることを示している。

2.5.5　第2世代進化システムの進化の特徴と限界

　翻訳共役型のRNA複製の進化が第1世代と大きく異なる点は，進化が停止していないことである。第1世代の進化システムであるシュピーゲルマンの系の場合，進化は約15世代で停止し単一配列へと収束した。一方で，第2世代翻訳共役型RNA複製の場合は，現在600世代まで複製を続けているが，未だに集団内に変異の固定が続いており，進化は停止していない。これは，翻訳により進化可能性が高まった結果，進化しうる経路が増えたためだと考えられる。

　それではこのシステムを進化していけば，どんどん遺伝子を増やして複雑化していって，現存する生命のようになるのだろうか。おそらくそうはならない。私たちは，このシステムが直面する次の問題を見出している。それは1本鎖RNAをゲノムとして用いていることによる構造的な欠陥である。1本鎖RNAが複製されるときには，その相補鎖が合成される。RNA複製酵素は鋳型鎖と合成鎖をどちらも1本鎖として分離するが，複製直後の分離した相補鎖が近傍に存在することになり，高い確率で熱力学的に安定な2本鎖を形成することになる（図5(A)）。2本鎖RNAは複製の鋳型とならないため，2本鎖を形成するとそこで複製は停止してしまう。この2本鎖形成を防ぐためには，RNA全長にわたって分子内でのRNA構造を作る必要があることが明らかになっている[8]。分子内に強いRNA構造があれば合成された鋳型鎖と相補鎖は先に分子内で構造をとるため，お互いの結合を防ぐことができるからである（図5(B)）。この分子内構造の必要性は，1本鎖RNAゲノムにコードされうる遺伝子配列を著しく限定する。例えば，複製酵素活性を著しく上昇させるような有益な変異が存在したとしても，その変異によりRNAの構造が壊れてしまうならば，そのような変異RNAは複製できないため，進化してくることはない。そしてほとんどの変異はRNAの構造を破壊することがわかっている。このような問題が生じる原因は，遺伝情報としてのRNAが情報の担体という役割だけではなく，構造をとるという機能を持つことに起因する。すなわち，情報と機能の分離がいまだ完全ではないということである。同様の問題は，1本鎖RNAをゲノムとして用いていた原始複製システムもおそらく直面していたであろう。この解決法の一つは，1本鎖ではなく2本鎖RNAを遺伝情報として用いることである。これにより，ゲノムRNAは構造を作るという制限から解放され，純粋な情報の担体とな

第 3 章　人工細胞創製

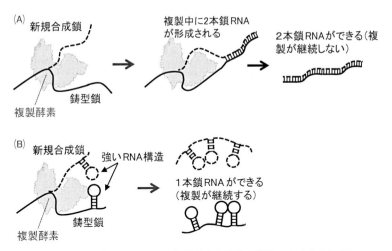

図5　RNA複製における2本鎖形成と分子内構造によるその阻害

ることができ，さらに進化可能性が高まることが期待される。

2.6　第3世代以降の進化システム

　前項で第2世代進化システムの欠点として，1本鎖RNAゲノムでは情報と機能の分離が完全ではなく，これにより進化可能性が制限されていることを論じた。これを解決したものが第3世代の進化システムになるだろう。いまだ実現されていないが，おそらく2本鎖RNAゲノムを持つものとなるだろう。これを達成するには2本鎖RNAを複製する酵素の誕生が必要である。そのような酵素が1本鎖RNA複製酵素から進化しうるのだろうか。この問いに答えることが次の大きな課題である。2本鎖RNAゲノムが誕生すれば，その次はDNAへの進化が起きたと考えている。それを駆動したのは何だろうか。一般的には，RNAよりもDNAが化学的に安定だからだと言われているが，それだけだろうか。私たちが進化システムの構築により学んだことは，作ってみて初めて分かることが多くあるということである。DNAにしても，作ってみると意外にもっと違う理由が明らかになるかもしれない。

2.7　まとめと展望

　本稿では，まず初期のRNAワールドの複製システムに相当する第1世代進化システムを紹介し，その進化可能性に限界があること，それは翻訳システムの導入によって突破されることを論じた。その結果誕生したRNA—タンパク質ワールドの複製システムに相当する第2世代進化システムは，これまでにない新しい問題，すなわち遺伝型と表現型の関連づけと寄生体の出現に直面すること，そしてそれらの問題は細胞のような区画構造の獲得により解決されることを論じた。この知見は，進化を達成するために細胞という構造が極めて重要な役割を果たしていることを示している。現在存在する全ての生物は例外なく細胞という構造を持っているが，その起源は

RNA─タンパク質ワールドにあるのかもしれない．さらに本稿では，第2世代進化システムが次に直面する問題として，1本鎖をゲノムとして用いる構造的な欠陥があり，これは2本鎖RNAを持つ複製システムにより解決されることを論じた．2本鎖RNAゲノムは次に2本鎖DNAを持つ複製システムにつながる．これは現在のDNA─RNA─タンパク質ワールドに存在した複製システムに相当する．あとどのくらいかかるかはわからないが，進化する分子システムを発展させていく試みは，生命の誕生へとつながっているはずである．いつの日か現在の生物と比べても遜色のない進化可能性を持つ分子システムが達成できるだろう．そしてその時には，私たちは生命とは何かを理解しているに違いない．

文　　献

1) D. R. Mills, R. L. Peterson, S. Spiegelman, *Proc. Natl. Acad. Sci. USA.*, **58**, 217 (1967)
2) M. C. Wright, G. F. Joyce, *Science*, **276**, 614 (1997)
3) N. G. Walter, G. Strunk, *Proc. Natl. Acad. Sci. USA.*, **91**, 7937 (1994)
4) K. Ruiz-Mirazo, J. Umerez, A. Moreno, *Biol. Philos.*, **23**, 67 (2008)
5) N. Ichihashi *et al.*, *Nat. Commun.*, **4**, 2494 (2013)
6) C. Bresch *et al.*, *J. Theor. Biol.*, **85**, 399 (1980)
7) Y. Bansho *et al.*, *Proc. Natl. Acad. Sci. USA.*, **113**, 4045 (2016)
8) K. Usui, N. Ichihashi *et al.*, *Nucleic Acids Res.*, **18**, 8033 (2015)

3 RNAを転写因子とする人工遺伝子回路の創製

庄田耕一郎[*1], 陶山　明[*2]

3.1 はじめに

　2001年Szostakらは，機能面に着目した人工細胞の必須三要素を提案している[1]。それら三要素とは，情報，触媒活性，そして境界である。前二者の候補は，DNAやRNAなどのポリヌクレオチドおよびタンパク質からなる反応系であり，人工遺伝子回路（synthetic genetic circuits）[2~4]はその好例である。境界の有力候補は，脂質が自発的に集合・組織化して形成されるベシクル（閉鎖小胞）[5]である。ベシクルは，細胞膜と同様の脂質二分子膜構造をもち，内部から物質が漏れ出すことを防いでくれる。この節では，Szostakらが提案した必須三要素を備える人工細胞の実現を目指す研究の一例として，RNAを転写因子とする人工遺伝子回路をベシクル内に創製する研究と，その将来の応用について述べる。

3.2 遺伝子回路

　遺伝子回路（genetic circuits）は，遺伝子の発現量の調節，すなわち，転写産物であるRNAの量や翻訳産物であるタンパク質の量の調節を行うための，互いに相互作用で結ばれた分子の集合体である。集合体にはDNA，RNA，タンパク質といった高分子だけでなく，細胞内に存在する代謝産物やシグナル分子などの低分子も含まれる。細胞内では多くの遺伝子回路が互いに結合して，遺伝子制御ネットワーク（gene regulatory networks）と呼ばれる大きなネットワークを形成している。遺伝子の発現量の調節は転写か翻訳のどちらか一方の過程，あるいは両方の過程で起こる。これらの過程での遺伝子発現量の調節は生命体の構造形成と機能発現に大きな影響を与える。

　転写過程で遺伝子の発現量を調節する遺伝子回路で重要な役割を演じるのは転写因子と呼ばれるタンパク質である[2]（図1）。転写因子はDNA上の転写因子結合領域に特異的に結合して，転写活性を上げたり，逆に転写を抑制したりする。転写因子は一般に単独ではなく，複数種類の転写因子が複合体を形成して機能する。これにより，転写因子の種類よりも多くの種類の遺伝子の転写を調節することができる。

3.3 RNA転写因子

　遺伝子回路を人工的に創製する際の一つの大きな問題点は，必要な特性をもつ転写因子の創製にある[6]。人工遺伝子回路は化学反応系なので，構成要素の反応特性がわかれば，回路の特性を明らかにすることは難しくない。構成要素の反応特性から化学反応式が決まり，反応方程式を数値積分して回路の特性を明らかにできる。しかし，逆問題を解くことは必ずしも容易ではない。

---

*1　Koh-ichiroh Shohda　東京大学　大学院総合文化研究科　生命環境科学系　助教
*2　Akira Suyama　東京大学　大学院総合文化研究科　生命環境科学系　教授

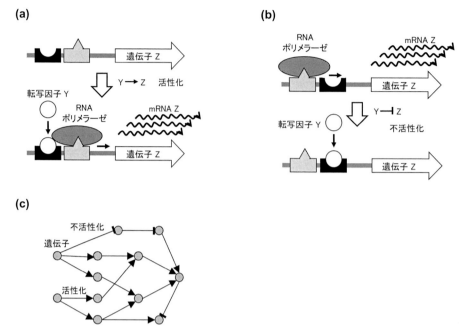

図1 遺伝子回路と遺伝子制御ネットワーク
(a)転写因子により遺伝子の発現を活性化する遺伝子回路，(b)不活性化する回路，(c)転写制御による遺伝子制御ネットワーク。

構成要素に求められる反応特性を設計することはできても，そのような反応特性をもつ構成要素の分子を実際に創製することは容易でない。たとえば，主要な構成要素である転写因子を創製する問題を考える。タンパク質の構造と機能をアミノ酸配列から *in silico* で定量的に予測することはまだできない。したがって，転写因子同士の結合特性，転写因子もしくは転写因子複合体とDNAとの結合特性が求められる性質をもつように転写因子のアミノ酸配列を *in silico* で設計することは不可能である。進化分子工学の手法を併用しても問題の困難性が大幅に改善されるわけではない。

人工遺伝子回路は基本的に細胞内で利用される。このことも転写因子の創製を難しくしている。細胞内には本来の遺伝子回路が存在している。人工遺伝子回路には，それらと不要な干渉を起こさないことが求められる。そのためには，本来の転写因子と干渉しない転写因子を創製する必要がある。そのような転写因子を十分な数だけ創製することは容易ではない。

この転写因子の問題を解決する一つの方法は，タンパク質の転写因子ではなく，RNAを転写因子に用いて人工遺伝子回路を構築することである。相補的塩基対結合によるRNA同士，あるいはRNAとDNAの結合の特異性は，タンパク質同士，あるいはタンパク質と二重鎖DNAとの結合の特異性と比べて，はるかに設計が容易である。また，前者の結合は後者の結合と比べて一般的に安定である。したがって，転写因子としてRNAを用いれば，転写因子の問題を解決す

ることが飛躍的に容易になると考えられる．

3.4 DNA コンピュータ RTRACS

　転写因子として RNA を用いる人工遺伝子回路を構築する一つの方法は，RTRACS と呼ばれる DNA コンピュータを利用する方法である．RTRACS は Reverse-transcription-and-TRanscription-based Autonomous Computing System の略である．逆転写反応と転写反応を用いて計算を行う DNA コンピュータである[7,8]．

　RTRACS は分子生物学のセントラルドグマから得られた示唆に基づいて考案された DNA コンピュータである．そもそも生命体は DNA コンピュータであると考えられる．DNA 配列で書かれた遺伝情報のプログラムを分子反応で実行し，自己複製という問題を常に解いている．そのときの情報の流れを示したのが分子生物学のセントラルドグマであるといえる．DNA 配列で書かれたプログラムが実行されると，転写により細胞内の RNA 配列は次々と書き換えられ，RNA 配列を翻訳してつくられるタンパク質によりプログラム自体を含む生命体全体が複製される．プログラムであるゲノム DNA 配列を変えると，実行結果である生命体も様々に変わる．したがって，生命体と親和性の高い DNA コンピュータをつくるには，セントラルドグマで示された情報の流れ，DNA と RNA の役割分担を踏襲するのがよい．そのような考えのもとに考案された DNA コンピュータが RTRACS である．

　RTRACS で計算を行うための基本反応は，DNA 配列で書かれた規則にしたがって RNA 配列を変換する状態遷移の反応である．計算の基本過程は状態遷移であることが知られている．状態は文字列で指定できるので，状態遷移は文字列を変換する操作といえる．セントラルドグマから示唆を得て考案された RTRACS では RNA 配列で状態を表現するので，RTRACS における状態遷移は DNA 配列で書かれた変換規則による RNA 配列の変換になる．一般に，与えられた変換規則にしたがって配列を変換するための仕組みは，配列を正確に複製する仕組みを利用してつくることができる．そこで，レトロウイルスが RNA のゲノムを複製する仕組みを基にして，RTRACS で用いる状態遷移の反応が創製された（図 2）．反応は，逆転写反応による RNA/DNA ヘテロ二重鎖の合成，ヘテロ二重鎖中の RNA 鎖の分解による一本鎖 DNA 化，一本鎖 DNA の二重鎖化，転写反応による一本鎖 RNA の合成からなる．酵素としては，逆転写酵素，RNase H，RNA ポリメラーゼを用いる．

　状態遷移関数 Y→Z の反応は RTRACS で最も基本的な計算反応である．これは，Y1 と Y2 を含む RNA 配列 Y を RNA 配列 Z に変換する反応である（図 2(a)）．さらに，Y→Z 関数の反応を拡張した条件付き状態遷移関数 Y[X]→Z の反応は，RNA 配列 X が存在するときのみ RNA 配列 Y を Z に変換する反応である（図 2(b)）．配列変換後の RNA のみを蛍光で内部標識して電気泳動で分析した結果から明らかなように，この関数の反応では RNA 配列 X と Y の両方が存在するときのみ RNA 配列 Z が生成される（図 2(c)）．したがって，Y[X]→Z 関数の反応は RNA 配列 X と Y の論理積 AND の演算を行う反応と見なすこともできる．

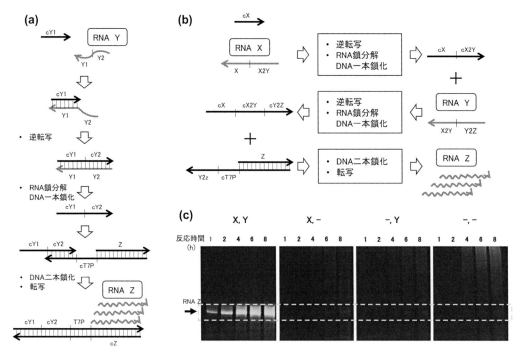

図2 RTRACSで用いる状態遷移の反応

(a)状態遷移関数 Y→Z の反応，(b)条件付き状態遷移関数 Y[X]→Z の反応，(c) Y[X]→Z 関数で生成された RNA の電気泳動による分析。

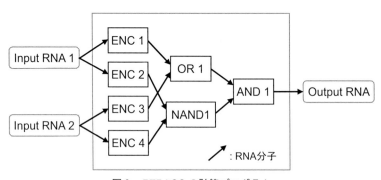

図3 RTRACS の計算プログラム

　RTRACS の計算プログラムは，RNA を介して互いに結ばれた，基本関数の反応モジュールからつくられる回路やネットワークの形をとる（図3）。一般に計算プログラムは状態遷移同士の結合関係を示した状態遷移図や状態遷移表で表現される。Y→Z や Y[X]→Z の状態遷移関数の反応で，遷移後の状態を表わす RNA 配列 Z と，他の状態遷移関数の遷移前の状態を表わす RNA 配列 Y あるいは条件を表わす RNA 配列 X とを同じにすると，状態遷移関数の反応モジュール同士を互いに結合することができる。このようにしてつくられた状態遷移関数の回路や

第3章　人工細胞創製

ネットワークは状態遷移図を表現する。したがって，RTRACSの計算プログラムは，基本関数である状態遷移関数の反応モジュールからつくられる回路やネットワークとして記述される。Y[X]→Z関数の反応を拡張すると，AND，NAND，OR，NOR，INH，NINHのすべての論理演算を実行できる論理ゲートモジュール（LGM）の反応ができる[9]。LGMからなる回路は論理関数を基本関数とする反応モジュールの回路である。NANDあるいはNORがあるので，LGMの回路で任意の論理演算を行うことが可能である。

3.5 RTRACSによる人工遺伝子回路

RTRACSを利用すると，RNAを転写因子とする人工遺伝子回路を構築できる。たとえば，Y→ZとY[X]→Z関数の反応を用いると，任意の遺伝子G1とG2のmRNAを転写因子として用いて任意の標的遺伝子G3の発現を活性化する，3ノードAND型の人工遺伝子回路をつくることができる（図4(a)）。遺伝子G1とG2のmRNAの配列は，Y→Z関数の反応を利用したエンコード関数モジュールENC1とENC2により，RTRACSで使用される内部コードRNA配列XとYに変換される。2つのRNA配列は，Y[X]→Z関数の反応を用いた論理積関数モジュールANDに入力されてRNA配列Zが出力される。最後に，Y→Z関数の反応を利用したデコード関数モジュールDECにより，RNA配列Zは標的遺伝子G3のmRNAの配列に変換される。こうして，遺伝子G1とG2のmRNAがそのまま転写因子として機能して標的遺伝子G3の発現を活性化する人工遺伝子回路ができあがる。この人工遺伝子回路は，細胞内に存在する遺伝子回路としては，2つの転写因子タンパク質で標的遺伝子を活性化する回路に相当する（図4(b)）。

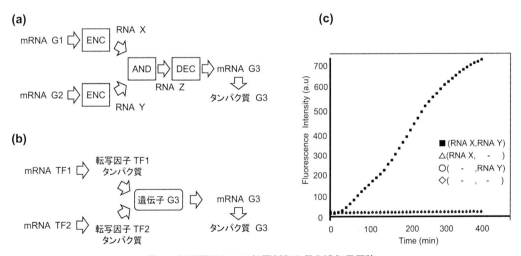

図4　転写因子により転写制御を行う遺伝子回路
(a) RTRACSを利用した，RNA転写因子による転写制御，(b)タンパク質転写因子による転写制御，(c)試験管内の無細胞タンパク質合成系を用いた，2種類のRNA転写因子による緑色蛍光タンパク質GFPの発現制御。

RNAを転写因子とする人工遺伝子回路は試験管内の無細胞タンパク質合成系[10]で正しく動作することが確かめられた。実験には，図4(a)の人工遺伝子回路を少し簡略化した3ノードAND型人工遺伝子回路を用いた。その反応は図2(b)に示した条件付き状態遷移関数Y[X]→Zの反応と基本的に同じである。2つの内部コードRNA配列XとYの両方が存在するときのみ，緑色蛍光タンパク質GFPのmRNAが転写される。この人工遺伝子回路を試験管内の無細胞タンパク質合成系で動かすと，図4(c)に示したように，RNA配列XとYの両方が存在するときのみGFPの蛍光が検出された。

RTRACSを利用すると原理的に，基本関数の反応モジュールを組み合わせて，より大きな人工遺伝子回路を構築することができる。また，RTRACSは分子生物学のセントラルドグマから得られた示唆をもとに考案された反応系なので，RNAを転写因子とする人工遺伝子回路は細胞内の遺伝子回路や遺伝子制御ネットワークとRNAを介して結合することができる。さらに，RTRACSで使用する酵素活性は基本的に細胞の中に存在している。これらのことから，RTRACSを利用して構築した人工遺伝子回路は，細胞の中で，細胞内に元から存在する遺伝子回路や遺伝子制御ネットワークと連携して，様々な機能を発揮できる可能性をもっている。

3.6 人工細胞の境界としてのベシクル

ベシクルは，そのサイズとラメラ数によって分類される。実細胞のサイズは，原核細胞で数μm，真核細胞では10μmオーダーであるので，人工細胞の境界としてベシクルを使う場合，ジャイアントベシクル（直径1μm以上のベシクル）が適当である。ラメラ数に関しては，一枚膜（ユニラメラ）と多重膜（マルチラメラ）に分けられるが，細胞との類似性を考えるとユニラメラベシクルが適当である。したがって，ジャイアントユニラメラベシクル（GUV）こそ，人工細胞の境界として最適なベシクルである。

現在主流のGUV調製法は，リン脂質を含む油中にマイクロメーターサイズの微小液滴を分散させたエマルジョンをまずつくり，そのエマルジョンを水上に重層して遠心力をかけ，微小液滴を界面通過させる油中液滴界面通過法である[11]。この方法を，最初に人工細胞研究に応用したのはNoireauxらである[12]。彼らはGUVに無細胞タンパク質合成系を封入し，DNA上の情報を転写・翻訳して，二分子膜にナノメーターサイズの孔を開けるポアタンパク質を発現させた。その二分子膜に開けた孔を通して，タンパク質合成に必要な小分子（ATPやアミノ酸など）をGUV外部から供給することで，タンパク質合成を長時間維持することに成功した。油中水滴界面通過法で調製したGUV内でタンパク質を発現する研究は，他の研究グループからも報告されている[13]。

3.7 膜タンパク質の導入に適したGUV調製法

油中水滴界面通過法のようにオイルを使用するGUV調製法では，脂質二分子膜内にオイルが混入する危険性がある。脂質二分子膜にオイルが混入すると，膜厚や脂質の拡散速度などの膜物

第3章 人工細胞創製

性が変化し，膜タンパク質の機能を阻害する可能性が懸念される。特に膜貫通型膜タンパク質は，膜と接する部分の長さが決まっているので，膜が厚くなると本来水中に突出している親水的な部分が膜の中に埋もれてしまい，機能が発揮できない。

このオイルの問題を解決するため，膜タンパク質を導入する場合でも安心して使えるオイルフリーな GUV 調製法を開発した（図5）[14]。方法の名前は PSGH 法である。その特徴は，GUV 調製の古典的方法である脂質薄膜静置水和法をベースに，高分子 PEG を付加した脂質および単糖で脂質薄膜をドープすることである。PEG 付加脂質および単糖は脂質薄膜から二分子膜が剥離する効率を高める役割を果たし，その結果，効率的に GUV が生成される。PSGH 法ではオイルは一切使用しないので，GUV の二分子膜にオイルが混入することはない。そのような GUV は，膜タンパク質にとって機能発現しやすい分子環境を提供する。したがって，PSGH 法で調製した GUV は，複雑な膜タンパク質が関与する人工遺伝子回路を封入する人工細胞の境界として適している。

3.8 GUV に封入した人工遺伝子回路

GUV に封入した条件付き状態遷移関数 Y[X]→Z の反応モジュールの動作を調べた。この関数の反応は，RNA 配列 X と Y が同時に存在すると RNA 配列 Z が生成される反応である。

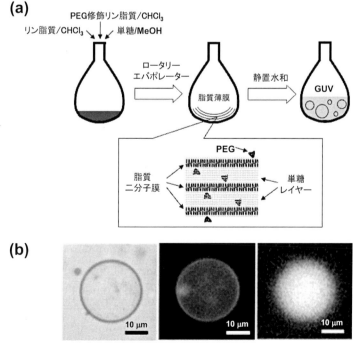

図5 膜タンパク質導入に適したオイルフリー GUV 調製法
(a)概略図，(b)生成した GUV の顕微鏡像。左から，位相差像，赤色蛍光像，緑色蛍光像。

RNA は mRNA ではないが，基本となる反応は mRNA の場合と同じなので，封入した反応モジュールは 3 ノード AND 型人工遺伝子回路の簡易版と見なすことができる。

　GUV に封入した Y[X]→Z 関数の反応モジュールの動作の様子を顕微鏡で観察した．図 6 (a)～(c)が，封入したのち 6 時間反応させたサンプルの顕微鏡画像である．図 6 (a)の位相差像では，黒く抜けて見える GUV がメジャーな構造体であることがわかる．図 6 (b)の赤色蛍光像では，GUV の体積マーカーとして導入した TAMRA-デキストランの赤色蛍光を見ている．図 6 (c)では，状態遷移関数の反応の進行度に応じて発光する緑色蛍光プローブからの蛍光を見ている．およそ 50％の GUV が緑色蛍光を発しており，細胞サイズベシクルの内部でも状態遷移関数モジュールは動作することがわかった．しかしながら，サイズが同程度の GUV を比較すると，緑色蛍光強度がばらついていることもわかった．

　GUV 内での動作のばらつきを定量的に評価するため，フローサイトメトリーを行った．フローサイトメトリーとは，細胞サイズの微粒子の蛍光強度を個別かつ高速に定量する測定法である．図 6 (d)～(g)がフローサイトメトリーの結果である．横軸に GUV の体積を表す赤色蛍光強度，縦軸に状態遷移関数モジュールの反応の進行度を表す緑色蛍光強度を取った．図中の各ドットがサンプル内の微粒子に対応する．図 6 (g)に示した positive control は，予め *in vitro* で状態遷移関数モジュールを反応させ，その後に GUV に封入したサンプルである．この場合，全ての GUV 内の分子濃度が揃っているため，ドットの縦軸方向の分布のばらつきは小さく，対角線上

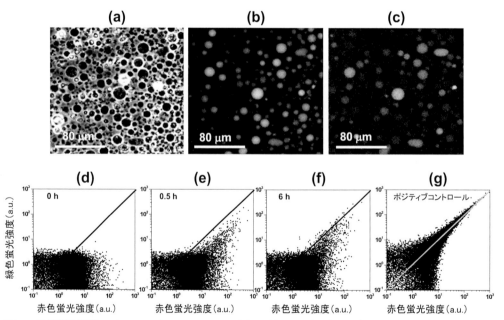

図 6　状態遷移関数モジュール（3 ノード AND 型人工遺伝子回路の簡易版）を封入して動作させた GUV の顕微鏡画像とフローサイトメトリー
(a)位相差像，(b)赤色蛍光像，(c)緑色蛍光像，(d)～(g)二次元蛍光強度プロット．

第3章 人工細胞創製

にきれいに乗っている。

　GUV内での動作速度を調べるため，経時変化の測定を行った。反応開始から0.5時間経過すると（図6(e)），反応開始前にはドットがなかった領域にドット集団が現れる。集団では右に行くほど，すなわち，赤色蛍光強度が高くて微粒子（GUVが主要成分）の体積が大きいほど対角線に近いドットが多く見られる。この右肩上がりの集団分布は，GUVの体積と反応の進行度との間にゆるやかな正の相関があることを示している。反応開始から6時間経過すると，一部のドットは対角線上に乗るようになる（図6(f)）。これらのGUV内では in vitro の場合と同程度，反応が進行している。この緑色蛍光強度が高くなったGUV集団の分布は，positive control のそれに比べて5倍ほど幅広いことがわかった。また，in vitro での反応は1時間でプラトーに達するが，GUV内での反応はプラトーに達するまで最速でも6時間を要しており，GUV内部では状態遷移関数モジュールの反応が遅くなっていることがわかった。

3.9 外部シグナルによるGUV内人工遺伝子回路の動作制御

　GUV内の人工遺伝子回路の動作をGUVの外から制御できれば，応用面で新たな展開が期待できる。外部のシグナル分子により必要な時だけGUV内の人工遺伝子回路を動作させたり，外部環境の変化を検出して動作させたりできるからである。そこで，GUVの外から小分子を膜透過させ，GUV内の無細胞タンパク質合成系で人工遺伝子回路を起動させる実験を行った。

　実験に用いた人工遺伝子回路は，試験管内の無細胞タンパク質合成系で動作を確認した3ノードAND型人工遺伝子回路（図4）に，GUVの膜を透過してGUV内に入った小分子IPTGを検出するスイッチ回路を追加した人工遺伝子回路である（図7(a)）。GUV外部に添加したIPTGは

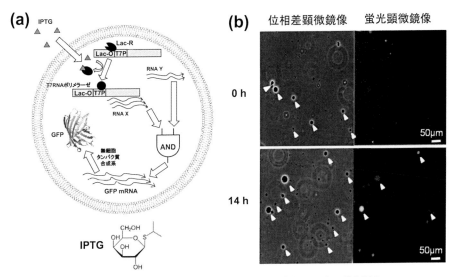

図7　外部添加IPTGによるGUV内の人工遺伝子回路の動作制御
(a)概略図，(b)顕微鏡画像。

GUV内部に入り，RNA転写因子の発現を抑制しているLacリプレッサータンパク質に結合する。その結果，抑制が解除され，RNA転写因子であるRNA配列Xが発現する。その時，遺伝子Yの発現によりGUV内にRNA配列Yが存在すると，GFP遺伝子の発現が活性化される。遺伝子Yが発現していてもIPTGの添加がなければ，GFP遺伝子の発現は起こらない。すなわち，GUVの外部に添加したIPTGにより，遺伝子Yの転写産物RNAが転写因子として働いてGFP遺伝子の発現を活性化する人工遺伝子回路の動作がスイッチオンされるのである。

図7(b)に実験結果を示した。IPTGをGUV外部に添加した場合にのみ，GUV内でGFP由来の緑色蛍光が観察された。つまり，GUV内部の人工遺伝子回路の動作を外部から操作・制御できたことを意味する。ただし，この場合でも，前項の実験と同様，GUVごとに反応の進行度が大きくばらつき，しかも，GFPの発現までに要する時間が試験管内の実験と比較して長くなることがわかった。

3.10 おわりに

生細胞のように増殖，分化，進化する人工細胞の創製は，人工細胞研究の究極かつ容易には達成できないゴールである。しかし，Szostakらが提案した人工細胞の必須三要素を備え，しかも生細胞との親和性が高い分子部品と反応系からできた人工細胞であれば，生細胞と比べてはるかに簡単な機能しかもたないものであっても，様々な有用な利用が可能である。生細胞と一体あるいは融合して用いることで，生細胞の機能を支援・拡張したり改変したりできるからである。RNAを転写因子とする人工遺伝子回路を封入したベシクルは，そのような人工細胞を目指したものである。

近年，研究が加速度的に進展しているエクソソームは，RNAを転写因子とする人工遺伝子回路を封入して生細胞と融合して用いるのに適したベシクルである。エクソソームはほとんどすべ

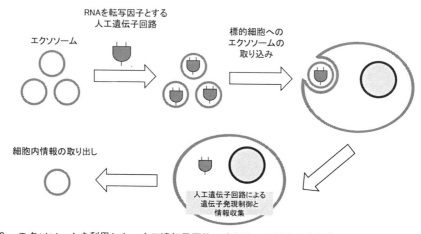

図8 エクソソームを利用した，人工遺伝子回路の生細胞への導入と生細胞からの情報の取り出し

第3章　人工細胞創製

ての細胞が生成する小胞で，直径は30〜150 nm 程度である。その内部にはタンパク質やmiRNA，mRNA などを含んでおり，生成元の細胞から離れた場所にある細胞に選択的に物質を運ぶ，天然の分子デリバリーシステムである[15]。また，細胞から放出されたエクソソームの内容物を分析すれば，非破壊的に細胞内の情報を得ることができる（図8）。研究の拡大に伴って，エクソソームを分離精製する技術やエクソソームをハンドリングするキットなども続々と上市され始めている。これらのエクソソーム技術を用いて，RNA を転写因子とする人工遺伝子回路を標的細胞に導入すれば，細胞機能の研究をはじめ，病気の診断・治療など，基礎から応用まで幅広い利用が可能になる。RNA を転写因子とする人工遺伝子回路は DNA コンピュータ RTRACS を基にしている。したがって，このような利用は真に生細胞の中での DNA コンピュータの利用といえる。生命体はそもそも DNA コンピュータであるから，このような人工細胞の創製は実は極めて自然なことかもしれない。

文　　献

1) J. Szostak et al., *Nature*, **409**, 387 (2001)
2) U. Alon, An Introduction to Systems Biology, Chapman & Hall/CRC (2006)
3) A. L. Slusarczyk et al., *Nat. Rev. Genet.*, **13**, 406 (2012)
4) J. A. N. Brophy, C. A. Voigt, *Nat. Method*, **11**, 508 (2014)
5) G. Sessa et al., *J. Lipid Res.*, **9**, 310 (1968)
6) A. S. Khalil et al., *Cell*, **150**, 647 (2012)
7) N. Nitta, A. Suyama, *Lect. Notes Comput. Sci.*, **2943**, 203 (2004)
8) M. Takinoue et al., *Phys. Rev. E*, **78**, 041921 (2008)
9) A. Kan et al., *Nat. Comput.*, **13**, 573 (2014)
10) Y. Shimizu et al., *Nat. Biotechnol.*, **19**, 751 (2001)
11) S. Pautot et al., *Langmuir*, **19**, 2870 (2003)
12) V. Noireaux et al., *Proc. Natl. Acad. Sci. USA*, **101**, 17669 (2004)
13) K. Nishimura et al., *J. Colloid Int. Sci.*, **376**, 119 (2012)
14) K. Shohda et al., *Biochem. Biophys. Rep.*, **3**, 76 (2015)
15) H. Valadi et al., *Nat. Cell Biol.*, **9**, 654 (2007)

4 無細胞システムによる生命システムの理解

藤原　慶*

4.1 無細胞システムで生命システムを理解することは可能か？

　無細胞条件で生命システムの理解などできるものだろうか？もしかしたらそんな疑問を持つ読者もいるかもしれない。ましてや，精製酵素でなく，細胞から抽出した中身（細胞抽出液）のような混ぜ物を材料に生命を理解しよう，といったら不可能や無意味と思う人すらいるかもしれない。しかし，生化学の歴史をひも解いてみると，逆に細胞抽出液こそが原点なのである。

　生化学の走りはブフナーが行った細胞抽出液によるエタノール醗酵である。この実験により，有機物が生じる過程において生物は必須ではないことが明確となり，その後に酵素を精製して解析する生化学へと展開されていった。他にも，本書の他の章にて取り上げられている転写翻訳系であるが，こちらも細胞抽出液を用いてRNAからタンパク質を創り出す系が確立されたことにより，今日常識として用いられるコドン表が解読された。さらに時代がたつと，大量の大腸菌（1t近い培養液量）から内容物を抽出し，硫酸アンモニウム沈殿によって少しだけ精製することによりゲノムDNA複製系の試験管内再現系が構築された[1,2]。このように，細胞抽出液の中に潜む生命システムの発見こそ，現代生命科学における中心作法，要素還元的な生化学，を誕生させたものである。

　しかし，1970年代後半における遺伝子組み換え技術の登場と，その後耐熱ポリメラーゼを用いたサンガーDNAシーケンシング法やPCR技術の台頭もあり，遺伝学的に要素を同定し，その遺伝子をリコンビナントで大量調整，そして機能を解析し生命システムを組み上げていく，という流れが一般的になってしまった。つまり，技術の進展により，かえって初心を忘れる状況となっているのである。

　現在，細胞内に存在する要素を1分子単位で追跡・同定・定量する技術，細胞の堅さや流動性を測る技術など，20世紀は考えることもできなかったような手法が続々開発されている。さらには，細胞の構成要素を人工的な脂質二重膜に内包する「人工細胞研究」というべき分野の技術発展も目覚ましい。さらに，もはや10,000種レベルの生命のゲノムが解読されているように，分子生物学の知見蓄積も目覚ましい。これらを基盤として細胞抽出液を捉えなおせば新しい発見があるかもしれない。本節では，現代的な抽出液の解析，人工的な細胞膜が与える効果の解析などから，無細胞システムにより生命システムを解析した例について現状と展望を述べる。

4.2 濃厚な抽出液を創る

　細胞の中はどのような状態か，という問いに対し適切な想像ができるだろうか。湖のように水に覆われた空間だろうか。それともスイカの実のように，瑞々しくも儚い固体だろうか。答えは卵の黄身のようなドロっとした溶液である。このドロっとした細胞の中をnmサイズまで拡大し

＊　Kei Fujiwara　慶應義塾大学　理工学部　生命情報学科　助教

第3章　人工細胞創製

てみると，目につくのは水分子ではなく，タンパク質や核酸などの生体高分子である。生体内では，高分子濃度が300 mg/mLにまで至り[3]，帰宅ラッシュ時のプラットフォーム並みに高分子が混雑しながらゆらめく状態である。このような混雑下では，少しでも親和性が高い物質同士が近傍に集まりやすく，希薄系と比較して化学反応速度の上昇や分子拡散速度の低下が生じることが知られている[4]。大きな花火大会の帰り道を想像してみよう。混雑のためになかなか帰り道へと進めないが，偶然に知り合いと会えばしばらく一緒である。細胞の中はまさにそのような状況なのだ。

　それでは一度細胞から取り出した内容物を，このような混雑した状態として用意するとどのような性質を示すだろうか。多くの生化学実験において，細胞の中身を取り出す際に溶媒を添加するため，生体内と比較すると希釈された濃度になってしまう。細胞内に近づけるためには，この希釈用液を濃縮する必要がある。濃縮には，分子サイズフィルターを用いた手法や，硫酸アンモニアなどによる塩析を行う手法があるが，いずれも一部の分子が失われたり，逆に大量の化合物が混入したりと，濃縮の前後で内容物の状態が変化してしまうという問題があった。

　このような問題を避ける最も簡単な手法は，蒸発を利用した水の除去である。ただし，細胞抽出液の調製時に，安定剤として緩衝液や塩を添加してしまうと，その成分も蒸発によって高分子と一緒に濃縮されてしまう。そこで筆者らは不純物が存在しない水である超純水を細胞に添加後，物理的に細胞を破壊することで細胞抽出液を調製した。ただし，生体高分子は低い塩濃度では変性してしまう可能性があるため，回収した細胞に対しなるべく少ない量の超純水を加えることとした。実験的には，重量比で両者の比が1：1がベストであった。

　こうして超純水のみが添加された条件で抽出された細胞の内容物は，内部成分が変質することなく，100を超える遺伝子産物を必要とする転写・翻訳も正常に機能していた[5]。そこで細胞抽出液が入ったチューブを減圧下のデシケーター内に静置し，水分を蒸発させることを試みた。100 μLの抽出液の場合，約4時間にて細胞内濃度と呼ばれる300 mg/mL近傍の高分子濃度に到達した。ところがこの溶液は『溶液』と呼ぶのがふさわしくないほど固まっていた。まるでゲルか，ガムか，ガラスか，という状態である。この固さゆえ，スプーンで取った後に逆さにしても落ちる気配すらないほどの塊であった[6]。

　このような状態では転写翻訳機能は正常に働かず，DNAやエネルギー源などを入れ，合成される成分を解析しても何も検出されない。この濃縮溶液を再び超純水にて希釈することで転写翻訳活性が回復するため，決して濃縮中にシステムが壊れてしまったわけではない。そこで，いくつかの濃度で転写翻訳効率を測定してみると，細胞内の1/20程度の高分子濃度で最も活性が高く，濃度が低くても高くても効率が悪いということが明らかになった（図1）。生化学では試験管解析の結果から細胞の中を予想する，ということがしばしば行われるが，濃縮された抽出液の結果から解釈すると生き物は転写翻訳などできないという結論にすらなる。では，なぜこんな実際の生命と解離した結果になってしまったのだろうか？

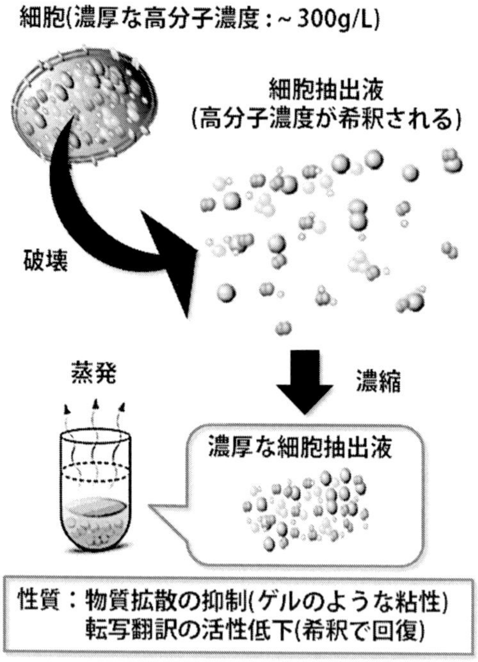

図1 細胞質の濃厚な高分子濃度を再現する

4.3 濃厚な抽出液に欠けているもの

　細胞を眺めてみると，要素は濃厚な細胞質成分だけでは足りない。最もシンプルな生命であるバクテリアの細胞の場合でも，ゲノム DNA が核様体と呼ばれるように密にパッキングされている。その周りを濃厚な細胞質が包むが，外部との境界には脂質二重膜がある。さらにその脂質膜中には実に20〜30％ほどの体積を膜タンパク質が占めている[7]。

　試験管内に創り出した濃厚な細胞抽出液において物質の動きが制限され，転写翻訳の生命システムが機能ダウンしているのは，このような脂質膜や膜タンパク質が存在しないことに由来する可能性がある。実際，濃厚な細胞抽出液では，物質の動きやすさの指標である粘性値が細胞内の10〜100倍と圧倒的に高い。抽出液の濃度に対する粘性値を測定しプロットしてみると，粘性値を対数プロットしてもまだ指数関数に近いような形状をしている。それゆえ，濃度が少し変化するだけで，粘性値は大きく変化する。このような事実から，もし生細胞にどのような処理を行っても粘性値が上昇しないようであれば，抽出や濃縮過程による人為的な影響が高い粘性に関与している可能性も考えられる。

　ところが，生細胞も非常に高い粘性値を示す場合がある。バクテリア細胞に DNP（di-nitrophenol）という化合物を与えると代謝が著しく阻害されるが，このような状態では大きい分子の動きが制限され，まるでガラスのように高粘性を示すようになることが報告されている[8]。このような細胞質の粘性値上昇は真核生物である酵母においても観察されている[9,10]。生

命において代謝の恒常性を担うのは，膜タンパク質による栄養の取り込みと不要物の排出である。そのため，膜タンパク質が存在しないことが，濃厚な細胞抽出液が示す細胞と解離した現象の一端であろう。では細胞内部に含まれる生体分子の物性に影響しうるのは膜タンパク質だけであろうか？実は，脂質二重膜で覆われたミクロな空間自体も生体分子システムを変化させる機能を持っているのである。

4.4 人工細胞を用いた空間サイズ効果の解明

細胞を巨視的に見ると，2つの特徴がある（図2）。1つがその小ささである。バクテリアの場合，その体積は数 fL である。このような微量体積では，わずか1分子の存在ですら1 nM 近辺になってしまう。実際のバクテリア細胞では，細胞分裂時に中の要素がランダムに分配されるため，集団平均的には1 nM であるようなタンパク質の場合，半分以上の細胞に存在していないことさえある。

要素のばらつき以外にも小ささゆえの効果がある。それが細胞変形に重要なアクトミオシンやDNA 分配に重要なスピンドルの重合に対する効果である。アクトミオシンは重合してフィラメント状になる。このとき，細胞サイズの微小空間に閉じ込められることで末端同士が近づき，細胞同様にリングを形成することができるようになる[11]。また，蛙の卵から得られる抽出液中のスピンドルを人工細胞に入れると，空間サイズによりその大きさが調整されることが示されている[12,13]。空間サイズに合わせて自発的に大きさが変化するような特性の解明は，細胞サイズがダイナミックに変動することを考慮すると非常に重要な細胞空間の特質である。

面白いことに，アクチンやチューブリンのような細胞骨格は，その堅さゆえに脂質二重膜を変形させるほど伸びることができ，人工細胞自体を変形させる効果がある[14]。これこそまさに細胞骨格による細胞変形の試験管内再構成であり，無細胞システムから生命の変形システムを探索する土台となってきている。

4.5 人工細胞を用いた脂質膜の化学特性効果の解明

細胞が示す，もう一つの特徴は，脂質膜の示す化学的特性である。脂質は親水的な頭部と疎水的な尾部からなり，頭部が細胞質側を向いている。いくつかの脂質の頭部には電荷が存在するた

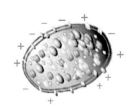

・1 fL～pL という小さな体積
　（マイクロ空間サイズ効果）

・脂質膜は内部分子の近傍
　（脂質電荷の化学的影響）

図2　細胞空間の特徴

め，境界たる細胞膜は電荷に満ちた網のように存在するのである。バクテリアでは細胞のサイズが数 μm でしかないため，内部分子と細胞膜の距離は非常に近い。このような空間では，脂質が与える電荷の効果を無視できない。すると，電荷を持つ分子や構造体が膜近傍に至った場合，電荷により引き寄せられるか反発して近づけない，という現象が現れる。

細胞の中では様々な電荷を持つ脂質が混ざりあっているうえに，電荷を持つ膜タンパク質も存在するためこの効果を解析するのは容易ではないが，1種類の脂質から構成できる人工細胞系では非常に簡単に解析できる。たとえば，ウサギの血球細胞から調製する無細胞転写翻訳系を用いた場合，DNA からの GFP 合成活性が電荷の影響によって著しく変化する[15]。

他にも興味深い現象として，スペルミジンによる DNA の凝集と膜電荷によるその解除がある。スペルミジンやスペルミンのような3価以上のカチオンは，負電荷に帯電した DNA 同士の相互作用のノリシロとなることでまるでヒストンのようにコイル状に束ねることが示されている。この効果は2価のマグネシウムによる正常な構造と競合するが，スペルミジン優性になるとヘテロクロマチン DNA のように転写されない。しかし，脂質膜に内包されることで，ユークロマチンのように DNA が広がり転写される[16]。このように脂質膜の化学特性自体も細胞機能の制御因子となりうるのである。

4.6　人工細胞の中に生体並み濃度の抽出液を用意する

では濃厚な細胞抽出液を脂質二重膜で包むと物性が変化するのであろうか。この問題に取り組むために，濃厚な細胞抽出液はピペットで吸っても吐き出すのが困難なレベルの塊となる問題を解決する必要があった。この状態では人工的な脂質二重膜による人工細胞空間に封入することは非常に厳しい。それゆえに希釈条件で人工細胞に封入し，後から高分子濃度を上昇させるような技術が必要であった。ここで目を付けたのが，浸透圧による人工細胞の変形現象である。

人工細胞を構成する脂質二重膜は水や小さな非電荷低分子（100 Da 程度が境）を通すことができるが，大きな分子や帯電分子は通過しないという，半透膜の性質を持っている。それゆえに，人工細胞外の方が浸透圧が大きい場合，内部の低分子が抜け体積が減る。一方，膜面積は一定であるため，空気の抜けたゴムボールのように形状が球状から変化する[17]。この現象自体は古くから観察されていたが，内部に膜を通過しない高分子が存在していた場合，水分子の流出に伴う体積の減少によって濃度が上昇することは自明に見えるのだが，特に言及されていないのが現状であった。

実際に試してみると，人工細胞の内外で初期浸透圧比に応じて内部に封入した GFP 濃度が制御可能であることが示された（図3）[18]。モデルタンパク質として BSA を内部に保持した人工細胞の場合，500 mg/mL に近い領域まで濃度を上昇させることが可能であった。次に，前述の超純水添加で調製した細胞抽出液を入れ同様に処理したところ，やはり細胞並みの濃さまで至った。ただしここでも濃厚な抽出液が示す高い粘性が問題となった。細胞並みの濃度に近づくと，水分子自体の流出も制限されるためか，浸透圧をいくら上昇させてもそれ以上の濃縮は生じな

第3章　人工細胞創製

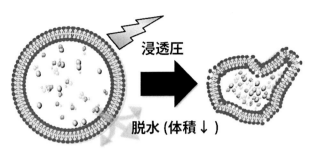

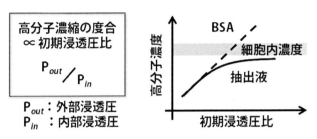

図3　浸透圧による人工細胞内高分子成分の濃縮作用

かった。GFPの蛍光を一部褪色させ、その場所に褪色していない領域からGFPが流入してくる速度を解析すると、やはり脂質二重膜中でも濃厚な細胞抽出液は高い粘性値を示す。このことから、細胞質の流動性を保つには、膜タンパク質を介した代謝活性が非常に重要なのではないか、ということが示唆された。

4.7　細胞並みに膜タンパク質を持つ人工細胞は創成可能か？

ゲノムDNAを内包することも、人工細胞内の細胞質成分を生細胞とほぼ同等にすることも可能である。残された困難は膜上の再現である。脂質二重膜小胞上に1つ1つの膜タンパク質を導入するために様々な手法が開発され機能の確認がされてきているが、細胞が持つ多種多様なタンパク質を同時に膜に挿入することは決して簡単ではない。これまでに報告された唯一の成功例は、細胞から抽出した膜を乾燥させ、水を加えた直後にゆったりと電圧をかける方法である[19]。この方法により、いくつかの膜タンパク質が同時に含まれる人工細胞が組み上げることが示されている。この手法では電圧をかけるため、生体分子に対する影響が懸念されるが、バクテリアの細胞骨格タンパク質FtsZに関しては内包可能なようである。しかし依然として、細胞膜における30％超えの膜タンパク質環境を保持した人工細胞を創成し、内部の細胞質成分との相互作用を組み上げていくことは、物質から生命に迫るために未だ残っている課題である。

4.8　細胞抽出液は創れるか？

近年の合成生物学による生命創成を目指した基盤技術の蓄積は目覚ましい。2016年3月、ゲノ

ム解析で著名なJC Venterらのグループは、コンピュータによる配列設計と実験の繰り返しサイクルを行い、史上初といえるレベルまで研ぎ澄まされたゲノムDNAの人工合成に成功した[20]。このゲノムDNAは確かに生命の中で機能する上に、ゲノム中の余分な配列を探すトランスポゾン法と呼ばれる古く分子生物学で愛用されてきた手法によって無駄な領域が存在しない、ということが示された。合成されたゲノムの長さはヒトの1/6,000、ありふれた生物である大腸菌の1/8程度であり、現在までに知られている最も短いゲノムDNAを持つバクテリアよりも短い。

　このようにゲノムDNAを設計することで生命を創ることができるようになっているが、では生体分子を組み合わせて生命として起動させるための障壁は何なのか、という問いが残る。本節では、細胞抽出液や人工細胞空間を題材として物質と生命の境界に迫る研究を紹介してきた。もしこのような研究が大成功をおさめ、生命そのものに変換できたとしよう。すると細胞抽出液自体がブラックボックスであることがやはり問題になってくる。そう、細胞抽出液は創れるのか？という問いになる。

　本書の無細胞タンパク質合成や試験管でのDNA複製のところで詳しい説明があるように、分子生物学の根源たるセントラルドグマを精製された要素から創り上げることはできる。しかし、生命を構成する部分システムというものは他にも脂質合成系、解糖系、環境応答系など多々ある。1つ1つの部分システムに関する分子生物学・生化学の知見は非常に深く蓄積し、それぞれのシステムを要素から再構成するべく研究が進んでいる。これから10年は、これらのシステムを組み合わせ、DNAの設計のように複雑さを制御しながら生命のように組み上げ、あたかも細胞抽出液のような溶液を創る研究がトレンドとなるであろう。その先には、無細胞システムから生命システムを完全に理解できる世界が訪れるはずだ。

4.9　生命システムの絡み合いを考察する

　生命システムの一部を取り出すと、思ってもいないような事象が起こり得る。思考実験として、解糖系を用いてエタノールを合成する経路を考える。解糖系を使えばグルコースのような糖からATPを合成しつつNADHとピルビン酸を合成することができる。一方、ピルビン酸からのエタノール合成はNADHを消費しながら進行する。そのため、見かけ上は糖からエタノールを効率よく合成できそうであるが、ここで問題となるのがATPの合成である。生命においては多種多様な化学反応において消費されるため、ATPの蓄積で困ることはない。しかし、解糖系とエタノール合成系のみを取り出すと、ATPを消費し続けなくては効率的な反応ができない。ATPは無駄に消費してはいけないもの、というような認識は生命システムの部分を取り出すと崩れるのだ。

　図4にあげた抽象的な例でも、生命システムの組み合わせにより生じる複雑性が理解できると思う。ここを切り出した場合はシンプルなのだが、組み合わさることで初期値による運命の変化が現れる。これらの例は代謝の流れを取り出すだけで考察可能な例であるが、細胞抽出液の粘性値のように、思いもしなかった生命システムの絡み合い効果とでも呼ぶべきものの存在が明らか

第3章 人工細胞創製

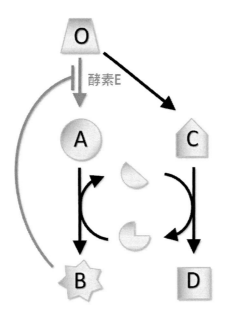

図4 生命システム絡み合いの例
酵素Eの有無で物質の流れが大きく変化する．酵素Eがない場合はシンプルであり，AやO，Cの量に従いBとDの合成量が決まる．酵素Eがある場合は複雑であり，各要素の初期濃度や酵素活性によって振る舞いが大きく変化する．

になるかもしれない．

4.10 物質から細胞を再び創り上げることは可能か？

　物質から生命を創り出す，というと途方もないプロジェクトのようにも聞こえる．しかし中身を考えると創れそうな気もする．これは行う前の楽観主義であり，実際には創ることで初めて気づくような困難に遭遇する．そのような困難にこそ，まだ我々が知らない生命の面白い現象がまだまだ埋まっているのではないか．そしてこの困難を探せなくなったころ，物質と生命の垣根はなくなっており，人類は生命の設計図を手にしているであろう．

文　　　献

1) R. S. Fuller, J. M. Kaguni, A. Kornberg, *Proc. Natl. Acad. Sci. USA.*, **78**, 7370 (1981)
2) J. M. Kaguni, A. Kornberg, *Cell*, **38**, 183 (1984)
3) S. B. Zimmerman, S. O. Trach, *J. Mol. Biol.*, **222**, 599 (1991)

4) H. X. Zhou, G. Rivas, A. P. Minton, *Annu. Rev. Biophys.*, **37**, 375 (2008)
5) K. Fujiwara, S. M. Nomura, *PloS one*, **8**, e54155 (2013)
6) K. Fujiwara, M. Yanagisawa, S. M. Nomura, *Biophysics*, **10**, 43 (2014)
7) A. D. Dupuy, D. M. Engelman, *Proc. Natl. Acad. Sci. USA.*, **105**, 2848 (2008)
8) B. R. Parry, I. V. Surovtsev, M. T. Cabeen, C. S. O'Hern, E. R. Dufresne, C. Jacobs-Wagner, *Cell*, **156**, 183 (2014)
9) R. P. Joyner, J. H. Tang, J. Helenius, E. Dultz, C. Brune, L. J. Holt *et al.*, *eLife*, **5**, e09376 (2016)
10) M. C. Munder, D. Midtvedt, T. Franzmann, E. Nuske, O. Otto, M. Herbig *et al.*, *eLife*, **5**, e09347 (2016)
11) M. Miyazaki, M. Chiba, H. Eguchi, T. Ohki, S. Ishiwata, *Nat. Cell Biol.*, **17**, 480 (2015)
12) M. C. Good, M. D. Vahey, A. Skandarajah, D. A. Fletcher, R. Heald, *Science*, **342**, 856 (2013)
13) J. Hazel, K. Krutkramelis, P. Mooney, M. Tomschik, K. Gerow, J. Oakey *et al.*, *Science*, **342**, 853 (2013)
14) M. Hayashi, M. Nishiyama, Y. Kazayama, T. Toyota, Y. Harada, K. Takiguchi, *Langmuir : the ACS Journal of Surfaces and Colloids*, **32**, 3794 (2016)
15) A. Kato, M. Yanagisawa, Y. T. Sato, K. Fujiwara, K. Yoshikawa, *Sci. Rep.*, **2**, 283 (2012)
16) A. Tsuji, K. Yoshikawa, *J. Am. Chem. Soc.*, **132**, 12464 (2010)
17) M. Yanagisawa, M. Imai, T. Taniguchi, *Phys. Rev. Lett.*, **100**, 148102 (2008)
18) K. Fujiwara M. Yanagisawa, *ACS Synth. Biol.*, **3**, 870 (2014)
19) M. Jimenez, A. Martos, M. Vicente, G. Rivas, *J. Biol. Chem.*, **286**, 11236 (2011)
20) C. A. Hutchison, 3rd, R. Y. Chuang, V. N. Noskov, N. Assad-Garcia, T. J. Deerinck, M.H. Ellisman *et al.*, *Science*, **351**, aad6253 (2016)

5 マイクロデバイスを用いた細胞の構成的理解

森泉芳樹[*1], 田端和仁[*2]

5.1 はじめに

　細胞の人工的創生を目指す研究では，実に多くの種類のアプローチ方法が存在していて，いずれの場合も最先端技術が活用されている。その中には，従来の生物学的手法のみならず，様々な異分野の知見を融合させた斬新な技術が用いられる例もある。しかし，どのようなアプローチ方法にも共通して存在する課題の一つが，細胞を「中身」と「器」に分けた場合の「器」をどのように再構成するかという点である。本稿ではそれに対する解決策の一例として，微細加工技術（MEMS：Micro Electro Mechanical Systems）によって作製されたマイクロデバイスで，細胞の「器」を構築した研究例を紹介する。そして最後に，我々が現在取り組んでいる，微細加工技術を用いた人工細胞研究について，簡単に紹介する。

5.2 「器」に求められる役割

　細胞が生きるために必要な数多くの生体反応は，細胞質に含まれる数多くの種類のタンパク質や酵素によって行われる。酵素の反応は主に基質の結合や解離に由来するため，その反応速度は酵素や基質の個数に大きく依存する。したがって，生きた細胞と同じ生理活性を持つ人工細胞を創るためには，細胞に含まれるタンパク質が何種類あって，それぞれどのぐらいあるのかを知る必要がある。そこで，近年報告された，一細胞ごとのタンパク質発現量を定量的に測定した研究[1]によると，大腸菌の場合，一細胞当たりの平均で10,000個以上発現するタンパク質もあれば，一細胞内に10個以下しか発現していないタンパク質も存在していた。この結果は，細胞という無数の分子で構成された極めて複雑な反応ネットワーク内において，10個以下しか存在しないタンパク質でさえも重要な役割を担っているという，驚くべき事実を示している。これを可能にしている理由の一つは細胞という微小な反応空間であると考える。非常に重要な働きをしている細胞内に数個しか存在しないタンパク質を適切に人工的な細胞システム内で動かすためには，細胞と同じくらい微小な体積を持つ「器」が必要だと考える（図1）。

　そもそも，天然の細胞にとっての「器」は，脂質二重膜である細胞膜でできた小胞である。細胞膜はリン脂質が主成分であり，この分子が親水基と疎水基を持つことから，脂質二重膜構造を取っている。細胞膜は一部の疎水性分子や電荷を持たない低分子を通過させてしまうものの，多くの水溶性物質や電荷を持った物質は膜を通過することはできない。このような特性が細胞の生体システムにとって効果的な役割を担っていると考えられる。実際，これまでの人工細胞研究でも，同様の脂質二重膜で構成された小胞（リポソームや Giant Unilamellar Vesicle（GUV））を「器」として用いた研究例が多くある。これらの内側には様々な酵素や細胞抽出液を封入するこ

[*1] Yoshiki Moriizumi　東京大学　大学院工学系研究科　応用化学専攻　博士学生
[*2] Kazuhito Tabata　東京大学　大学院工学系研究科　応用化学専攻　講師

とができるため,その内容物に応じて自在に反応系を組み立てることができる。細胞と同様に脂質二重膜でできている点,膜タンパク質を膜に再構成できる点などから,細胞に近い環境を再現できるという利点がある。さらに,一度に大量のリポソームを作ることができるため,スループット性が高いという点も利点の一つである。

　リポソームの中に無細胞タンパク質合成系を閉じ込めることによって,DNAからタンパク質を合成できる人工細胞系を創った研究例は数多く存在する。他の章でその詳細は説明されるため,ここではその一例としてNoireauxらの研究[2]を紹介する。彼らは,蛍光タンパク質をコードしたDNAと無細胞タンパク質合成の反応溶液をリポソーム内に封入することで,蛍光タンパク質をリポソーム内で合成させ,その蛍光強度から合成されたタンパク質の量を評価した。このリポソーム系では約10時間にわたって,反応の継続が見られたと報告している。一方,このリポソームにタンパク質合成に利用される低分子の交換を行うことを目的に,リポソームにαヘモライシンというポア形成タンパク質を再構成した。このポアは小分子のみを通すことができるため,ここに反応基質を加えるとリポソーム内外での小分子の移動が起き,合成反応の継続時間を4日間にまで延長させることに成功した。この結果が教えてくれるのは,生きた細胞に近い生体反応が可能な人工細胞を創るためには,「外界との物質交換」が可能な「器」を用意し,その中に細胞システムを創る必要があるということである(図1)。

5.3　微細加工技術で器を創る

　このように,「微小な体積」を持ち,「物質交換」が可能な「器」が生きた細胞システムを創るためには重要であると我々は考えている。さらに,この条件さえ満たしていれば,脂質二重膜に包まれていなくても生きた細胞を創ることが可能ではないのか,とも考えている。実際,そのようなアイディアを基に,微細加工技術(MEMS: Micro Electro Mechanical Systems)で作製された「器」を人工細胞に用いるような研究が,近年数多く報告されている。MEMSは本来半導体作製に使われる技術であるが,それを活用して微小溶液を扱うための容器や流路を作製し,生命科学や分析化学など様々な分野の応用研究に使われている。微細加工技術を用いた人工細胞研究には,マイクロ流路で作製したwater-in-oil emulsionを「器」とするものと,マイクロデバイス上の微小な反応容器そのものを「器」とするものがある。以下では,後者のon-chipな人工

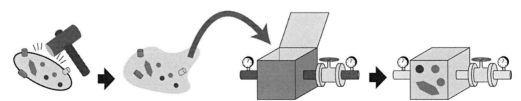

図1　細胞と同等の体積を持ち,物質交換が可能な人工細胞の「器」。この条件を満たす「器」に細胞一匹分の中身をまるごと移植すれば,生きた細胞を創ることができるかもしれない。

細胞について紹介する。

　On-chip 細胞システムの特徴は，脂質分子のような生体分子とは異なる物質で「器」が構成されている点と言える。一見，細胞には見えない形状でありながらも，微細加工特有の様々な工夫を施すことによって，生きた細胞に近い特性を持たせることも可能になる。ここではその代表例の一つとして Karzbrun の研究が挙げられる[3]。彼らはマイクロメートルサイズの反応容器を作製し，その中で無細胞タンパク質合成反応を起こすシステムを構築した（図2）。注目すべき点が，反応容器に繋げられている点である。流路の反対側は別の大きな流路に繋がっているため，この大流路に無細胞タンパク質合成の反応溶液を流すと，ゆっくりとした分子拡散によって徐々に反応容器へ反応溶液が流れ込む。予め反応容器内に固定しておいた DNA と反応してタンパク質が合成されると，今度はその合成されたタンパク質が細い流路を通って徐々に外に流出する。これによって，反応が連続的に起こる一方で，合成されたタンパク質の量は拡散平衡によって一定に保たれる。結果，細胞内と同様の定常状態を再現することに成功している。その他にも彼らは，この物質交換システムを制御することで，タンパク質の振動的発現にも成功した。

　この研究以外にも，on-chip な器に細胞システムを構築した研究は複数ある。例えば，タンパク質合成の反応溶液が封入された微小な反応容器に複数の流路・バルブを繋げ，そのバルブを順番に開閉することで反応溶液・DNA・基質を適切に混合し，タンパク質合成の定常状態を再現した研究がある[4]。また，マイクロ流路内に DNA を結合させたビーズをトラップさせ，そこに無細胞タンパク質合成の反応溶液を連続的に流すことで，タンパク質のみを連続的に得られる

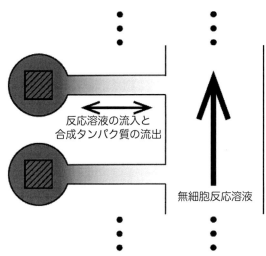

図2　Karzbrun らによる on-chip な人工細胞[3]
　太い流路に流された無細胞タンパク質合成の反応溶液は，拡散によって細い流路を通過し，丸型反応容器内に流れ込む。反応容器の底面には，DNA が固定化してあるため（斜線四角部分），流れ込んだ反応溶液と反応してタンパク質が合成される。合成されたタンパク質も拡散によって細い流路を通って徐々に外に出て行くため，反応容器内でのタンパク質は常に一定濃度に保たれる。

on-chip 反応系を作った例もある[5]。最近では，水溶液―油―水溶液で構成されたドロップレット型人工細胞を独自のマイクロ流路内に組み込んだ研究が報告されている[6]。この研究では，細胞の「器」は水溶性のドロップレットであるが，マイクロ流路を用いることでそのドロップレットに圧力を加え，「器」の壁面である油層の厚さを変化させ，細胞の物質透過性を制御している。細胞の特性を機械的にコントロールできる，という意味で非常に興味深い研究例の一つである。

これらの研究のように，「器」を微細加工技術で作製する研究では，斬新な工夫を施すことによって，細胞に本来備わる性質の再構成を目指している。中には，細胞と非常に近い生体システムを創り出すことに成功している研究も存在する。これらは，人工的な無機物質内で細胞システムが生み出されたという点で，まさに「サイボーグ」のような生命体とも呼べるだろう。

5.4 フェムトリットルチャンバーと，Arrayed Lipid Bilayer Chambers「ALBiC」

我々の研究室では，微細加工技術を用いて微小な反応容器を作り，その中で様々な生化学測定を行う系を開発してきた。本項では，本研究室で開発されたマイクロデバイスについて紹介する。

本研究室における主要な研究テーマの一つに，呼吸鎖タンパク質である F_oF_1-ATP 合成酵素（F_oF_1）がある。F_oF_1 に含まれる水溶性分子である F_1-ATPase は ATP の触媒部位を持った回転分子モーターで，ATP の反応機構と分子内回転運動が密接に共役している。ATP 存在下では ATP を加水分解しながら反時計回りに回転し，反対に，分子を時計回りに強制回転させると，ADP から ATP が合成される。これらの反応の一分子酵素アッセイを行う目的で作製されたのが，フェムトリットルサイズの微小反応容器である[7,8]。Rondelez らは，この容器内に F_1-ATPase 一分子を閉じ込め，磁気ビーズを用いて時計回りに強制的に回転させることで，ATP を合成させた。しばらく経った後に強制回転を停止すると，合成された ATP を用いて F_1-ATPase が反時計回りに回転した[7]。もし大きな体積の反応空間で測定した場合，合成された ATP 分子はすぐ拡散して濃度が減少してしまうが，微小な体積の反応空間で測定したことで，合成された ATP を高い濃度で維持できたことになる。この実験によって彼らは，F_1-ATPase 一分子の強制回転による ATP 合成反応の観測に成功し，同時に，微小空間内に閉じ込めた酵素一分子の活性測定の有用性が確かめられた。同様の系を用いることで，糖分解酵素である β-galactosidase の一分子酵素反応の可視化アッセイにも世界で初めて成功している[8]。微小体積の空間で反応を起こすことで，少数分子で検出可能な濃度を作り出すことができる。

次に，このような高感度バイオアッセイをより効率良く実行できるように，デバイスのさらなる開発が行われた。榊原らは，強い疎水性を持つフッ素性樹脂でできたフェムトリットルチャンバーデバイスを新たに開発した[9]。このデバイス表面には，疎水性パターンと親水性パターンが施されているため，親水パターン上に Water in Oil ドロップレットをアレイ状に作ることが可能になった（図 3）。また，マイクロマニピュレーターを用いることで，ドロップレット形成後でも個々の微小溶液を選択的に回収することができる点も特長である。その後，このフェムトリッ

第3章　人工細胞創製

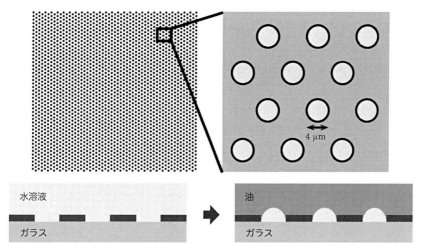

図3　フェムトリットルチャンバー
（上図）フェムトリットルチャンバーの概要図。一つのデバイス（1 cm^2）に100万個のチャンバーがあり，高いスループット性を実現している。（下図）水溶液・油を順番にフェムトリットルチャンバーデバイスに流すことで，デバイス上の親水領域にドロップレットを形成することが可能になる。これらを使って様々なバイオアッセイを行う。

トルデバイスを用いた様々な実験があり，例えば高感度 ELISA システムの構築[10,11]や，大腸菌一細胞レベルでの薬剤排出トランスポーターアッセイ[12]などが行われた。

さらにこのフェムトリットルチャンバーデバイスを応用して開発されたのが，Arrayed Lipid Bilayer Chambers「ALBiC」である[13]。本研究室で作製されたデバイスの表面が疎水性樹脂で構成されていることを利用し，渡邉らは各チャンバーに蓋をするような形で脂質二重膜を張ることに成功した。これらの脂質二重膜には様々な膜タンパク質を再構成することができる上，チャンバーの体積は微小であることから，少数の分子の変化でも高い濃度で検出できる（チャンバーの体積が fL サイズであれば，数千個の分子で μM の濃度になる）。これによって，今まで困難とされてきた膜チャネルやポンプの一分子活性測定が可能になった。この ALBiC の脂質二重膜は，天然の細胞が持つ細胞膜と非常に近い機能を再現することが可能であり，その一例が天然の細胞で起きるフリップフロップ現象（脂質二重膜における内側と外側の脂質分子が入れ替わる現象）の再現である[14]。この ALBiC をさらに発展させ，デバイスの底面と上面に電極を構築し，膜電位を発生させることにも成功している[15]。

5.5　大腸菌と ALBiC を融合させた人工細胞系

既に述べてきたように，我々は細胞と同等のサイズと物質交換システムを備えた「器」が人工的な細胞システムの創生には重要であると考えている。そこで，我々の研究室において確立されたフェムトリットルチャンバー技術を利用することで，細胞システムの構築に適した実験系を考案した。現在，その確立に向けて研究を進めているところであるが，その一部の概要について以

下では説明する。

　我々はALBiCが細胞と同等の微小空間と，さらに外部との物質交換が実現可能な脂質二重膜を備えている点に注目した。チャンバーの中に導入する「中身」については，生きた大腸菌そのものを使用する。具体的には，プロトプラスト状態（細胞壁を取り除き，細胞膜をむき出しにした状態）にした大腸菌をALBiCに流し込むことで，大腸菌の細胞膜とALBiCの脂質二重膜を膜融合させる（図4）。正しく融合が起これば，各チャンバー内に大腸菌の細胞質が入ることになる。大腸菌一匹分の中身をそのまま細胞サイズのチャンバー内に導入するので，チャンバーがそのまま生きた大腸菌と同じ細胞システムを備えることになる。この系が確立できれば，細胞と人工物を融合させたハイブリッドな人工細胞系が完成する。ALBiCには脂質二重膜が存在するため，物質交換も実現可能である。さらにこの系独自の利点として，予めチャンバーに物質を導入し，そこに大腸菌を融合させることで，生きた細胞内への物質導入も可能な点が挙げられる。現在，このような人工細胞系の構築に向けた実験に取り組んでいる。

5.6　最後に

　本稿では，従来の生物学的な実験技術とは異なる，微細加工技術によって作製された微小容器内で細胞システムを再構築する研究例を紹介した。これらの研究はどれも，人工的に作られた物体と生命体を融合させた，つまりは「サイボーグ」のような生命の創生を目指しているとも言える。もし，この方法で完全な生命体を人工的に創り出すことに成功したならば，これまでの生物学の歴史上類を見ない研究となるだろう。生命は「生命からしか生まれない神秘的な存在」とされてきたが，このような人工細胞はそれをも覆すことで，生命の概念を根本から変えてしまうかもしれない。

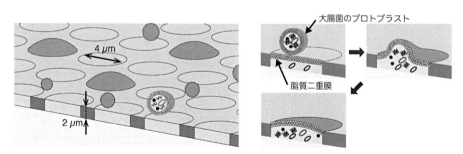

図4　我々が創る人工細胞の概要

（左図）マイクロチャンバーデバイスALBiCに大腸菌のプロトプラストを融合させる。（右図）本研究における人工細胞の創り方を示したモデル図。脂質二重膜が張られたALBiCチャンバーの上に乗ったプロトプラスト大腸菌が，確率的にチャンバーと膜融合を起こす。その結果，大腸菌の中身はチャンバー内に移植される。チャンバーのサイズを細胞と同等にすれば，融合が起きたチャンバーの構成要素は，生きた大腸菌と同じになる。我々はこれを新たな人工細胞として用いることを考案した。融合後もチャンバー内の生体システムが生きていれば，予めチャンバー内にDNAを導入しておくことで，細胞内へのDNA導入が実現する。これを応用すれば，巨大なゲノムDNAを細胞内に導入することも可能になるかもしれない。

第 3 章　人工細胞創製

文　　献

1) Y. Taniguchi *et al.*, *Science*, **329**, 533 (2011)
2) V. Noireaux, A. Libchaber, *Proc. Natl. Acad. Sci. U. S. A.*, **101**, 17669 (2004)
3) E. Karzbrun, A. M. Tayar, V. Noireaux, R. H. Bar-Ziv, *Science*, **345**, 829 (2014)
4) H. Niederholtmeyer, V. Stepanova, S. J. Maerkl, *Proc. Natl. Acad. Sci. U. S. A.*, **110**, 15985 (2013)
5) Y. Tanaka, Y. Shimizu, *Anal. Sci.*, **31**, 67 (2015)
6) K. K. Y. Ho, L. M. Lee, A. P. Liu, *Sci. Rep.*, **6**, 32912 (2016)
7) Y. Rondelez *et al.*, *Nature*, **433**, 773 (2005)
8) Y. Rondelez *et al.*, *Nat. Biotechnol.*, **23**, 361 (2005)
9) S. Sakakihara, S. Araki, R. Iino, H. Noji, *Lab Chip*, **10**, 3355 (2010)
10) S. H. Kim *et al.*, *Lab Chip*, **12**, 4986 (2012)
11) Y. Obayashi, *et al.*, *Analyst*, **140**, 5065 (2015)
12) R. Iino *et al.*, *Lab Chip*, **12**, 3923 (2012)
13) R. Watanabe *et al.*, *Nat. Commun.*, **5**, 4519 (2014)
14) R. Watanabe, N. Soga, T. Yamanaka, H. Noji, *Sci. Rep.*, **4**, 7076 (2014)
15) R. Watanabe, N. Soga, H. Noji, *IEEE Trans. Nanotechnol.*, **15**, 70 (2016)

第4章 展開

1 設計生物学

木賀大介*

1.1 はじめに

　人工細胞の創製に際して複数種類の生体高分子を配置することは，工場を設計する際にどのような工作機械群を設置するか，または，プログラムを設計する際にどのようなモジュール群を接続するか，など，工学一般において，「組み合わせ」によりシステムを設計することと対応させることができる。本稿では，合成生物学の定義を，多階層からなる生命システムのある階層に注目し，その階層の要素を「部品」として組み合わせて，上位階層のシステムを構築することを研究手段とする生物工学・生物学，とする。元来，合成生物学の主眼は，大量に蓄積された生命情報を活かした，数理モデルに基づいた組み合わせの構築にあった。しかし，生物学や生物工学が他の自然科学や工学一般と異なることの影響を，合成生物学も脱することができなかった。職人芸に頼った構築になってしまうことが実際のところ多いことが，合成生物学の現状である。本稿では，改めて，合成生物学における数理モデルを組み合わせた設計について，工学的だけでなく理学的な意味を再確認する。そして，この意味から未開拓であるとみなせる生物学の伸びしろを最大限活かす研究手法として，合成生物学の本質である「設計生物学」に焦点を当てた紹介を行う（図1(A)）。

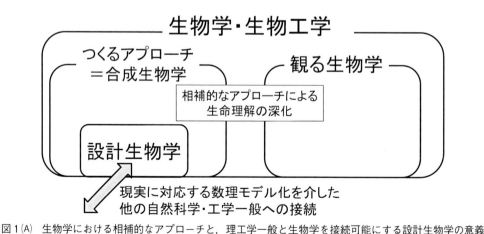

図1(A)　生物学における相補的なアプローチと，理工学一般と生物学を接続可能にする設計生物学の意義

＊　Daisuke Kiga　早稲田大学　理工学術院　先進理工学部　電気・情報生命工学科　教授

第4章 展開

1.2 指数関数的な技術の発達の前提：数理モデルにより表現される原理と再現性

　半導体産業におけるムーアの法則のように技術が指数関数的に成長することは，種々の科学・技術の分野が次の分野の発展に寄与し，巡り巡ってもとの分野の発展に対する寄与として戻ってくるポジティブフィードバックに起因すると考えられる（図1(B)）。このような指数関数もしくはそれ以上の成長速度での進展は，システム生物学やゲノム科学を担保するDNAシークエンサーの読み取り能力の発展や，長鎖DNA合成技術の発展に観ることができる[1,2]。これらDNAに関わる技術の発展は，新規酵素の発見・開発といった生化学的な進歩というよりも，理工学一般の技術進展を導入することに強く依存している。

　理工学一般における技術群の間のポジティブフィードバックループ内で，例えばA工場での発明とB工場での発明とをC工場が組み合わせて新たな発明を行えることは，①一定の技能水準を持つものであれば発明結果を再現できることと，②発明された技術同士を接続可能なことを，必要条件とする。②の接続を容易にするためには，個々の技術が数理モデルによってその原理を記載され，その結果，技術同士が統一的に理解されていることが重要である。

　誰にでも再現できる技術および数理モデルに基づいた原理による説明，それぞれの対極として，伝承の難しい技術および自然言語による説明を挙げ，二軸によって有用な生物関連の技術をマッピングすることで（図2(A)），生物工学や医学・薬学そして生物学が，いかに工学一般や他の自然科学から乖離しているかが一目瞭然となる。かけがえのない手技による外科手術は，マッピングの左下，つまり工学一般の対極に位置するが，その有用性を否定するものはいないだろう。

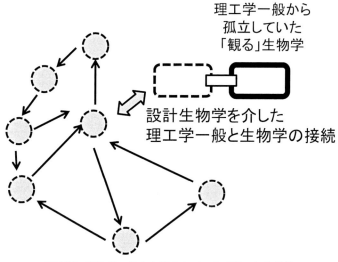

図1(B)　理工学一般から孤立していた「観る」生物学
　自然科学・工学の諸分野は，現実と対応した数理モデルによって強く接続されたネットワークを形成している。そのため，ある分野の発展に起因するポジティブフィードバックにより，諸分野全体が指数関数的に発展する。博物学から脱却しきれていない「観る」生物学は，このネットワークから孤立していた。設計生物学は生物学と理工学一般の接続を可能にする研究領域である。

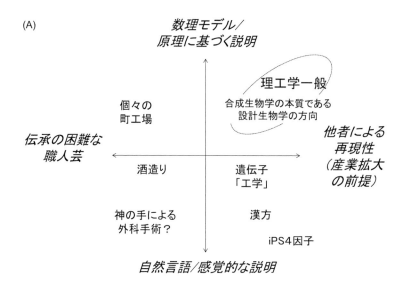

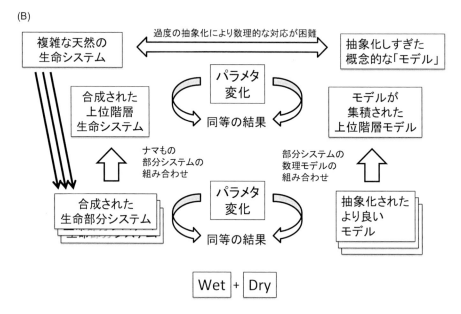

図2　理工学一般では，分野を組み合わせた技術イノベーションの連鎖による指数的な発展が生じる
(A)有用な生物工学のマッピング，(B)生物学での組み合わせを達成するための設計生物学での，単純化した系たちの構築とそれらの組み合わせ接続．

　漢方薬も，伝統的に信じられている効能はあるものの，その原理は判明していない．意外なことに，iPS細胞を作製する手法もその再現性から非常に有用な生物工学技術となっているが，その原理が解明されているとは言い難い．このように，生物関連には，工学一般や他の自然科学における発明・発見の連鎖による指数的発展の基盤となる，原理による説明と再現性とが不十分であ

第 4 章　展開

ると言わざるを得ない。これは別の意味でとらえれば，生物工学・生物学にはこれからの指数関数的発展の余地が広く残されている，ということを示唆している。

1.3　原理の数理モデルによる説明が博物学から確立される過程と数理モデル化の限界

　ポジティブフィードバックを構成する技術群のそれぞれの数理モデルには，初期条件やパラメタを変化させた際のモデルの挙動の変化が，適切な範囲内で現実の挙動の変化と一致できるという，設計に際しての予測性を与えるという効用がある。等加速度直線運動の速度を表す式

　　速度＝初速度＋加速度×時間

や，酵素反応におけるミカエリス・メンテン式などが，モデルと現実との一致に基づく予見性の例であり，学生たちが試験問題で解かねばならないことでもある。数理モデルによる予測は現在の合成生物学でも重視されており，2000年の最初の人工遺伝子回路の一つ repressilator[3]を改めて精密に観察・解析したごく最近の Nature 誌の論文においても[4]，以前の筆者らの数理モデルによる予測[5]を実証したことが述べられている。

　理工学一般におけるモデル式は，多要素が絡む複雑な事象を扱う場合，思い切った単純化・理想化を行った系の構築と，その系の観察，抽象化を経て確立される。落体の法則を導くために，葉っぱが風に吹かれながら落ちる様を観察することは適切でなく，塔の上から金属を落下させた際に精密な時間を計測するか，球体を斜面に沿って転がした際の経時変化を測定するか，が必要であった。このような理想的な系の構築に対応する中学の理科での実験教育である，斜面を滑り落ちる台車の実験において，摩擦を減らすために各自が工夫した記憶が，現在の大学学部生たちには強く残っているようだ。

　科学における数理モデルの確立には，博物学を延長した綿密な観測が重要になることも頻繁にある。ケプラーによる惑星運動の法則の確立には，ティコ・ブラーエによる詳細な観測データが必須であったことは言うまでもない。

　自然現象を数理モデル化することのもう一つの効用が，複数の事象を接続して統一的に理解することを可能にする点にある。ガリレオ死後に生まれたニュートンの偉大さの一つは，リンゴが落ちたことを観察したことにあるのではなく，地上の物体の落下運動と天上の惑星の公転運動とを万有引力の法則によって，統一的に理解できることを示したことにある。

　ひとたび確立された，事象を記載する数理モデルたちは，組み合わせ接続されることで上位階層のシステムの挙動を記述することとなり，これは次の発明・発見の基盤となる。観測データと上位階層の数理モデルの挙動との差から，新たな要素を取り込んだ さらに別の上位階層モデルを構築できる。このアプローチの例として，新たな惑星の存在を予言し発見へとつながった天王星・海王星の発見や，アポロ計画やはやぶさのスイングバイによる軌道設計を典型的な例として挙げることができる。

　理工学における数理モデル化には限界もあり，モデルの確立に至る抽象化・単純化の過程で切

り捨てられた，もしくは考慮されなかった事柄が積み重なると，誤った予測・設計へと至ることもある．観測データと数理モデルとの差からの新たな惑星の存在の予言についても，万有引力の法則に基づくニュートン力学のみでは水星のさらに内側の惑星の存在を示すこととなり，この問題の解消には，太陽重力が空間に及ぼす影響の相対性理論における効果を取り込んだモデル化が必要であった[6]．後述するように，生命現象に対する数理モデル化では，生命現象が複雑であるが故に切り捨てられている部分が多いことを忘れずに，部品の間の組み合わせを設計・実装する必要がある．

1.4 生物学における「モデル」の扱い

生物学における「モデル」の意味は，理工学一般におけるそれと異なり，数理モデルと関係のない場合がほとんどである．例えばモデル生物は，実験対象として好ましい生物に対応する語である．また，発生における細胞種多様化の過程を説明したWaddingtonの，地形モデルは[7]，山中によってiPS細胞の樹立過程を示すモデルとしても用いられている[8]．受精卵という1種類の表現型から多数の表現型に対応する個々の細胞種が生じる分化過程を，この地形モデルでは，斜面の上部に受精卵に対応した1つの谷があり，斜面を下るにつれて谷の数が増えていき，斜面の最下部の谷それぞれを，神経細胞，筋芽細胞，赤血球，肝実質細胞など表現したい細胞種に対応させ，複数の球それぞれが斜面を転がることによって表現した．

生命現象を説明するために単純な図を用いたモデルによる説明は，理解の伝達を容易にするという効用がある反面，多要素が複雑に絡み合う系である生命システムを大胆に抽象化しすぎたことによって，他のモデルとの接続の基盤となる数理モデルを背後に持たないことがほとんどになっている．地形モデルでいえば，実際の生命における特定の遺伝子の発現上昇という変化が，地形モデルにおけるどのような変化に対応するかを説明することもできない（図2(B)）．

そこで，生物学以外のバックグラウンドを持つ研究者たちは，単純な部分生命システムを試験管内や細胞内に構築して，その挙動を数理的に理解しよう，という研究を始めた．これが，観る生物学に対する，つくる生物学としての合成生物学の源流である．

1.5 合成生物学の黎明期：天然の系の本質を抽出して単純化した人工遺伝子回路の構築

Synthetic biologyという単語が一般化するよりも前の2000年にリプレッサーを組み合わせることによって構築された人工遺伝子回路の論文二報を，設計生物学の嚆矢と捉えることができる．その一つが前述したrepressilatorであり，これは3種類のリプレッサーがそれぞれ順番に次のリプレッサーの発現を抑制する循環によって構築された，遺伝子発現の振動回路であり[3]，前述したごく最近の論文で再検証された[4]．もう一つが，2種類のリプレッサーが互いに他の発現を抑制することで，プロモーター強度などに依存して2種類の安定な遺伝子発現状態を達成できるgenetic toggle switchである[9]．本稿では後者の回路を主題として，組み合わせによる設計・実装を解説する．

第4章　展開

　分子生物学の黎明期に物理学者が生物学に参入して扱った研究対象が，細胞のDNA複製と発現調節の本質を持ちつつ要素数の少ないファージであったと同様に，合成生物学の最初のターゲットも，細胞とファージに共通して重要な運命決定機構について，機構内の相互作用をより単純化した genetic toggle switch となった．Collins らが発表したこの研究では，ラムダファージのCIリプレッサーとCroリプレッサーが互いの発現を抑制することによる溶菌・溶原の2種類の遺伝子発現状態を達成できる運命決定を模擬しつつ，より単純化した発現制御機構による運命決定を達成した（図3）．すなわち，ファージ内ではそれぞれのリプレッサーが自己の発現を抑制するという機構を省き，また，2種類のリプレッサーがDNA上の同一の結合部位を奪い合うという機構を分離して別々の結合部位となるように単純化した．さらに，天然のCIとCroの相互抑制ではなく，CIとラクトースオペロンのリプレッサー LacI の相互抑制や，頻用される別のリプレッサー TetR と LacI との相互抑制でも，運命決定を達成できることを示した．

　genetic toggle switch の研究が高く評価される点が，人工遺伝子回路を構成するプロモーターに関するパラメタ変化による細胞の挙動の変化を，数理モデルによってクリアに説明したことに

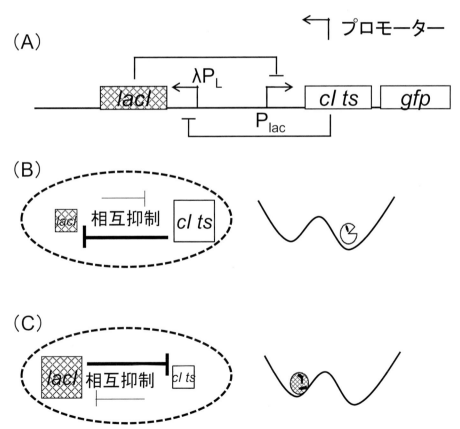

図3　トグルスイッチ(A)をプログラムする人工遺伝子回路，(B)λ P_{lac} からの *cI ts* の発現が優勢な状態と仮想的な双安定ポテンシャル上の位置，(C)λ P_L からの *lacI* の発現が優勢な状態

ある。さらに，この数理モデルは，生化学でのなじみの数式で記載されている。より具体的には，CI濃度の生産による増加が相方のリプレッサーLacIの存在によって抑制されることをヒル式で表現し，また，細胞の成長による希釈によってCI濃度が減少することを表現した，二つの表現の組み合わせとして，CIリプレッサーの濃度の時間変化の式を記述している。同様に，LacI濃度の時間変化についても，生産項と希釈項によるもう一つの式によって表現した。安定な細胞内の遺伝子発現状態とは，この場合，CIとLacIそれぞれの濃度が同時に時間変化しない，という意味になる。この関係を満たすCIとLacI濃度の組がいくつあるか，ということを，これら二つの式の連立方程式として解いており，その意味を，両リプレッサーの濃度それぞれを軸とするグラフによって説明した（図4）。結果として，遺伝子のプロモーター領域での変異によって調整可能な生産速度の最大値が変化することで，安定となる組が2つあるか，1つだけになってしまうか，という差異を数理的に示した。さらに，大腸菌を用いた実験でもプロモーターの変異によってこの安定となる組の数の差異が生じることを示している。つまり，この研究では，式の組み合わせによる数理モデルが，遺伝子の組み合わせによる人工回路を持つ生きた細胞の挙動を，種々のパラメータセットについて説明できている。また，このモデルでは，mRNAの存在を陽に表現しない，という適切な単純化で，細胞の挙動を表現できたことになる。

1.6 人工遺伝子回路の組み合わせによる設計生物学

前項で紹介したtoggle switchのように，要素の数を絞り込む単純化によって，遺伝子回路の

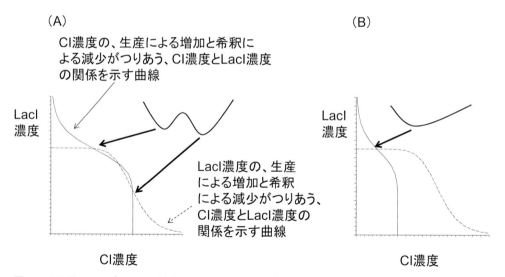

図4　それぞれのリプレッサー濃度の，生産による増加と希釈による減少がつりあう，CI濃度とLacI濃度の組を求める連立方程式を求めることのグラフ上の意味。連立方程式の交点が，仮想的なポテンシャルの谷底か頂上に対応する。(A)両リプレッサーの生産のバランスが取れている場合，(B) CIリプレッサーの最大生産量が低下した場合。

第4章 展開

数理モデル上の挙動とこの回路を持つ実際の生物の挙動とが一致する例が蓄積したため，次は，これらの回路を組み合わせてより大きなサイズの遺伝子回路を設計することができるか，が研究の焦点となった（図2(B)）．実際，各所でそのような設計が報告されており，大きなサイズの系でも，数理モデルと実際の生物それぞれ同じ意味のパラメタ変化を与えた際に，両者が同じ挙動を示すことが知られている．

本稿では筆者による組み合わせの例として，toggle switchと遺伝子大量発現を組み合わせて細胞を初期化した後に多様化させた例，細胞間通信に依存した遺伝子発現の活性化とtoggle switchとを組み合わせることによって細胞を多様化させた例，二つの設計・実装の例を紹介する．

1.7 人工遺伝子回路 toggle switch の拡張1：遺伝子大量発現による多様化のプログラミング

数理モデルによって挙動が予測できる人工遺伝子回路同士を組み合わせることで上位階層のシステムを構築した第一の例として，toggle switchと遺伝子大量発現を組み合わせることで，細胞の遺伝子発現状態を「初期化」し，その後の，細胞集団の遺伝子発現状態を細胞ごとに望む比率に多様化できることを紹介する[10]．

この系の数理モデルは，遺伝子の大量発現の度合いを研究者が実験中にゼロから適切な値での間変化させることで，大量発現前の遺伝子発現の状態に関わらず，「初期化」された状態を含む幅広い領域から選び出した任意の安定な状態に，発現状態を変化させることができることを示す（図5(A)）．リプレッサー濃度の時間変化を，オリジナルのトグルスイッチでは，他のリプレッサーの抑制を受ける生産項による増加と希釈項による減少で表していたところ，この拡張では遺伝子の大量生産項を加えた．遺伝子の大量発現は，それぞれのリプレッサー濃度が変化しない関係を表す2本の曲線の1本が水平軸に対する，もう1本が垂直軸に対する，平行移動を意味する．その結果，連立方程式の解の交点を3か所から1か所に変化させることが可能となる．これは，遺伝子発現の安定状態が二つある双安定系から，安定状態が一つしかない単安定系への変化を意味する．細胞の内部状態の挙動を考慮すれば，大量発現前にどちらの安定状態であったとしても，大量発現の結果，どの細胞も1か所に集まることになる．

遺伝子の大量発現とその後の解除によって，細胞集団を「初期化」したのちに多様化させることも可能であった（図5(B)）．遺伝子大量発現によってプログラミングした細胞集団の内部状態の分布が，大量発現がない基底状態での双安定性の尾根をまたぐ場合，遺伝子大量発現とその後の解除によって，ほぼ同じ内部状態を持っていた細胞集団は，それぞれ固有の内部状態を持つ2種類の細胞集団に多様化することになる．さらに，大量発現の度合いを微調整することで尾根をまたぐ割合を変化させ，最終的に多様化後の細胞集団の分布比率を調整できることが数理モデル上から予想され，培養実験でも確認することができた．これが，部分システムの組み合わせによる上位階層システムの設計と実装を可能とする設計生物学の基本コンセプトである．

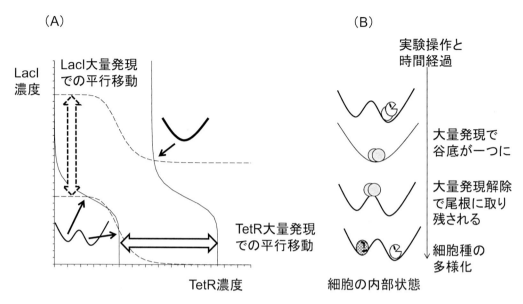

図5 遺伝子大量発現と解除による「初期化」と多様化
(A)両リプレッサーの相互抑制が達成する双安定状態が，それぞれの大量発現により単安定状態に変化することを，それぞれの濃度を軸とするグラフで表した。
(B)仮想的なポテンシャルで示した大量発現による初期化と，その解除による細胞種多様化。

1.8 人工遺伝子回路 toggle switch の拡張2：細胞間通信による多様化の設計

toggle switch を一つの部分システムとして他の部分システムと組み合わせて拡張したもう一つの例が，これと細胞間通信を介した遺伝子発現制御を組み合わされることによって達成される細胞種多様化である[11]。この多様化の過程は Waddington 地形表現と対応した形式で設計された。

図4で示したように，単安定と双安定との差異を生み出すリプレッサーの最大生産量の変化は，オリジナルのトグルスイッチではDNAのプロモーター配列の差による変化として示されていたことに対し，この新たな設計では，DNA配列全体は不変でも培地中の細胞間通信分子の濃度に依存して変化する，とした。今回は，細胞間通信分子は大腸菌たち自らが合成して培地に放出する，またはある細胞が合成した分子が培地を介して他の細胞に取り込まれる。連続的に変化させられる通信分子濃度に応じた仮想的なポテンシャルを，単安定から双安定の間で連続的に描きつなげると，Waddington 地形を表現することができる（図6(A)）。

CIリプレッサーの最大生産量を通信分子の濃度に依存して変化させるために，この人工遺伝子回路の設計では，*lacI* 下流に通信分子生産酵素のコード配列 *luxI* を追加して配置し，また，通信分子による活性化と LacI の抑制双方を受ける形に *cI* のプロモーターを置換した（図6(B)）。その結果得られた大腸菌たちは，想定通り，前処理としてCIが優勢な状態にした大腸菌を通信分子のない培地に添加したところ，*cI* の下流にある *gfp* の発現が少ないように集団全体が動いた

第4章　展開

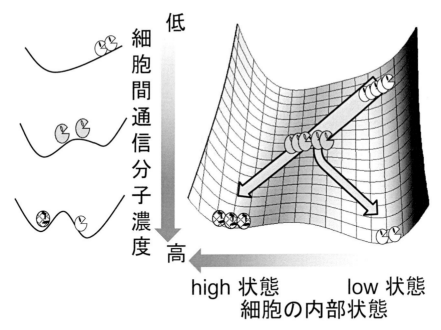

図6(A)　単安定から双安定の切り替えを連続的につなぐと多様化の過程を解釈する「Waddington 地形」を描くことができる

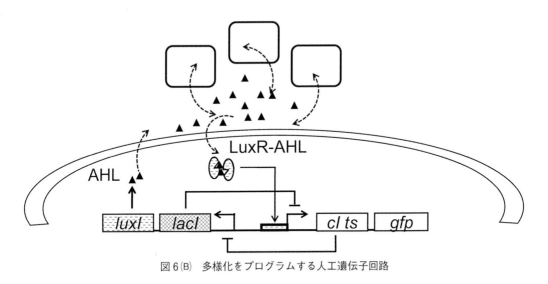

図6(B)　多様化をプログラムする人工遺伝子回路

後，2種類の集団へと多様化した（図6(C)）。続いて，部分システムを組み合わせた上位システムとしての本系が，Dry と Wet 双方に対する同等のパラメタ変化が双方に同じ挙動を示すかを確認した。この変化の対象として，培地中の通信分子の蓄積速度の差を設定するために，酵素の k_{cat} が異なる3つのパターン，および，細胞濃度が異なる3つのパターンについて，培養とシミュ

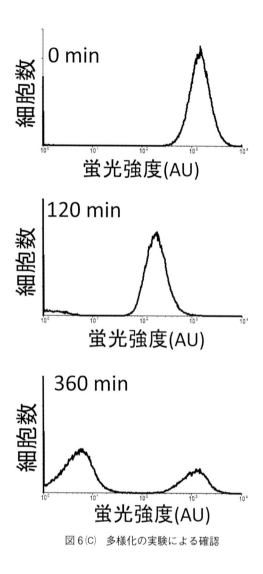

図6(C) 多様化の実験による確認

レーションを行った。その結果，DryとWet双方について想定通りに，蓄積速度が高くなると，最終状態でCIが優勢となる細胞が多くなることが観察された。この組み合わせも，細胞内において部分システムを接続した上位回路システムの設計と実装が可能であることを示している。

1.9 設計生物学の今後と人工細胞の創製

活きた細胞を活用する設計生物学については，細胞間相互作用について，今後は同種のみならず，微生物と動物細胞や動物組織チップなどを用いた多種相互作用を設計・実装することで，工学的活用や多細胞システムの理解を目指すことが期待される。現時点では限られた機能のみが包

第4章　展開

含される人工細胞創成の研究についても，今後はより多種類の機能を同時に実装した人工細胞を調製するために，数理モデルに基づいた設計を活用することが必要になると考えられる．

謝辞

　本稿は，経産省事業産業技術研究開発『革新的バイオマテリアル実現のための高機能化ゲノムデザイン技術開発』，科研費26540152，16H02895などの研究過程から得た着想により執筆されました．また，鮎川翔太郎博士など，本実験に関わった研究室内外の皆様に感謝します．

文　　献

1) D. Kiga *et al.*, *New Generat. Comput.*, **26**, 347 (2008)
2) R. H. Carlson, Biology Is Technology：the promise, peril, and new business, Harvard University Press (2010)
3) M. B. Elowitz *et al.*, *Nature*, **403**, 335 (2000)
4) L. Potvin-Trottier *et al.*, *Nature*, **538**, 514 (2016)
5) T. Moriya *et al.*, *BMC Syst. Biol.*, **8** (Suppl 4), S4 (2014)
6) G. M. Clemence, *Reviews of Modern Physics*, **19**, 361 (1947)
7) C. Waddington, The Strategy of the Genes, p. 21, Allen and Unwin (1957)
8) S. Yamanaka, *Nature*, **460**, 49 (2009)
9) T. S. Gardner *et al.*, *Nature*, **403**, 339 (2000)
10) K. Ishimatsu *et al.*, *ACS Synth. Biol.*, **3**, 638 (2014)
11) R. Sekine *et al.*, *Proc. Natl. Acad. Sci. USA*, **108**, 17969 (2011)

2 遺伝暗号リプログラミングによる人工翻訳系の創製

黒田知宏[*1], 後藤佑樹[*2], 菅　裕明[*3]

2.1 はじめに

第1章の5節や第4章の5節で紹介されているように，遺伝暗号を「拡張」することで，非タンパク質性アミノ酸や人工アミノ酸（以下，まとめて特殊アミノ酸とする）を21番目，22番目のアミノ酸として用いた翻訳を実施できる。それとは別に，遺伝暗号を「リプログラミング」（＝書き換え）することで，人工の遺伝暗号を，ひいては人工の翻訳デコーディングシステムを構築しようとする研究も展開されている。これら遺伝暗号のリプログラミング法は，拡張法と比較して，より多種類の特殊アミノ酸を同時利用できることが大きな特徴である。本稿では，遺伝暗号のリプログラミング技術の概要と，それを発展させた人工翻訳系に関する最新の研究例について解説する。

2.2 遺伝暗号リプログラミング法の概要とその歴史

遺伝暗号リプログラミングとは，本来はタンパク質性アミノ酸をコードするコドン（センスコドン）を，特殊アミノ酸を指定するように人工的に書き換える手法を指す。センスコドンを他のアミノ酸を導入する概念自体は古くから存在した。例えば1962年には，Cys-tRNA^{Cys}を化学的に脱硫することで（すなわち系中のCys-tRNA^{Cys}をAla-tRNA^{Cys}に置換し），システインをコードするUGU/UGCコドンを，アラニンでリプログラミングした例が報告されている[1]。今から半世紀以上も前に，生物のシステムを人工改変する合成生物学的実験がなされていたことは驚くべきことだが，この例に代表される古典的なセンスコドンの書き換え法は，本来のタンパク質性アミノ酸の読み込みが競合してしまう不完全なものであった。

その中，2000年代に登場した再構成型の無細胞翻訳系（第1章1～3節を参照）は，リプログラミング可能なコドンの種類や，書き換え効率を大きく改善する画期的な技術であった。その先鞭となったのは，それぞれ別々に精製したリボソーム・翻訳開始因子・翻訳伸長因子・特殊アミノアシルtRNAを混合することで，最低限の翻訳活性を有する反応液を構築したForsterらの2003年の報告である[2]。この再構成反応液は，通常の翻訳に必要となる，tRNA・アミノアシルtRNA合成酵素（ARS）・タンパク質性アミノ酸・翻訳終結因子・リボソーム再生因子を含んでいないことに留意されたい。つまり，全てのコドンにタンパク質性アミノ酸が一切コードされていない状態である。ここに化学的に調製した特殊アミノアシルtRNAを加えることで，特殊アミノ酸を望みのセンスコドンに自在に割り当てるアプローチであった。実際に，Forsterらはこ

[*1]　Tomohiro Kuroda　東京大学　大学院理学系研究科　化学専攻　生物有機化学研究室
　　　修士2年
[*2]　Yuki Goto　東京大学　大学院理学系研究科　化学専攻　生物有機化学研究室　准教授
[*3]　Hiroaki Suga　東京大学　大学院理学系研究科　化学専攻　生物有機化学研究室　教授

第4章 展開

の系を用いて，3種類の特殊アミノ酸を含むペプチドの翻訳合成に成功している。

これに引き続き2005年にSzostakらは，完全な再構成無細胞翻訳系であるPUREシステム[3]を基盤とした遺伝暗号のリプログラミングを行った[4]。この系では，翻訳反応に必要な構成要素のうち，タンパク質性アミノ酸のみを加えていない翻訳反応液を利用している。ここに，タンパク質性アミノ酸のアナログ（構造の似通った特殊アミノ酸）を加えることで，複数のセンスコドンを書き換えることを試みた。この研究では，13種類ものアナログアミノ酸を同時に利用する遺伝暗号が構築され，これらを含んだペプチドの翻訳合成を達成している。Szostakらの系に含まれる構成要素は，タンパク質性アミノ酸の代わりにそのアナログを用いる以外は全て天然の翻訳系と同じであり，高い効率で特殊アミノ酸を含むペプチドを翻訳できることが特徴である。特に，13種類もの特殊アミノ酸の同時利用は，遺伝暗号の拡張法では到底達成できず，遺伝暗号のリプログラミング研究の一つのマイルストーンと言えよう。

上述の二つの例では，化学的手法[5]もしくはARSによるtRNAのミスアシル化法[6]で，遺伝暗号の書き換えに必要な特殊アミノアシルtRNAを調製していた。これらの手法はそれぞれ，多段階の精製作業が必要で調製操作に手間がかかる，利用できる特殊アミノ酸がタンパク質性アミノ酸のアナログに限られる，といった技術的な制限を有する。より簡便にかつ多種類の特殊アミノアシルtRNAを合成する手法として，菅，村上らによって2006年に開発されたのが，フレキシザイム[7]である。フレキシザイムは，進化分子工学的手法を用いて取得された人工リボザイムであり，活性エステル化された特殊アミノ酸をtRNA3'末端にアミノアシル化する機能を持つ。フレキシザイムのアミノ酸基質の許容性は非常に高く，タンパク質性アミノ酸に加え，D-アミノ酸・β-アミノ酸・N-メチルアミノ酸などの多彩な特殊アミノ酸をtRNAに結合できることがこれまでに実証されている。本手法は，遺伝暗号の改変実験に利用できる特殊アミノアシルtRNAのバリエーションを大きく多様化することに役立ってきた。

その後我々は，フレキシザイムを用いた特殊アミノアシルtRNA合成法を活用することで，高い汎用性を持つ遺伝暗号のリプログラミング法を完成させている。FIT（flexible *in vitro* translation）システム[8]と名付けたこの方法論では，短鎖ペプチド合成と遺伝暗号改変に特化した再構成無細胞翻訳系を利用する。概略すると，いくつかのタンパク質性アミノ酸を除いた翻訳系に対して，フレキシザイムにより調整した特殊アミノアシルtRNAを加え，任意のタンパク質性アミノ酸を望みの特殊アミノ酸で置き換えた遺伝暗号を作ることができる仕組みである（図1）。FITシステムでは，系中の各種翻訳因子やARSの濃度を最適化されており，既存の方法論では困難であった，タンパク質性アミノ酸からかけ離れた構造の特殊アミノ酸を効率良く翻訳できることが実証されてきた。実際に，大環状ペプチド[9]，N-メチル化ペプチド[10]やD-アミノ酸含有ペプチド[11]，さらにはポリエステル骨格[12]などを翻訳合成した実績があり，FITシステムによって，遺伝暗号のリプログラミング法の適用範囲が大きく拡大されたことを物語っている。

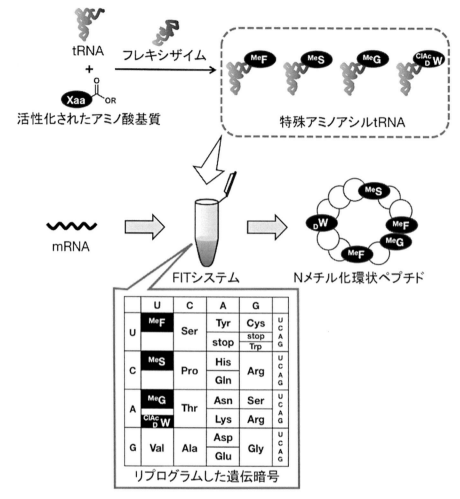

図1　FITシステムによる遺伝暗号リプログラミング
フレキシザイムを用いて調製した特殊アミノアシルtRNAを用いることで，特殊アミノ酸をコードした遺伝暗号を作成する。

2.3 人工翻訳系の創製

上述のように，FITシステムによって，遺伝暗号リプログラミング法は実用レベルの技術として確立したと言えよう。以下では，本技術をさらに深化させ，デコーディングの仕組みそのものの改変にまで踏み込んだ新たな翻訳システムの創製例を示す。これらの人工翻訳系では，それぞれ別々のアプローチにより，翻訳系で利用するアミノ酸のバリエーションを大幅に増やしており，遺伝暗号リプログラミング技術の新展開と捉えられる。

2.3.1 コドンボックスの人工分割が可能な人工翻訳系[13]

既存の遺伝暗号のリプログラミング法では，いくつかのタンパク質性アミノ酸を翻訳系中から

第4章 展開

除くことで，特殊アミノ酸をコードするための空きコドンを用意している．つまり，利用したい特殊アミノ酸の分だけ，タンパク質性アミノ酸の種類数を犠牲にせざるを得ないというジレンマが存在した．

そこで我々は，遺伝暗号上のコドンボックスを人工的に分割し，本来のタンパク質性アミノ酸と特殊アミノ酸の両方を同時に指定できないかと考えた．天然の翻訳系では，多くのタンパク質性アミノ酸が，2種類以上のコドンで冗長性をもってコードされている．これは，修飾塩基を持った天然 tRNA が，複数種類のコドンを読み取れることで説明される．例えば，バリンはGUU・GUC・GUA・GUG の4種類のコドンで共通してコードされるが，これはバリン用 tRNA の一つである tRNA$^{Val}_{cmo5UAC}$が，アンチコドン上の修飾塩基（cmo^{5}U）のゆらぎ塩基対形成により，上記4つ全てのコドンを認識できるためである（図2(a)）．もし，このようなアミノ酸コーディングの冗長性を人工的に減らすことができれば，より多くのアミノ酸をコードさせることができ，タンパク質性アミノ酸の利用を犠牲にすることなく特殊アミノ酸を使用可能な新たな人工翻訳系を作製できるはずである．

当該人工翻訳系を構築する上で鍵となったのは，翻訳系で使用する tRNA を，修飾塩基を持たない合成 tRNA で全て再構成することであった．従来の再構成翻訳系では，修飾塩基を含んだ大腸菌由来の tRNA 混合物を用いていたが，コドンボックスの人工分割を指向した人工翻訳系では，翻訳に最低限必要な32種類の tRNA を別々に試験管内転写で合成したものを使用する．ここで用いた合成 tRNA は全て，対応する ARS によるアミノアシル化を受けることが確認され，20種類のタンパク質性アミノ酸を翻訳可能な tRNA 再構成翻訳系が確立された．

コドンボックスの人工分割を行う際には，32種類の合成 tRNA のいくつかを，フレキシザイムで調製した特殊アミノアシル tRNA に置き換える．例えば，バリンをコードする GUN コドンボックスの人工分割では，合成 tRNA$^{Val}_{GAC}$の代わりに特殊アミノアシル tRNA$^{AsnE2}_{GAC}$を加えた翻訳溶液を用いる．これにより，系中の ValRS によって合成された Val-tRNA$^{Val}_{CAC}$が GUG コドンを，特殊アミノアシル tRNA$^{AsnE2}_{GAC}$が GUC をそれぞれ読むことになり，バリンコドンボックスの下半分に Val を保ったまま，上半分を望みの特殊アミノ酸のコードに利用できる（図2(b)）．つまり，バリンと特殊アミノ酸両方を含んだペプチドの翻訳合成が可能となった．このようなコドンボックスの人工分割は，GUN コドンボックスの他に，CGN・GGN コドンボックスでも達成している．実際，三つのコドンボックスの人工分割を同時に行うことで，20種全てのタンパク質性アミノ酸と特殊アミノ酸3種の計23種類のアミノ酸を一度に利用する人工翻訳系の構築に成功した（図2(c)）．この人工翻訳技術は，タンパク質性アミノ酸を除かざるを得ないという遺伝暗号リプログラミング法の原理的な弱点を解決し，単一の系で同時利用できるアミノ酸の種類を大きく拡げた方法論と言えよう．

2.3.2 人工デュアルセンスコドンを利用する人工翻訳系[14]

遺伝暗号において，全てのコドンは1種類のタンパク質性アミノ酸もしくは翻訳停止に対応している．唯一の例外は原核生物における AUG コドンであり，伸長反応ではメチオニンを指定す

人工細胞の創製とその応用

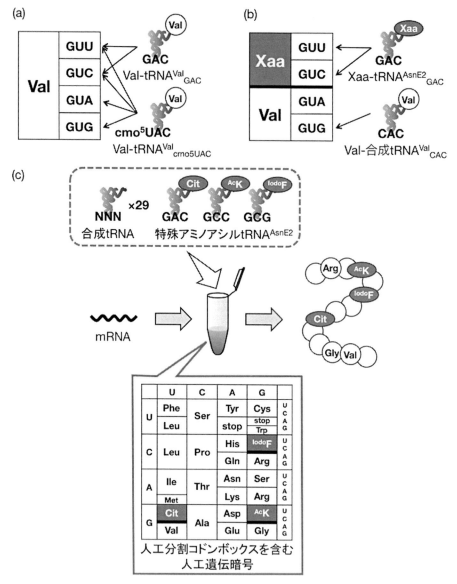

図2　コドンボックスの人工分割が可能な人工翻訳系
(a)天然の翻訳系における GUN コドンボックスのデコーディング機構。(b)合成 tRNA を用いた GUN コドンボックスの人工分割。(c)三つの人工分割コドンボックスを含んだ人工翻訳系の例。Cit, ^{Iodo}F, ^{Ac}K はそれぞれ別の特殊アミノ酸を意味する。

る一方で，開始反応においてはその誘導体であるホルミルメチオニンをコードしている。つまり，AUG コドンは開始と伸長で異なるアミノ酸を指定する，ただ一つの「デュアルセンスコドン」と見なすことができる。一方でこのことは，通常の翻訳系において利用できる開始アミノ酸は，1種類に限られてしまうことを意味している。

第4章 展開

我々は，AUGコドンが開始反応と伸長反応で別々のコーディングを受けることに着目し，同様のデュアルセンスコドンを人工的に創り出すことで，開始アミノ酸の種類を増やせないかと着想した。上述のAUGコドンのデュアルセンスは，開始反応で利用される開始tRNA（$tRNA^{ini}$）と伸長反応に関与するtRNA（$tRNA^{Met}$）とが互いに異なる配列を有しており，それぞれが開始反応・伸長反応において厳密に使い分けられていることに起因する。本戦略では，$tRNA^{ini}$のアンチコドンを置換することでAUG以外のコドンに対応した人工開始tRNAを作成し，これに望みの人工開始アミノ酸（Xini）をフレキシザイムでアミノアシル化した。一方で，天然のARSの基質とならない人工伸長tRNA（$tRNA^{AsnE2}$）も用意し，こちらには伸長反応で利用したい特殊アミノ酸（Xaa）をアミノアシル化した。これらを適切なタンパク質アミノ酸を欠損させたFITシステム中に添加することで，AUG以外のコドンにも，開始反応と伸長反応で別々の特殊アミノ酸をコードさせることができた。これはいわば，開始反応専用および伸長反応専用，二通りの遺伝暗号に制御される人工翻訳系を構築したとも言えよう（図3(a)）。

UGGコドンを用いて実例を挙げる。$^{ClAc}{_D}Tyr$-$tRNA^{ini}_{CCA}$とK^{tf}-$tRNA^{AsnE2}_{CCA}$の2種類の特殊アミノアシルtRNAを用意し，UGGコドンに本来コードされるトリプトファンを除いた翻訳系に加える。これにより，開始の位置に相当するUGGコドンは人工開始アミノ酸$^{ClAc}{_D}Tyr$を，下流の伸長UGGコドンは特殊アミノ酸K^{tf}をそれぞれ指定し，UGGコドンのデュアルセンス化が達成された。本手法で特筆すべきは，複数の人工デュアルセンスコドンを同時に作成し，単一の翻訳系で同時利用できる人工開始アミノ酸の種類を飛躍的に増やせる点である。実際に本研究では，3種類の人工開始アミノアシルtRNAと3種類の特殊アミノアシル伸長tRNAとを利用した人工翻訳系により，三つの人工デュアルセンスコドンを同時に機能させることを実証した（図3(b)）。この実証実験では，翻訳後にペプチドの大環状化を引き起こすクロロアセチル基を含有する人工開始アミノ酸を用いている。これにより，異なる開始コドンを有するmRNA 3種を，系中で同時に翻訳することで，異なる閉環構造を有する環状ペプチドが一挙に合成された。同時利用可能な開始残基のバリエーションを増やした本技術は，後述する環状ペプチドのライブラリー合成において，得られるライブラリーの構造多様性を大幅に拡大できる方法論として大きな有用性を持つ。

2.3.3　天然とは直交する人工遺伝暗号を利用可能な人工翻訳系[15]

天然の翻訳系では，機能する遺伝暗号はただ一つであり，1種類のmRNA配列からは当然のことながら単一のペプチドのみが産生される。これこそ，翻訳合成の高い正確性の根幹に関わる原理と言えよう。では，一つの系で同時に機能する遺伝暗号を二つにできれば，単一のmRNA配列から2種類のペプチドを生産する人工翻訳系を創製できないだろうか？我々は，天然の系とは直交に機能する人工リボソーム―人工tRNAの組み合わせを開発することで，これを実現した。

tRNAの3' 末端には，共通して5'-CCA-3'配列が存在する。この保存された配列中のC74，C75は，リボソームのPサイト中に存在するG2252，G2251とそれぞれ塩基対を形成するために

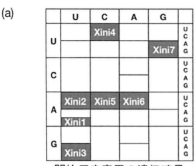
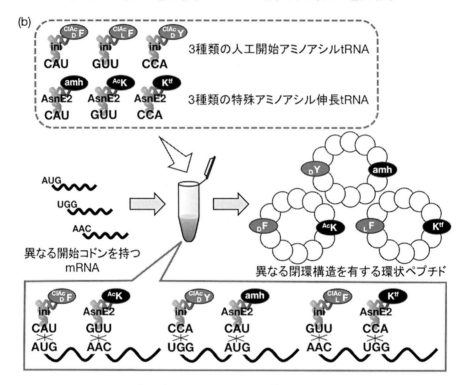

図3 人工デュアルセンスコドンを利用する人工翻訳系
(a)人工デュアルセンスコドンの作成により創られる，開始専用および伸長専用の二つの遺伝暗号の例。XiniおよびXaaは，それぞれ人工開始アミノ酸と伸長用の特殊アミノ酸を意味する。(b)三つの人工デュアルセンスコドンを利用する人工翻訳系の例。$^{ClAc}{}_DF$，$^{ClAc}{}_LF$，$^{ClAc}{}_DY$はそれぞれ別の人工開始アミノ酸を，amh，^{Ac}K，K^{tf}はそれぞれ別の特殊アミノ酸を意味する。

重要であり，さらにC75は，Aサイト中においてもG2553と塩基対形成する[16]。言い換えれば，天然のリボソームは2251/2252/2553位にG塩基を持つことで，C74/C75を持つ天然のtRNA群を利用できていることになる。そこで我々は，上述の3箇所に変異導入した人工リボソームは，天然とは別の共通3'末端配列を持った人工tRNA群を選択的に利用できるのではないかと考え

た。もしこの人工リボソーム―人工 tRNA 群のデコーディングシステムと，天然のデコーディングシステムとが互いに直交して機能すれば，独立した二つの遺伝暗号に制御される人工翻訳系が確立できたことになる。

　本研究では，3' 末端に5'-CGA-3' という共通配列を有する人工 tRNA と，2251/2553位にG→C変異を導入した人工リボソームを用いた（図4）。この人工 tRNA は，Pサイト・Aサイト両

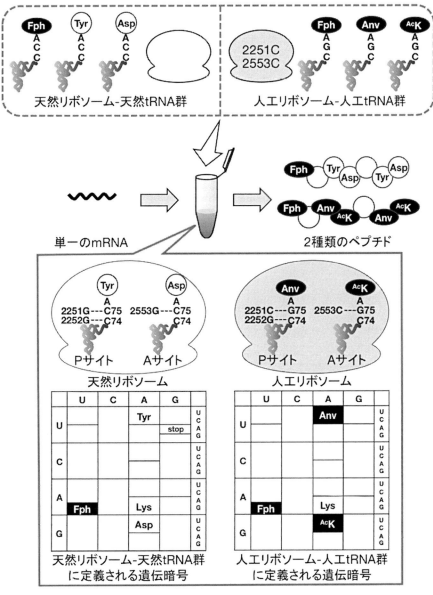

図4　天然とは直交する人工遺伝暗号を利用可能な人工翻訳系
Fph, AcK, Anv はそれぞれ別の特殊アミノ酸を意味する。

方において，人工リボソームと正しい塩基対を形成できるが，天然のリボソームとは形成できない設計となっている。これら人工のtRNAは，天然ARSの基質にはなり得ないため，末端CGA配列を許容する変異型フレキシザイムを用いて必要なアミノ酸を結合させた。実際に，5'-CGA-3' を有する人工の特殊アミノアシルtRNA群は，人工リボソームを用いた翻訳系で効率良く利用されることが実証された一方で，天然のリボソームの基質にはならなかった。このことは，天然のリボソーム—tRNAの組み合わせで定義される遺伝暗号に加え，それとは直交性を有する人工のデコーディング系によって規定される第二の遺伝暗号を確立したことに他ならない。確かに，天然のリボソーム—tRNA系と人工のリボソーム—tRNA系の両方を含んだ人工翻訳系に，1種類のmRNAを加えたところ，二つの遺伝暗号に基づいた2種類のペプチド産物が正しく得られた（図4）。本技術は，単純に遺伝暗号リプログラミング法で利用するアミノ酸数を大幅に拡大する可能性を示しただけでなく，翻訳反応で機能する遺伝暗号を別途人工的に創り出した点で，試験管内合成生物学において大きな意義を持つと言えよう。

2.4 おわりに

本稿では，複数の特殊アミノ酸の利用を可能とする遺伝暗号のリプログラミング法について述べた。また単に遺伝暗号を「書き換える」に留まらず，翻訳のデコーディング原理の人工改変に踏み込むことで人工の遺伝暗号を「創り出した」研究についてもいくつか紹介した。一連の人工翻訳系技術では，翻訳反応における基質アミノ酸の種類をそれぞれ別の戦略で拡大することに成功している。原理的には，これらの戦略は互いに組み合わせることが可能であり，今後より多くのアミノ酸をコードする人工翻訳系の創製の余地を残している。

本稿で述べた遺伝暗号のリプログラミング法は，決して長鎖タンパク質の生産に適した方法論ではないが，医薬品として利用価値の高い小分子量もしくは中分子量のペプチドの合成への応用に絶大な可能性を秘めている。実際に我々は，FITシステムを用いて特殊環状ペプチドライブラリーを構築し，任意の標的タンパク質に結合する人工ペプチドを迅速に開発する手法を報告している[17]。RaPIDシステムと名付けた本技術は，これまでに多くのタンパク質について，阻害剤や活性化剤，結晶化促進リガンドを提供した実績を持つ[18]。今後，アミノ酸のバリエーションを大きく拡げた人工翻訳系をライブラリー構築に活用することで，より大きなケミカルスペースの探索が可能になり，次世代のペプチド医薬開発ツールに繋がることが期待される。試験管内合成生物学が拓く人工翻訳系のさらなる改良とその応用に期待されたい。

文　　献

1) F. Charpeville *et al.*, *Proc. Natl. Acad. Sci. USA*, **48**, 1086 (1962)

第4章 展開

2) A. C. Forster et al., *Proc. Natl. Acad. Sci. USA*, **100**, 6353 (2003)
3) Y. Shimizu et al., *Nat. Biotechnol.*, **751**, 19 (2001)
4) K. Josephson et al., *J. Am. Chem. Soc.*, **127**, 11727 (2005)
5) S. M. Hecht et al., *J. Biol. Chem.*, **253**, 4517 (1978)
6) L. Wang et al., *Science*, **292**, 498 (2001)
7) H. Murakami et al., *Nat. Methods*, **3**, 357 (2006)
8) Y. Goto et al., *Nat. Protoc.*, **6**, 779 (2011)
9) Y. Goto et al., *ACS Chem. Biol.*, **3**, 120 (2008)
10) T. Kawakami et al., *Chem. Biol.*, **15**, 32 (2008)
11) T. Fujino et al., *J. Am. Chem. Soc.*, **135**, 1830 (2013)
12) A. Ohta et al., *Chem. Biol.*, **14**, 1315 (2007)
13) Y. Iwane et al., *Nat. Chem.*, **8**, 317 (2016)
14) Y. Goto et al., *ACS Chem. Biol.*, **8**, 2630 (2013)
15) N. Terasaka et al., *Nat. Chem. Biol.*, **10**, 555 (2014)
16) A. Bashan et al., *Mol. Cell*, **11**, 91 (2003)
17) Y. Yamagishi et al., *Chem. Biol.*, **18**, 1562 (2011)
18) T. Morioka et al., *Curr. Opin. Chem. Biol.*, **26**, 34 (2015)

3 ゲノム複製サイクル再構成系とその展望

末次正幸*

3.1 人工細胞とゲノム複製

　分子生物学研究のモデル生物として古くから用いられてきた大腸菌は，ひとたび適切な培地で培養されると，世代時間20分という速さで指数的に増殖する。このような「ふえる」能力は，約40億年もの間，永続的に遺伝情報を子孫に引き継ぎながら生き続けてきた「生命」の根幹をなす特徴の一つといえよう。ふえるために細胞がまず行わなければならないイベントは，遺伝情報分子であるDNAの「複製」である。X線結晶構造解析によって示されたDNAのアンチパラレルな二重らせん構造は，複製の仕組みをみごとに示唆している。DNAの二重鎖を開裂し，それぞれの一本鎖に相補的な塩基を対合させることによって，もとの分子を正確に倍加することが可能である。DNA二重らせん構造の発見以降，細胞のDNAを複製するための仕組みについて，精力的な研究がなされ，多くの基礎的な成果が蓄積してきた。さらにそれらの成果は，バイオテクノロジー分野の革新的な技術にも結びついている。例えばポリメラーゼ連鎖反応（PCR）は，DNA二重らせん構造が内包する倍加のための仕組みをうまく利用した技術であり，熱による二重鎖開裂と，DNAポリメラーゼによる相補鎖の合成を繰り返すことによって，DNA分子の指数的増幅を可能としている。一方で，PCRは高温領域での人為的な温度制御が必要であり，また増幅可能なDNAサイズも遺伝子数個分程度にとどまる。

　「ふえる」能力を備えた人工細胞を創製し，またその能力を利用した新たな技術創出という試みにおいては，ゲノムレベルの長大DNA分子の複製を可能とし，それを安定的に次世代に継承できるようなシステムが重要であると考える。このためにはPCRとは根本的に異なるDNA増幅系が必要であり，そのためのアプローチの一つとして，細胞が持つゲノムDNA複製の仕組みを，そっくりそのまま試験管内で再構成しようという試みが考えられる。ゲノム複製という複雑な細胞内プロセスを再構成し，さらに増幅法として応用利用しようという狙いは挑戦的ではあるものの，ゲノム複製機構の解明と試験管内再構成系の構築が古くから進められている大腸菌をモデルとすれば，実現可能なものと考える。

3.2 DNA複製研究における試験管内再構成アプローチ

　DNA複製研究は生化学的な試験管内再構成アプローチを基盤として発展してきた。アーサー・コーンバーグは，細胞抽出液からDNA合成活性を検出する反応系を構築し，その活性指標にタンパク質の精製を進めることによって，DNAポリメラーゼの発見を成し遂げた[1]。当時まだ，精製DNAポリメラーゼにより試験管内合成されたDNAが本来の遺伝情報分子として機能するものであるかどうかは，確証づけられるものではなかった。そこでコーンバーグらはさらに，大腸菌に感染するウィルスの一種であるφX174ファージのDNA合成実験を行った[2]。DNA

＊　Masayuki Su'etsugu　立教大学　理学部　生命理学科　准教授

第4章　展開

ポリメラーゼと DNA ライゲースを用いることによって試験管内に 5 千塩基ほどの φX174 ファージ環状二重鎖 DNA を合成し，大腸菌に導入した．その結果，確かにこの合成 DNA が天然ウィルスと同様に宿主に対する感染性を持つことが示された．このファージ DNA 合成実験は「試験管内における生命の創造」として世間を騒がすものとなった．近年，クレイグ・ベンターらによるマイコプラズマのゲノム合成とその起動が，人工生命の創造として注目されたが[3]，その40年以上前の，まだ遺伝子組換え技術も登場していない時期に，このような構成的実験がなされていたのである．

　細胞自身のゲノム DNA は φX174 ファージ DNA に比べはるかに大きいサイズを持ち，その複製の仕組みも巧妙である．ゲノム DNA の複製機構は大腸菌をモデルとして明らかにされてきた[4]．大腸菌ゲノムは460万塩基対からなる環状構造をしている．複製反応はゲノム上にただ一箇所存在する複製開始配列 oriC（origin of chromosome）から開始し，両方向に進行する（図1(A)）．oriC は大腸菌内で環状二重鎖 DNA の自律複製を可能とするゲノム上の配列として同定されてきたものであり，その最小領域245塩基対には複製開始タンパク質 DnaA の結合配列数カ所と AT リッチな二重鎖開裂部位とが含まれる（図1(B)）．oriC を含む数千塩基程度の環状 DNA を oriC プラスミドあるいはミニ染色体と呼ぶ．ミニ染色体を鋳型とする複製反応を試験管内再構成することによって，大腸菌ゲノムの複製機構の解明が進められた．まず，Fuller らは大腸菌

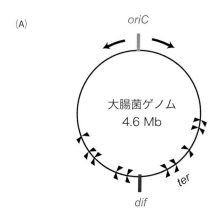

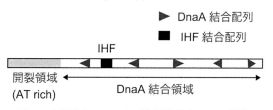

図1　大腸菌ゲノムおよび複製開始点 oriC の構造

可溶性画分を硫安沈殿により分画したタンパク質粗画分を用いてミニ染色体の複製を行う系を構築している[5]。この粗画分系では細胞内ゲノム複製と同様に *oriC* から両方向に複製が進行することが確認されている。そして、粗画分系の構築は、生化学的な活性相補実験を可能とした。例えば *dnaA* 遺伝子変異体から調製した粗画分によるミニ染色体複製系をアッセイ系として、複製活性を指標にした DnaA タンパク質の精製がなされている[6]。粗画分によるミニ染色体複製系の構築から数年ののち、コーンバーグのグループは粗画分をすべて精製タンパク質に置き換えたピュアなミニ染色体複製再構成系の構築に成功している[7]。

このような再構成系の構築はうまくいくか否か先の見えないリスクある挑戦ではあるものの、うまく再構成系を構築できた場合には、その反応が進行するための十分条件をあぶり出したという点で大きな意義をもたらす。例えば *oriC* からのゲノム複製の場合、それまで複製反応は細胞膜を介して行われるという説も提唱されていた。また、転写をはじめとした他の代謝反応系とのカップリングが複製に必要であるという可能性も十分考えられた。しかしながら、膜画分や転写反応などがなくとも *oriC* からの複製は十分進行しうる、ということが再構成系の構築により確証づけられたのである。

3.3 ミニ染色体複製再構成系における複製の開始と伸長

ミニ染色体複製再構成系は、複製開始と複製伸長の2つの段階に分けることができる。複製開始段階に機能する因子は DnaA と核様体タンパク質 IHF（Integration host factor）である[8]。IHF は DNA に結合し、その屈曲を促す因子である。*oriC* 配列上には IHF 結合部位が1箇所存在する（図1(B)）。DnaA は ATP 結合型で複製開始活性を有し、ADP 結合型は不活性である。ATP 結合型 DnaA は *oriC* 上で多量体のフィラメントを形成する。さらに複製開始にはミニ染色体が負のスーパーコイル構造をとっていることが必要である。よって、直鎖状 DNA やニック（一本鎖の切れ目）の入った環状 DNA では複製開始は起こらない[9]。負のスーパーコイル構造におけるよじれによって、DNA 二重鎖は開裂しやすい状態となっている。そこにさらに DnaA と IHF による適切な DNA トポロジー変化が導かれ、AT リッチ配列の開裂が導かれると考えられる。IHF のミニ染色体複製再構成系における機能は HU によって代替することも可能である。HU は IHF と類似の構造を持つ核様体タンパク質であり、DNA に非特異的に結合し、負のスーパーコイル構造を導入することが知られている。

oriC の二重鎖開裂部位に、複製伸長反応のための複製フォーク複合体が形成される（図2）。DnaB は6量体でリング構造を成しており 5'→3' 方向の DNA ヘリケースとして、DNA 二重鎖を開いていくのに機能する。DnaB の *oriC* 開裂部位への導入には DnaA-DnaB 間相互作用と、DnaC ヘリケースローダーの機能が必要である[10]（図2(A)）。DnaB によって生じた一本鎖 DNA 領域は一本鎖 DNA 結合タンパク質 SSB（Single Stranded Binding protein）の結合によって安定化させられる。また一本鎖 DNA 上には、DnaB を足場として DnaG プライメースが作用し、RNA プライマーが合成される（図2(B)）。DnaB ヘリケースによる一本鎖領域拡張は、複製

第4章 展開

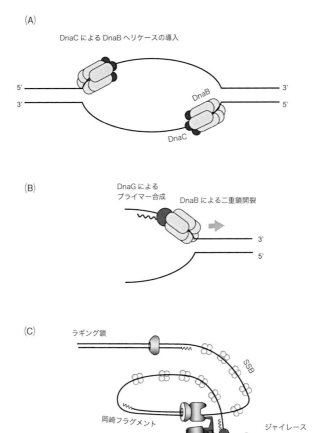

図2 大腸菌複製フォークの形成機序とその構成因子

フォークの進行方向に正のスーパーコイルの蓄積をもたらす。このスーパーコイルのよじれ解消に機能する DNA ジャイレースは，細胞内および試験管内再構成系での複製反応進行に必要である。

　DnaG によって合成された RNA プライマーから DNA 合成を行う酵素が DNA polymerase III（Pol III）ホロ酵素である[11]（図2(C)）。Pol III ホロ酵素の DNA 合成反応における高いプロセッシビティー（持続性）は，そのサブユニットの1つである DnaN（β）によって保証されている。DnaN はスライディングクランプ（クランプ）と呼ばれ，その2量体リング構造の輪の中にDNA を通すようにして安定的に DNA 上に装着される。そして，伸長反応中に Pol III ホロ酵素を DNA 上に繋ぎとめておく役割を果たしている。Pol III ホロ酵素から DnaN サブユニットを除

いた複合体を Pol III* と呼ぶ。Pol III* は、さらにコアポリメラーゼ複合体とクランプローダー複合体とに分けられる。コアポリメラーゼ複合体は DNA ポリメラーゼ活性を担う DnaE（α）、複製エラー校正のための3'エキソヌクレアーゼ活性を持つ DnaQ（ε）、および HolE（θ）の3種のサブユニットから構成される。クランプローダー複合体は、DnaX（τ）、HolA（δ）、HolB（δ'）、HolC（χ）、HolD（ψ）の5種のサブユニットから構成される。クランプがDNA上に装着されるためには、そのリング構造が一度開裂する必要がある。この機能を担っているのがクランプローダーである。クランプローダーは RNA プライマーの合成された DNA 上にクランプを導入したのち、クランプから外れる。そして、クランプローダーと入れ替わるようにしてコアポリメラーゼがクランプに結合し、DNA 合成反応が進み出す。

　複製フォークの進行方向と DNA ポリメラーゼの進行方向が同じであるリーディング鎖合成においては持続的に DNA 合成反応が進行する。一方で、ラギング鎖側では複製フォークの進行方向と DNA ポリメラーゼの進行方向が逆向きであるため、岡崎フラグメントと呼ばれる1,000塩基程度の断片ごとに DNA 合成が行われる（図2(C)）。岡崎フラグメント合成のためには、その都度 DnaG による RNA プライマー合成と、クランプローダーによるプライマー部位へのクランプ装着が必要である。新たに導入されたクランプにコアポリメラーゼが結合してフラグメント合成が進行する。岡崎フラグメント合成後には、生じた断片を連結して継ぎ目のない DNA とするため、RNA プライマーを分解する RNaseH、生じた隙間を埋める DNA polymerase I、および DNA 連結酵素である DNA ligase が機能する。ミニ染色体複製再構成系では、複製開始から岡崎フラグメントの連結までのプロセスを一つの反応系で行うことができる[9]。

3.4　複製終結と環状 DNA 分離

　細胞内ではゲノム複製の伸長反応後、複製終結と DNA 分離の機構が適切に働いて、もとあったゲノムの二倍化が達成されることとなる。終結と分離の機構についても、細胞内の解析だけでなく、精製タンパク質を用いた個々の生化学的解析がなされている。*oriC* から両方向に進行した2つの複製フォークは、環状ゲノム構造の *oriC* と反対側の極で再び出会い、複製反応の終結が導かれる。この複製終結部位近傍には終結反応に関わるいくつかの特異的な DNA 配列が存在する（図3）。1）終結配列 *ter* は終結領域付近を中心に数カ所存在し、複製と順方向に配置されている（図1(B)）。*ter* には複製終結タンパク質 Tus が結合し、一方向性の DnaB ヘリケース進行抑制機構として働く。*ter*-Tus 複合体は、何らかの原因によって終結点を乗り越えて向かってくる逆方向の DnaB ヘリケースの進行をブロックする。一方で、順方向の DnaB ヘリケースは、そのまま通過させる。このようにして両方向からやってくる複製フォークが、誤って終結部位を越えて進行し続けてしまうのを防ぐ役割を果たしている[12]。終結領域にはまた、2）*dif* と呼ばれる部位特異的組換え配列が一箇所存在する。*dif* 部位での組換えを行うタンパク質が XerCD 複合体である。複製後、環状ゲノムの終結領域では複製された DNA 同士が絡み合った状態となっている。*dif*-XerCD 部位特異的組換えシステムは、この絡み合いを解消し、2つの

第4章 展開

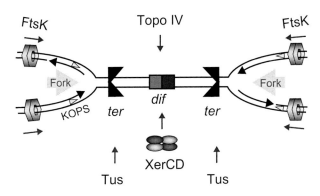

図3 ゲノム複製終結領域で機能する因子群

環状 DNA を分離させるのに機能する[13]。環状 DNA 同士の絡み合いをほどくプロセスでは，トポイソメラーゼ IV の脱連環（デカテネーション）活性も機能している[14]。トポイソメラーゼ IV は二重鎖 DNA に作用する II 型トポイソメラーゼである。3）KOPS と呼ばれる8塩基対の短い配列は，左右両方から dif に向かうようにして複数個並んでいる。KOPS によって DNA トランスロケースである FtsK の進行方向が規定される[15]。FtsK は，dif に向かって進んでいき，dif に到達すると XerCD やトポイソメラーゼ IV の環状 DNA 分離における機能を促進する。FtsK はまた，細胞分裂時の隔壁に局在する膜タンパク質であり，娘細胞に複製後のゲノム終結領域を送り出す機能も果たしている。

一本鎖 DNA に作用する I 型トポイソメラーゼであるトポイソメラーゼ III についても複製終結領域での環状 DNA 分離における機能が示唆されている[16]。トポイソメラーゼ III はヘリケースの一種である RecQ と協同的に機能する。よって複製終結部位で未複製の部分が残っている場合は，RecQ ヘリケースがそこを開き，露出した一本鎖部分に作用することでトポイソメラーゼ III による環状 DNA 分離が進行すると考えられる。

3.5 複製を何度も繰り返す〜複製サイクルの再構成にむけて

ミニ染色体複製再構成系における複製伸長反応ののち，前述したような複製終結，および姉妹ミニ染色体分離の機構をうまく導くことができれば，鋳型として加えたもとのミニ染色体と同じ構造の分子が2つに倍加されることとなる（図4）。さらに，その2つのミニ染色体がそのまま2ラウンド目以降の複製サイクルに突入するのであれば，サイクルが何度も繰り返され，環状 DNA が4，8，16と指数増幅されていくと想像される。このような環状 DNA の指数増幅反応の構築が複製サイクル再構成系の目指す一つの方向である。複製サイクルの繰り返しを達成するためには，検討しなければならないいくつかの課題が考えられる。例えば，複製反応そのものの効率である。反応系に加えられた鋳型 DNA に対してリーディング鎖とラギング鎖の複製反応が最後まで効率よく進行しなければならない。一方で，複製伸長反応が過剰に進みすぎてしまうの

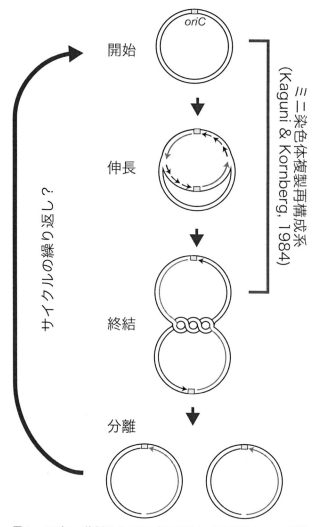

図4 モデル：複製サイクルの繰り返しによる環状DNAの増幅

も問題であり，適切な複製終結を導くことが必要である．終結領域で複製フォークが停止せずに進行し続けた場合，新生鎖を引き剥がしながらDNA合成が進み，いわゆるローリングサークル型複製が進行する[12]．ローリングサークル型複製が進行してしまうと，目的の環状DNAとは異なる，DNAが直鎖状のマルチマーとしていくつも連なったコンカテマーが生じることとなる．

試験管内で複製サイクルを何度も繰り返すためにはDNAに対する複製タンパク質の分子数比の変化に関しても考慮する必要があると思われる．細胞内ではタンパク質合成も行いながらゲノム複製反応が進行するので，複製サイクルを繰り返してDNAが増幅していく際に，必要な複製タンパク質は随時供給され続ける．一方で試験管内再構成系では，DNAだけが増幅し，それに従って，DNA分子あたりの複製タンパク質の分子数比は減少し，足りなくなってきてしまう．

第4章　展開

複製サイクルを永続的に繰り返すのであれば，タンパク質やヌクレオチドなどの基質を供給し続けるシステムについて考えることも重要になってくるであろう．

3.6　ゲノム複製再構成系の応用利用

ここ十数年のゲノム配列を読む技術の進展は著しい．DNA 配列解読のコストダウンはヒトゲノムプロジェクト終了以降，半導体分野の「ムーアの法則」に沿うように指数的に進み，次世代シーケンサーが投入されて以降は，ムーアの法則を凌ぐ勢いで進んできている．DNA 人工合成にかかる費用もまた，DNA 解読技術発展の後を追うようにして，コストダウンが進んできている．近頃ではすでに，数千塩基レベルの DNA を人工合成する受託サービスが広く出回るようになり，コンピューター上でデザインした通りの配列を持つ遺伝子を簡単に入手できるようになってきた．DNA 合成のコストダウンがこのまま進むと，デザインされたゲノムまるごとを人工合成するような研究が多くなってくると予想される．実際すでにアメリカでは，Genome Project-Write として，ゲノムを人工合成しようというプロジェクトが立ち上がろうとしている[17]．遺伝子サイズの DNA であれば PCR によって簡単に試験管内で増幅調製が可能である．一方で，ゲノムレベルの長鎖 DNA を調製しようとすると，これまでのところ枯草菌や酵母といった細胞宿主を利用したクローニング手法に頼らざるを得ない．これがゲノム合成の一つのボトルネックであると思われ，その解決策としてゲノム複製再構成系を応用利用した DNA 増幅法が期待される．ゲノムレベルの長鎖 DNA を試験管内で簡便に増幅調製する技術が開発されれば，台頭しつつある人工ゲノム合成の潮流をさらに推し進めるブレークスルーとなるのではないだろうか．

ゲノム複製再構成系はまた，単なる DNA 増幅以上のポテンシャルを持つものである．というのも，細胞が持つシステムそのままに再構成した反応系なので，ゲノム複製以外の細胞内イベントを，細胞を模倣する形でさらに組み合わせていくことが原理的に可能である．例えば，DNA 修復反応を融合することでミスのほとんどない増幅系にすることも可能かもしれない．また，転写翻訳反応系を融合することで，増幅しながら自身の遺伝情報を発現することも可能であろう．幸いなことに大腸菌では，転写翻訳反応をはじめとして多くの代謝反応が精製因子により試験管内再構成できるようになっている[18]．これらをゲノム複製系にうまく統合していく試みの中で，遺伝情報を継承しながら自己増殖していくような人工細胞創製への道が拓かれるかもしれない．

文　　　献

1) A. Kornberg, *Science*, **131**, 1503（1960）
2) M. Goulian, A. Kornberg, R. L. Sinsheimer, *Proc. Natl. Acad. Sci. U. S. A.*, **58**, 2321（1967）

3) D. G. Gibson *et al.*, *Science.*, **329**, 52 (2010)
4) A. Kornberg, T. A. Baker, DNA Replication, 2 edn, W. H. Freeman and Co (1992)
5) R. S. Fuller *et al.*, *Proc. Natl. Acad. Sci. U. S. A.*, **78**, 7370 (1981)
6) R. S. Fuller, A. Kornberg, *Proc. Natl. Acad. Sci. U. S. A.*, **80**, 5817 (1983)
7) J. M. Kaguni, A. Kornberg, *Cell*, **38**, 183 (1984)
8) S. Ozaki, T. Katayama, *Plasmid*, **62**, 71 (2009)
9) B. E. Funnell, T. A. Baker, A. Kornberg, *J. Biol. Chem.*, **261**, 5616 (1986)
10) J. M. Kaguni, *Curr. Opin. Chem. Biol.*, **15**, 606 (2011)
11) A. Johnson, M. O'Donnell, *Annu. Rev. Biochem.*, **74**, 283 (2005)
12) H. Hiasa, K. J. Marians, *J. Biol. Chem.*, **269**, 26959 (1994)
13) S. C. Y. Ip *et al.*, *EMBO J.*, **22**, 6399 (2003)
14) H. Peng, K. J. Marians, *Proc. Natl. Acad. Sci. U. S. A.*, **90**, 8571 (1993)
15) D. J. Sherratt *et al.*, *Biochem. Soc. Trans.*, **38**, 395 (2010)
16) C. Suski, K. J. Marians, *Mol. Cell*, **30**, 779 (2008)
17) J. D. Boeke *et al.*, *Science*, **353**, 126 (2016)
18) Y. Shimizu *et al.*, *Nat. Biotechnol.*, **19**, 751 (2001)

4 ボトムアップで細胞を理解する『リバース分子生物学』の提唱

青木　航*

4.1 はじめに

　生命を生命たらしめる最小セットの遺伝子・タンパク質・代謝物とは何だろうか。最小セットの遺伝子・タンパク質・代謝物が存在するとして，それはどのような機能を持つのだろうか。WatsonとCrickによるDNA二重螺旋の発見以来，多くの知見が蓄積されてきたが，これらの問いにはいまだ答えることができていない。数多くの研究にも関わらず，なぜ大腸菌レベルでさえ，ブラックボックスの部分が多数残されているのだろうか。その理由は，現代生命科学の方法論が抱える技術的難点にあると考えている[1]。

　本稿では，二つの論点を設定した。第一の論点では，現代生命科学の方法論を俯瞰し，そこに内在する技術的難点を指摘する。第二の論点では，その技術的難点を解決しうる新しい概念的枠組み「リバース分子生物学」を提唱するとともに，その実証データを示す。最後に，将来展望について述べる。

4.2 現代生命科学の方法論

　生命科学の一つの目的は，研究対象となる生物学的システム（転写・翻訳・代謝など）を「理解する」ことである。生物学的システムを「理解する」という状況を正確に定義することは難しい。すべての研究者が納得する定義ではないかもしれないが，Richard Feynmanの "What I cannot create, I do not understand" という言葉に表されるように，生物学的システムを①部品（遺伝子や代謝物）に分解し，②機能を解析し，③ *in vitro* で再構成することができれば，「理解できた」と言えるだろう。もちろん最終的には，再構成系におけるシステムのモデル化，検証可能な予測の導出，予測の継続的な証明に成功する必要がある。

　生物学的システムを「理解する」ために，分子生物学者はさまざまな手法を開発してきた。それらの手法はすべて，二種類の概念的枠組み—還元的手法と構成的手法—に分類できる（哲学で用いられる用語とは少し異なる意味であることに注意）。

　還元的手法とは一般的に，複雑な総体である細胞や組織を，より細かい構成成分に分割して解析するアプローチを意味する。分子生物学における還元的手法とは，研究対象となる生物学的システムに必要とされる部品（遺伝子や代謝物）を探索・同定・解析する一群の方法論を意味し，その代表例が遺伝学やオミックス解析である。さまざまな還元的手法が開発されたことで，細胞という複雑な全体から，個別の部品に落とし込んで解析を行えるようになってきた。しかし，還元的手法には二つの欠点がある。第一に，遺伝学などを駆使して個別の部品を同定したとしても，研究対象となる生物学的システムに必要十分な部品セットをすべて同定できたのかどうか，

---

*　Wataru Aoki　京都大学　大学院農学研究科　応用生命科学専攻　生体高分子化学分野　助教

判断することはできない。第二に，生きた細胞を用いるため，多様な夾雑物の影響により，生物学的システムの挙動を詳細に解析することは難しい。

これら二つの欠点を克服するために，構成的手法が用いられる。構成的手法とは，還元的手法で同定された部品を（主に in vitro で）組み合わせて，生物学的システムの再構成・システムレベル解析・モデル化を試みるアプローチであり，その代表例が合成生物学やシステム生物学である。再構成系では夾雑物が存在しないため，モデル化に必要な精密な実験を行うことができる。in vitro 再構成に成功すれば，その生物学的システムの必要十分な部品セットを同定できたと判断することができる。しかしながら，再構成に失敗した場合には何が足りないのかを知ることは難しく，ブラックボックスが残ってしまう。

分子生物学の研究プロセスでは，個別関連因子の探索・同定・解析（還元的手法）と構成的なシステム理解（構成的手法）を相補的に用いることで，生物学的システムの全貌理解に向けて一歩ずつ進んでいく。最終的には，一つの到達点として生物学的システムの再構成に至り，その場合には生物学的システムを「理解した」と言うことができる（図1）。しかし，従来の分子生物学の研究プロセスでは，再構成に成功することは極めて難しく，生物学的システムの理解に莫大な労力と時間が必要とされる。例えば，大腸菌 ribosome 生合成プロセスは60年以上にわたり多数の研究がなされてきたが，いまだその再構成は達成されていない。このように生物学的システムが働くための必要十分条件となる遺伝子セットという全体像が暗闇に包まれた状態で一歩ずつ進まなければならないことこそが，現代生命科学が抱える技術的難点であると言える。

4.3 リバース分子生物学の提唱

還元的手法と構成的手法を相補的に用いる従来の分子生物学では，ブラックボックスを解明して再構成に至るまでに，莫大な労力が必要とされることをすでに述べた。この弱点を克服し，生命科学研究をハイスループット化することはできないのだろうか。

私は，従来別個の方法論として扱われていた還元的手法と構成的手法の融合，すなわち，「部品の探索」と「再構成」を同時に行うことができれば，現代生命科学の技術的難点を克服できるのではないかと考えた。このことは，研究の最初のステップで再構成を達成し，生物学的システムの全体像を俯瞰できる状態で，生化学的解析やシステムレベル解析を行うことを意味する（図

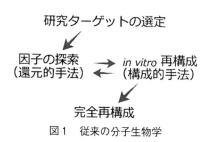

図1 従来の分子生物学

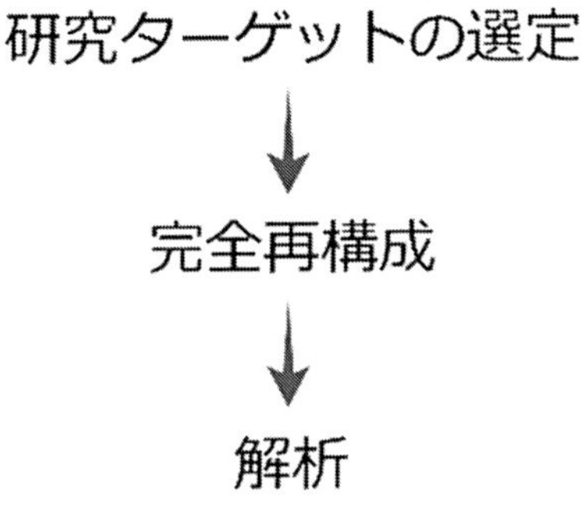

第4章　展開

研究ターゲットの選定
↓
完全再構成
↓
解析

図2　リバース分子生物学

2)。生物学的システムの全体像を把握するというもっとも難易度の高いステップを最初にクリアすることができれば，各部品の機能解析も迅速に進めることができ，生命科学のスループットを大幅に向上させられるだろう。この方法論の特徴は，従来の分子生物学のプロセスを逆向きに実行する点にあるため，「リバース分子生物学」と呼ぶことにする。

　リバース分子生物学の鍵となる技術が，人工細胞である。人工細胞とは，脂質二重膜（liposome）内部に完全再構成型転写翻訳システム（PURE system[2]）を含む人工の構造体である。PURE system とは，構成要素が厳密に定義づけられた転写翻訳システムであり，任意の遺伝子断片からそれに対応したタンパク質を発現させることがきる。この人工細胞を用いて以下の戦略を実行することで，任意の生物学的システムの再構成が一度の実験で達成可能となる。

① 研究対象となる生物学的システム（例えば DNA 修復）が「機能した場合のみ」に蛍光を発するレポーターを作製する。

② 研究対象となる生物の全遺伝子ライブラリを構築する。

③ 一つ一つの人工細胞に，全遺伝子ライブラリから遺伝子をランダムに分配し，人工細胞ライブラリを構築する（図3左）。分配された遺伝子群は，個々の人工細胞のゲノムと見なせる。同時に，蛍光レポーターと PURE system も人工細胞に封入しておく。人工細胞ライブラリを37℃でインキュベートし，タンパク質を発現させる。

④ FACS などを用いて人工細胞ライブラリを解析し，蛍光を発する細胞が存在するかどうか

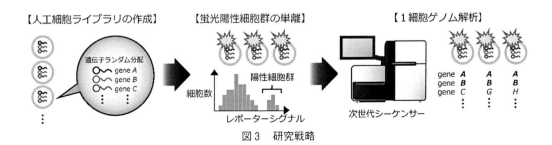

図3　研究戦略

を調べる(図3中央)。PURE systemは構成要素が完全に定義づけられているので,生細胞やライセートのように何が入っているかわからないブラックボックスではない。そのため,蛍光を持つ細胞は,研究対象となる生物学的システムの機能に必要十分な遺伝子セットを含むと推定される。

⑤ 蛍光を示す細胞を1細胞レベルで単離する。次世代シーケンサーによる1細胞ゲノム解析を行い,複数の蛍光細胞に共通して含まれる遺伝子を同定し,生物学的システムの必要十分条件を決定する(図3右,図の例では遺伝子AとBが必要十分条件)。

⑥ バルク実験系で再現実験を行うとともに,システムのモデル化を行い,*in vivo*における挙動と比較して,生物学的システムの完全な理解を目指す。

この方法論の特徴は,研究対象となる生物学的システムに必要とされる遺伝子を発見するという遺伝学的手法を,生きた細胞を用いるのではなく,完全再構成型転写翻訳システム(PURE system)を用いてボトムアップで実行することにある。そのため,この方法論は,「構成的遺伝学(constructive genetics)」と呼ぶこともできる。

4.4 リバース分子生物学の実証

リバース分子生物学のコンセプトを証明するために,大腸菌のβ-ガラクトシド加水分解システムをモデルとして実証実験を行った。β-ガラクトシド加水分解システムは,*LacZ*遺伝子(β-ガラクトシダーゼ)のみを必要十分条件とするものであり,もっともシンプルなモデルであると言える。

リバース分子生物学を実行するために必要な要素は,全遺伝子ライブラリと蛍光レポーターである。全遺伝子ライブラリとしては,奈良先端大学の森らにより構築された,大腸菌の全4,123遺伝子を含むASKA library[3]を利用した。蛍光レポーターとしては,CMFDG(5-chloromethylfluorescein di-β-D-galactopyranoside)を選択した。CMFDGはβ-ガラクトシド加水分解システムによって分解されると,蛍光を発する低分子化合物である。次に,PURE system,100 μM CMFDG,5 nM *E. coli* ORF libraryを混ぜ合わせた溶液を作製し,これを用いて人工細胞ライブラリを作成した。作製された人工細胞を顕微鏡で観察すると,その平均サイズは2.4 μm(平均体積は7.2 fL)であった。全遺伝子ライブラリの濃度を5 nMに設定したため,平均的サイズの人工細胞にはおよそ20種類の遺伝子がランダムに分配されていると推定される。重複組合せの公式から計算すると,4,123遺伝子からランダムに20種の遺伝子を選んだ場合,そこに特定の一つの遺伝子が含まれている確率は,0.48%である。次に,作製した人工細胞を37℃でインキュベートして遺伝子を発現させ,FACSで解析した。その結果,*E. coli* ORF libraryを含まない人工細胞ではCMFDG由来の蛍光は検出されなかったが,*E. coli* ORF libraryを含む人工細胞では,0.26%の人工細胞に蛍光が検出された。この値は理論的予測値である0.48%に非常に近い。さらに,蛍光人工細胞,および,ネガティブコントロールとして非蛍光人工細胞を単離し,含有されていた遺伝子を次世代シーケンサーにより同定した。蛍光人工細胞に含まれていた

第 4 章　展開

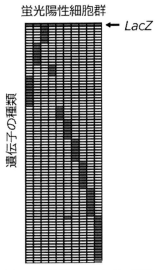

図 4　次世代シーケンサー解析

遺伝子に対してクラスター解析を行うと，すべての人工細胞に *LacZ* 遺伝子が含まれて明瞭なクラスターを形成し，それ以外には共通因子は見つからなかった（図 4 ）。また，非蛍光人工細胞に対しても同様の解析を行ったところ，共通成分は一つも見出されなかった。この結果は，本申請で提案する『構成的遺伝学』のコンセプトが正しく働くことを証明するものであり，全遺伝子ライブラリを出発点として，研究対象とする生物学的システムが機能するための必要十分条件となる遺伝子セットを，超ハイスループットに同定できることを示している。我々はこの成果をScientific Reports 誌に発表した[4]。

4.5　生命の完全な理解に向けて

　構成的遺伝学には解決すべき課題がいくつか存在する。例えば，多数の遺伝子を必要とする複雑なシステムの再構成を試みる場合，莫大な数の人工細胞ライブラリを構築しなければならないことである。仮に10種類の遺伝子を必要とする生物学的システムの再構成を試みる場合，各人工細胞に4,000種類の遺伝子から200種類の遺伝子を分配すると仮定すると，10^{12}個の人工細胞ライブラリを構築する必要がある。より複雑な生物学的システムに構成的遺伝学を適用するためには，効率的な人工細胞作製方法の確立や，事前に候補遺伝子数を減らす工夫などが必要になるだろう。また未知低分子が必要とされるシステムに関しては，別個の解決策が必要とされる。例えば，大腸菌 lysate から低分子のみを抽出して実験系に加えることなどが考えられる。これらの課題を解決することができれば，本稿で提案するリバース分子生物学は，以下のような特性を持つ，次世代生命科学における非常に強力な手法になると期待される。

　① 適切なレポーターと遺伝子ライブラリを準備すれば，任意の生物の任意の生物学的システ

ムの完全再構成が達成できる。
② リバース分子生物学を用いることで，少なくとも単一細胞レベルの生命現象に関しては，生物学的システムの全貌を捉えてから詳細な反応機構を解析できるようになるため，研究プロセスのハイスループット化が実現できる。
③ FACSや次世代シーケンサーなど，比較的普及しつつある解析法を用いるため，さまざまな研究室で利用しやすい。

文　　献

1) 青木航ほか, 生物工学会誌, **94**, 印刷中 (2016)
2) Y. Shimizu *et al.*, *Nat. Biotechnol.*, **19**, 751 (2001)
3) M. Kitagawa *et al.*, *DNA Res.*, **12**, 291 (2006)
4) W. Aoki *et al.*, *Sci. Rep.*, **17**, 4722 (2014)

5 人工塩基対による遺伝情報の拡張

平尾一郎[*1], 木本路子[*2]

5.1 はじめに

あまりにも複雑な生物のメカニズムを垣間見ると，細胞1つをとってもそれを人工的に作り出すことや人工物を組み込むことは，とても難しいように思える。ところが，その根底にある遺伝物質である核酸は，生命の複雑さと比較すると，比較的単純な仕組みから創られている。このことから，でき上がってしまった複雑な生物と同等のものを一気に人工的に作り出すことは難しいかもしれないが，根底にある核酸を人工的に作り変えて，そこから新たな生物を作り出していく，いわゆるボトムアップの合成生物学の手法を用いれば，人工細胞の創出は意外に容易なのかもしれない。これは，RNA を起源とし，幾多の進化を経て複雑な生物が作られてきた過程を再現する研究とも類似する。

とは言っても，核酸はその単純な構造のために，むしろこれを作り変えるための自由度はそれほど多くはない。核酸の機能の本質は，遺伝情報の配列となる文字とそれらの文字の間の相補性にある。この文字に相当するのが，4種類の塩基（A，G，C，T（U））であり，相補性が A-T（U）と G-C の塩基対に相当する。これらの天然型の塩基対とは別に，もし，相補性を有した新たな2種類の文字を人工的に作り出すことができれば（人工塩基），そこから全く新しい生物を作ることができるかもしれない。すなわち新たな文字を遺伝子に組み込めば，遺伝子の情報（遺伝情報）量も増えるので，新たな機能を有した生物システムの創出が可能になるかもしれない（図1）。

核酸の塩基の種類を増やすと，どんなことができるようになるだろうか？生命の起源と考えられている RNA は，遺伝情報の蓄積と複製，そして，触媒やリガンドとしての機能を兼ね備えている。しかし，RNA を構成するヌクレオチドの塩基が4種類しかないこと，しかも，それぞれの塩基の化学的・物理的な性質が似通っていることから，RNA の機能には限界があり，進化の過程では最終的にそのほとんどの機能を20種類のアミノ酸からなるタンパク質が担うことになった。したがって，もし塩基の種類を増やすことができれば，RNA ならびに DNA の機能を向上させることができるかもしれない。また，塩基の種類が増えれば遺伝暗号表も拡張することができるので，アミノ酸を21種類以上に増やしたタンパク質を作り出すことも可能になる。このように，細胞システムで利用可能な人工塩基対が開発されれば，従来の遺伝子組換え技術に代わって，新たな構成成分を生体分子に導入可能な次世代のバイオテクノロジーが創出できるかもしれない。

[*1] Ichiro Hirao Institute of Bioengineering and Nanotechnology(IBN), A*STAR, Singapore, Team Leader and Principal Research Scientist

[*2] Michiko Kimoto Institute of Bioengineering and Nanotechnology(IBN), A*STAR, Singapore, Senior Research Scientist

人工細胞の創製とその応用

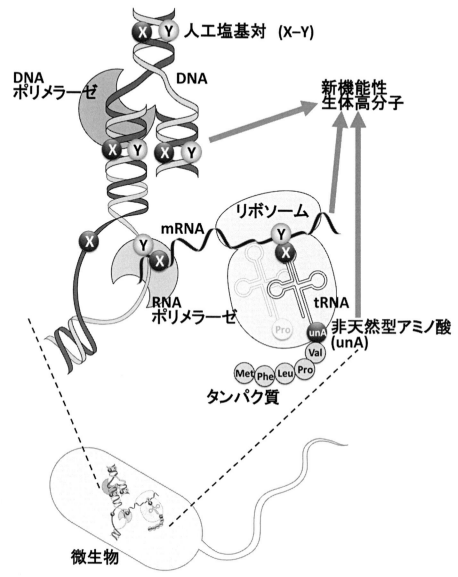

図1　複製・転写・翻訳で機能する人工塩基対（X-Y）による遺伝情報拡張の概念図

　最近では，生物システムのセントラルドグマ（複製・転写・翻訳）で第三の塩基対として機能する人工塩基対が開発され，それらを用いた核酸の新たな応用技術や細胞内のDNAへの人工塩基対の導入技術が着々と進んでいる。本稿では，これらの人工塩基対とその応用技術に関して概説する。

5.2　第三の塩基対として機能する人工塩基対

　人工塩基対の概念が最初に提唱されたのは，まだコドン表が解析されている最中の1962年の

第4章 展開

Alexander Rich による総説であった[1]。彼は，天然型塩基対を形成している水素結合の向き（プロトン供与基からプロトン授与基への向き）に注目し，A-T と G-C の塩基対とは異なる水素結合の向きを有する新たな人工塩基対（イソグアニン-イソシトシン，iG-iC）を設計した（図2）。この総説には，塩基の数を6種類にすると，2つの塩基からなるコドン（6×6＝36）で20種類のアミノ酸を全てコードする新たな翻訳システムが作られることが記載されている。

この iG-iC 塩基対を最初に化学合成してその性質を調べたのが，1990年前後の Steven Benner らの研究である[2,3]。彼らは，同様の概念でさらにいくつかの人工塩基対（X-κ など）を作製した。これらの人工塩基対を DNA に組み込み，人工塩基対の基質（ヌクレオシド三リン酸）を化学合成し，これらを用いてポリメラーゼによる複製や転写の実験を行った。さらに，1992年には，試験管内の翻訳系に iG-iC 塩基対を導入して人工塩基を含む新たなコドンを用いて，非天然型アミノ酸を含むペプチドを合成した[4]。しかし，これらの初期の人工塩基対は，第三の塩基対として機能するだけの特異性を有していなかった。例えば，iG は分子内のケト・エノールの互変異性により T とも塩基対を形成してしまい，二本鎖 DNA 中に組み込んだ iG-iC は，DNA の複製に伴い，iG-T，そして A-T に置き換わってしまう。また，iC のヌクレオシドは，加水分解を受けやすく中性条件下でも分解されやすい。人工塩基対が実用化レベルで要求される特異性として，20～30サイクルの PCR を行い，10^6 から 10^9 倍に増幅された DNA 中に予め組み込んだ人工塩基対が95％以上保持されていることが望ましい。

その後，一時的に人工塩基対の研究は下火になるが，1990年代後半の Eric Kool らの研究を皮切りに再び盛んになった。Kool らは，A-T 塩基対から水素結合性の置換基や原子を取り除いて疎水的な塩基対を合成した。そして，この人工塩基対の複製能を調べた結果，複製においては塩基間の水素結合はそれほど重要ではなく，対合する塩基同士の形の適合性（シェイプフィッティング）が重要であることを示唆した[5]。こうして，人工塩基対の設計にシェイプフィッティングの概念と疎水性塩基対が用いられるようになった。Scripps 研究所の Floyd Romesberg らは，疎水性塩基対の開発を始め，Benner らは，彼らの水素結合性の塩基対の改良を進め，筆者らも同時期に人工塩基対の研究を始め，その後，この3つのグループで競合的に研究開発が進められてきた。

筆者らは1997年より人工塩基対の開発を始めたが，当初はこの Kool らの結果に精通していなかった。しかし，有機化学における立体障害の概念を用いて，一方の塩基（プリン塩基）にかさ高い置換基を導入し，対合する塩基（ピリミジン塩基）には，このかさ高い置換基がぶつからないように水素原子を配置させて，2001年に x-y 塩基対[6]，さらに，s-y 塩基対[7]を作製した。これらの人工塩基対により，T7 RNA ポリメラーゼによる転写で，転写産物の RNA 中に特異的に人工塩基 y あるいはその修飾体を導入することができるようになった。特に s-y 塩基対は，転写における選択性が高く，2002年には，転写と翻訳を組み合わせた試験管内のタンパク質合成系で，185アミノ酸残基からなるヒト Ras タンパク質の32番目にクロロチロシンを選択的に取り込ませることができた[7]。

人工細胞の創製とその応用

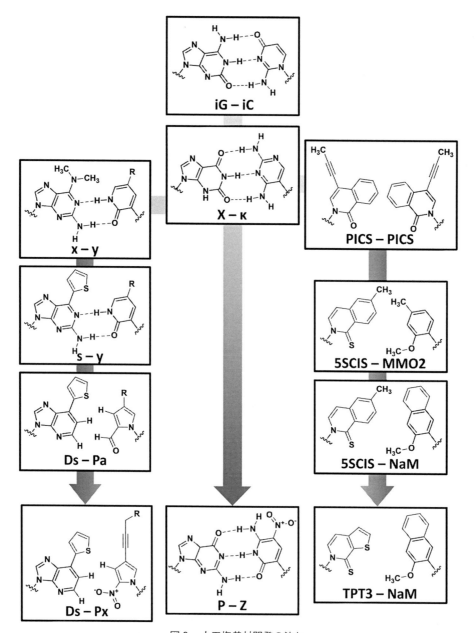

図2 人工塩基対開発の流れ
　左列は筆者らの人工塩基対，中央列はBennerらの人工塩基対，右列はRomesbergらの人工塩基対の開発の経緯を抜粋．

　しかし，これらの人工塩基対は，PCRなどのDNA複製ではまだ第三の塩基対としての選択性が低かった．ちょうどこの時期にKoolらの実験から新たな着想を得て，s-y塩基対の対合面からの水素結合性の置換基や原子を取り除き，さらに6員環構造のyを5員環構造に変えた．

これにより，人工塩基同士のシェイプフィッティングを高め，疎水性にすることで天然型塩基との対合を抑えられるようになった。こうして初めてPCRによる複製で使用可能なDs-Pa塩基対を2006年に作り出すことができた[8]。さらに改良を重ねて2009年にDs-Px塩基対を作り出した[9]。この塩基対を組み込んだDNAを100サイクルに相当するPCRを行ったところ，10^{27}倍に増幅したDNA中にDs-Pxが97％以上保持されていた[10]。この人工塩基対を用いて，2013年にDsを組み込んだ高機能DNAアプタマーの作製に成功した（5.3.1項参照）[11]。

Romesbergらは，最初から水素結合を持たない疎水性の人工塩基対の開発に取り組み，1999年に自己相補の人工塩基対PICS-PICSを報告した[12]。この人工塩基対の問題は，複製においてPICSの基質が鋳型中のPICSに対して取り込まれた後，鎖の伸長が止まってしまうことであった。これは，PICSが天然型のプリン塩基よりも大きな塩基であることから，二本鎖DNA中で両PICS塩基が互いに重なってしまい，DNAのB型構造が乱れてしまうためである。そこで，彼らは網羅的に数多くの疎水性人工塩基を作製し，種々の組み合わせの疎水性人工塩基対の複製における塩基対形成能を調べた。そして，2009年に複製と転写で機能する5SCIS-MMO2と5SCIS-NaM塩基対の開発に成功した[13,14]。彼らは，さらに改良を重ねて，2013年にTPT3-NaM塩基対を報告した[15]。そして同年，5SCIS-NaMとTPT3-NaM塩基対を組み合わせて，人工塩基対を組み込んだ大腸菌の増殖に成功した（5.3.2項参照）[16]。

Bennerらも，水素結合性の人工塩基対の改良を進め，2007年に複製で機能するP-Z塩基対を開発した[17,18]。2014年にはこの塩基対を用いてがん細胞に結合するPとZを含むDNAアプタマーを報告した（5.3.1項参照）[19,20]。

5.3 人工塩基対を用いた応用研究

複製や転写で機能する人工塩基対を用いて，鋳型鎖DNA中の人工塩基部位に相補して，伸長するDNAやRNA鎖に相補人工塩基，あるいはその誘導体を組み込ませることができる。これを用いた様々な応用研究がこれまでに報告されている[21〜25]。一つは，組み込む人工塩基自体の化学的・物理的性質が天然型塩基と異なることを利用して，核酸分子の機能・遺伝情報量を拡張する技術である。もう一つは，導入する人工塩基に機能性置換基（蛍光色素，ビオチンなど）を結合させて，DNAやRNAを部位特異的に標識する技術である。前者の例として，人工塩基を導入した高機能DNAアプタマー創出や人工塩基を組み込んだプローブを用いて天然型塩基配列とのミスハイブリダイゼーションを低減させたモレキュラービーコンなどがある。後者の例としては，長鎖DNAやRNAの部位特異的蛍光標識やリアルタイムPCRへの応用がある。これらの応用研究の中から，ここでは，最近の人工塩基を組み込んだDNAアプタマーと人工細胞の創出についてそれぞれ概説する。

5.3.1 高機能DNAアプタマーの開発

核酸分子は，その配列に応じて様々な高次構造をとることで，リボザイムなどの酵素活性や特定の標的分子を認識するリガンド（アプタマー）として機能する。これらの機能性核酸分子は，

試験管内進化（*in vitro* セレクション，あるいは，SELEX 法）の手法で多数の核酸分子のランダム配列からなるライブラリから得ることができる[26~28]。特に標的分子（タンパク質など）に特異的に結合する DNA アプタマーは，その大量調製や修飾が容易なことから，次世代抗体として期待されている。しかし，20種類のアミノ酸からなるタンパク質抗体と比較して，4種類のみのヌクレオチドからなる DNA アプタマーの標的に対する結合能はそれほど高くなく，ほとんどの場合，その解離定数（K_D）は数～数百 nM である。唯一，$VEGF_{165}$に結合する修飾 RNA アプタマーが加齢黄斑変性症の治療薬として承認されているだけで[29]，DNA アプタマーの治療薬などの製品はまだない。天然型塩基部分を修飾して DNA アプタマーの結合能を高めようとする研究は数多く報告されている[25,30]，今のところ劇的な機能向上には至っていない。果たして，第5，第6の人工塩基を組み込むことにより DNA アプタマーの機能（標的分子に対する結合能）が向上するのだろうか？これが人工塩基対研究の最初の課題であり，2010年ごろから，Benner，Romesberg，そして，筆者らのグループの間で DNA アプタマーの研究が競合的に進められた（図3）。

　筆者らは，2013年に，Ds-Px 塩基対を用いて，Ds を組み込んだ DNA ライブラリを用いた SELEX 法を開発した[11]。その結果，標的タンパク質に非常に高い結合能を有する DNA アプタマーの作製に成功した。約50ヌクレオチド長からなる DNA アプタマーに，2つ，あるいは3つの Ds が組み込まれるだけで，標的タンパク質への解離定数は，1 pM 程度（抗 $VEGF_{165}$ アプタマー）から数十 pM（抗 IFNγ アプタマー）を示した。天然型塩基のみのライブラリから得られた通常の DNA アプタマーと比較して，Ds を含む DNA アプタマーの結合能は数百倍以上向上した。核酸分子は，比較的親水性が高いため，標的タンパク質の疎水性部分との親和性が低い。天然型塩基と比較して，Ds 塩基は疎水性が非常に高く，そのため DNA アプタマー中の Ds が標的タンパク質の疎水部分と強く相互作用するものと思われる。これは，人工塩基を用いて核酸分子の機能を大きく向上させた最初の例である。

　2014年には，Benner らも，彼らの P-Z 塩基対を用いて，P と Z を組み込んだ DNA ライブラリを用いた SELEX 法を開発し，特定のがん細胞株に結合する DNA アプタマーの作製に成功した[19,20]。その後，膜タンパク質を過剰発現した細胞株を標的細胞にしたアプタマーの作製例も報告している[31]。彼らの DNA アプタマーの結合も，人工塩基 P や Z に依存しているものの，標的に対する解離定数は nM オーダーであり，彼らの人工塩基導入による機能向上は明確には示されていない。

5.3.2　細胞への応用

　複製可能な人工塩基対が作り出されるようになると，果たして人工塩基対を組み込んだ DNA を遺伝子に持つ細胞や生物を作り出すことができるのだろうか？というのが人工塩基対研究の次の課題であった。筆者らは，2010年ごろより酵母の遺伝子に Ds-Px 塩基対を導入する実験を始めていた。ポジティブな結果が得られていたものの，再現性を確かめるうちに，DNA アプタマーの研究が動き始め，そちらを優先せざるを得なくなり，細胞への応用研究が停滞してしまっ

第4章　展開

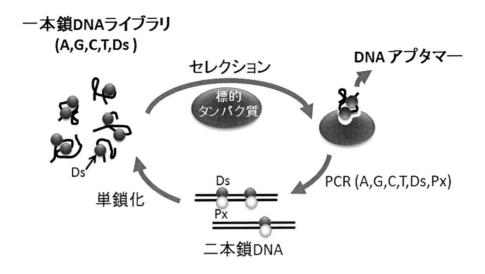

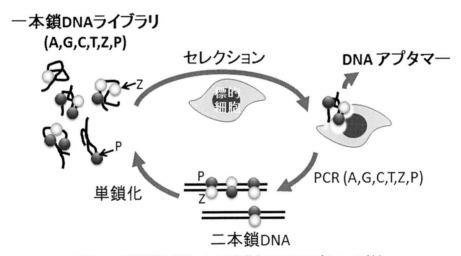

図3　人工塩基対を利用した人工塩基入り DNA アプタマーの創出
　上段は筆者らの人工塩基対 Ds-Px を用いた5塩基からなる DNA ライブラリを用いて標的タンパク質に対する SELEX 法，下段は Benner らの人工塩基対 Z-P を用いた6塩基からなる DNA ライブラリを用いて標的細胞に対する SELEX 法を示す。

た。その間に，Romesberg らのグループは，着々と研究を進めていた。2014年5月に海外の記者から大腸菌に Romesberg らの人工塩基対を組み込んだ結果が Nature 誌に掲載されることを聞いた[16]。その当日，筆者らはイタリアでの学会に参加していたが，ホテルにあった朝刊の第一面に大きなニュースとして Romesberg らの研究が取り上げられていた（図4）。
　人工塩基対を細胞内の DNA に組み込んで，その細胞を増殖させるためには，人工塩基のヌク

193

人工細胞の創製とその応用

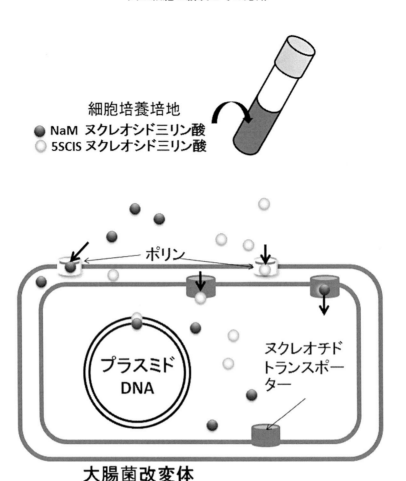

図4　Romesberg らの人工塩基対 NaM-5SCIS を組み込んだプラスミド DNA を持つ大腸菌の概念図
培地中に加えた人工塩基ヌクレオシド三リン酸は，大腸菌外膜からポリンなどを介して，ペリプラズムに取り込まれ，大腸菌内膜に発現させた藻類由来のトランスポーターを通って，大腸菌内に取り込まれる。

レオシド誘導体を培地中から与える必要がある。通常の方法は，人工塩基のヌクレオシドを培地に加え，細胞内に取り込まれたヌクレオシドが，リン酸化酵素により最終的にヌクレオシド三リン酸に変換されるようにする。しかし，細胞内の酵素は，疎水的な人工塩基のヌクレオシドを効率よくリン酸化できないことが多い。そこで，Romesberg らは，人工塩基のヌクレオシド三リン酸を培地から直接取り込ませる方法を選んだ。問題は，ヌクレオシド三リン酸が培地中のフォスファターゼにより分解されやすいことである。彼らは，培地のリン酸カリウムの濃度を調節することにより，この問題を解決した。この人工塩基三リン酸体を細胞内に取り込まれやすくするために，彼らは，藻類由来のヌクレオシド三リン酸のトランスポーターを大腸菌の内膜に発現させている。

彼らは，5SCIS-NaM と TPT3-NaM 塩基対を組み合わせて，実験を進めた。まず，NaM 塩基

第4章 展開

を含む一本鎖DNA断片を化学合成し，TPT3とNaMの基質（dTPT3TPとdNaMTP）を用いて，PCR増幅とDNAの二本鎖化を行った。このDNAをプラスミドに組み込み，大腸菌に導入した。5SCISとNaMの基質を培地に加えて，この大腸菌を増殖させたところ，24回分の増殖後，大腸菌内のプラスミド中には人工塩基が86％保持されていた[16]。NaMの相補塩基として5SCISとTPT3の2種類を用いることにより，最初に大腸菌に導入したのはTPT3-NaM塩基対であるが，増殖後は5SCIS-NaM塩基対に置き換わっていることからも，培地中から人工塩基基質が取り込まれて，大腸菌が増幅されたことが確認できる。また，この実験から大腸菌内のDNA修復酵素によっても，DNA中の人工塩基対が認識されにくいことがわかった。こうして，6種類の塩基からなるDNAを遺伝子に持つ細胞が作製可能であることが初めて示された。

5.4 おわりに

この25年ほどの間に，複製可能な人工塩基対が開発され，これらの人工塩基をDNAに組み込むことによりDNAアプタマーとしての核酸の機能を大幅に改善できること，さらには，人工塩基対を組み込んだ細胞が機能しえることがわかってきた。これほど急速に新たな研究分野が発展してきた理由の一つは，3つの研究グループが良い関係を保ちつつ，互いに競い合ってきたからであろう。1つのグループが得た新たな知見や開発した技術を別のグループが参考にし，その上のレベルの研究を進める。この繰り返しにより，予想以上に速いスピードで研究が進展した。

人工塩基対技術を使って何ができるかという質問をよく受ける（特に細胞への応用に関して）。しかし，この質問は個人的にはあまり好きではない。小さな子供が新たな積み木のセットを手にしたとき，子供は親にこれを使って何を作ったらいいかは訊ねないだろう。何を作ろうか自分で考えることが大きな楽しみだからである。ただし，人工塩基対技術が今後，世の中に広く受け入れられるためには，これが安全な技術であることを示す必要はあるだろう（研究者の浅はかな考えであるかもしれないが）。筆者らは，昨年，日本からシンガポールに拠点を移し，人工塩基を導入したDNAアプタマーを用いてデングやジカなどの感染症に対する診断キットや治療薬の開発を進めている。Romesbergらは，人工塩基対を導入した細胞を用いて非天然型アミノ酸を含むタンパク質合成系の開発を進めている。これからは，本技術が新たな合成生物学分野として，多くの研究者に利用してもらえれば幸いである。

文　　献

1) A. Rich, in *Horizons Biochem.*, M. Kasha, B. Pullman, Eds., p. 103, Academic Press (1962)
2) C. Switzer, S. E. Moroney, S. A. Benner, *J. Am. Chem. Soc.*, **111**, 8322 (1989)
3) J. A. Piccirilli, T. Krauch, S. E. Moroney, S. A. Benner, *Nature*, **343**, 33 (1990)

4) J. D. Bain, C. Switzer, A. R. Chamberlin, S. A. Benner, *Nature*, **356**, 537 (1992)
5) J. C. Morales, E. T. Kool, *Nat. Struct. Biol.*, **5**, 950 (1998)
6) T. Ohtsuki *et al.*, *Proc. Natl. Acad. Sci. USA.*, **98**, 4922 (2001)
7) I. Hirao *et al.*, *Nat. Biotechnol.*, **20**, 177 (2002)
8) I. Hirao *et al.*, *Nat. Methods*, **3**, 729 (2006)
9) M. Kimoto, R. Kawai, T. Mitsui, S. Yokoyama, I. Hirao, *Nucleic Acids Res.*, **37**, e14 (2009)
10) R. Yamashige *et al.*, *Nucleic Acids Res.*, **40**, 2793 (2012)
11) M. Kimoto, R. Yamashige, K. Matsunaga, S. Yokoyama, I. Hirao, *Nat. Biotechnol.*, **31**, 453 (2013)
12) D. L. McMinn *et al.*, *J. Am. Chem. Soc.*, **121**, 11585 (1999)
13) D. A. Malyshev, Y. J. Seo, P. Ordoukhanian, F. E. Romesberg, *J. Am. Chem. Soc.*, **131**, 14620 (2009)
14) D. A. Malyshev *et al.*, *Proc. Nat. Acad. Sci. USA.*, **109**, 12005 (2012)
15) L. Li *et al.*, *J. Am. Chem. Soc.*, **136**, 826 (2014)
16) D. A. Malyshev *et al.*, *Nature*, **509**, 385 (2014)
17) Z. Yang, A. M. Sismour, P. Sheng, N. L. Puskar, S. A. Benner, *Nucleic Acids Res.*, **35**, 4238 (2007)
18) Z. Yang, F. Chen, J. B. Alvarado, S. A. Benner, *J. Am. Chem. Soc.*, **133**, 15105 (2011)
19) K. Sefah *et al.*, *Proc. Natl. Acad. Sci. USA.*, **111**, 1449 (2014)
20) L. Zhang *et al.*, *J. Am. Chem. Soc.*, **137**, 6734 (2015)
21) I. Hirao, M. Kimoto, *Proc. Jpn. Acad. Ser. B, Phys. Biol. Sci.*, **88**, 345 (2012)
22) M. Kimoto, Y. Hikida, I. Hirao, *Isr. J. Chem.*, **53**, 450 (2013)
23) D. A. Malyshev, F. E. Romesberg, *Angew. Chem. Int. Ed. Engl.*, **54**, 11930 (2015)
24) C. B. Sherrill *et al.*, *J. Am. Chem. Soc.*, **126**, 4550 (2004)
25) A. I. Taylor, S. Arangundy-Franklin, P. Holliger, *Curr. Opin. Chem. Biol.*, **22**, 79 (2014)
26) A. D. Ellington, J. W. Szostak, *Nature*, **346**, 818 (1990)
27) C. Tuerk, L. Gold, *Science*, **249**, 505 (1990)
28) D. L. Robertson, G. F. Joyce, *Nature*, **344**, 467 (1990)
29) E. W. M. Ng *et al.*, *Nat. Rev. Drug Discov.*, **5**, 123 (2006)
30) L. Gold *et al.*, *PLoS One*, **5**, e15004 (2010)
31) L. Zhang *et al.*, *Angew. Chem. Int. Ed. Engl.*, **55**, 12372 (2016)

6 哺乳類生命体培養モデルの創成

玉井美保[*1], 田川陽一[*2]

6.1 はじめに

　地球上の生物には，単細胞生物と多細胞生物がある。2010年に，Venter らによって，原核生物である *Mycoplasma mycoides* のゲノム DNA（1.08 Mbp）を人工的に合成し，野生型のゲノムと入れ替えたマイコプラズマの作製に成功した報告がなされた[1]。2014年には，Boeke らが，真核生物の単細胞性微生物である *Saccharomyces cerevisiae* の一本の染色体を化学合成し，野生型の染色体と交換し，125世代にわたって増殖することを確かめた[2]。*Saccharomyces cerevisiae* は，原核生物よりも複雑なゲノム構造を持ち，真核生物生命体を人工的にデザインできる可能性を示した。彼らは，まだ計画段階であるが，『The Human Genome Project-Write』と称して，ヒトゲノム DNA 全長を化学合成する可能性について論じている[3]。哺乳類の全長ゲノム DNA を人工的に設計・化学合成できたとしても，一つの細胞における野生型の染色体と入れ替えるまでであり，細胞という器は必要である。ただし，ヒトの生殖系列細胞のゲノムを操作することは，倫理的に大きな問題となる。もっとも，全ゲノム合成が可能になる前から，ヒト初期胚の遺伝子操作は技術的にはすでに可能となっており，現実には倫理的に規制されている。そのような中，昨年，Liang らが CRISPR/Cas9系を使ったゲノム編集により，ヒト受精卵のゲノム DNA の改変を試みたという研究を報告した[4]。異常受精のため廃棄されるヒト初期胚を用い，遺伝子疾患「β サラセミア」の原因である遺伝子変異の修復を目的とした基礎研究であった。これらの研究は，倫理的な話題としては非常に大きく取扱われている。実験動物を用いた初期胚操作は広く行われ実証済みであるが，動物であってもヒトであっても，その研究の関心や目的における科学的合理性についての議論をより深める必要がある。倫理や動物実験の問題を軽減または回避できるように，我々は，これらのように本来の生命体を操作することではなく，哺乳類のからだ全体のシステムを培養レベルで構築（哺乳類の人工生命体を作製）することを目指し研究を行っている。

6.2 哺乳類の構造

　哺乳類は多細胞からなり，複数種の細胞間と細胞外マトリクスがコミュニケーションをとりながら組織・臓器が形成され（図1），シグナル因子や血球細胞などが血管やリンパ管を通って循環すること，または神経伝達システムにより，離れた組織・細胞間のコミュニケーションをとりつつ，個体という生命が成立している。その個体は成長することから，そこには時間軸も存在している。哺乳類のモデル構築には，1つの哺乳類細胞 → 集団としての哺乳類細胞（組織）→ 組織から臓器 → 臓器間 → 個体としての生命体という段階を経た理解が必要である。また，最近，上皮表面に存在する細菌叢と様々な疾患や感染防御の関わりも指摘されているように，組織形成

[*1] Miho Tamai　北海道大学　大学院歯学研究科　助教
[*2] Yoh-ichi Tagawa　東京工業大学　生命理工学院　准教授

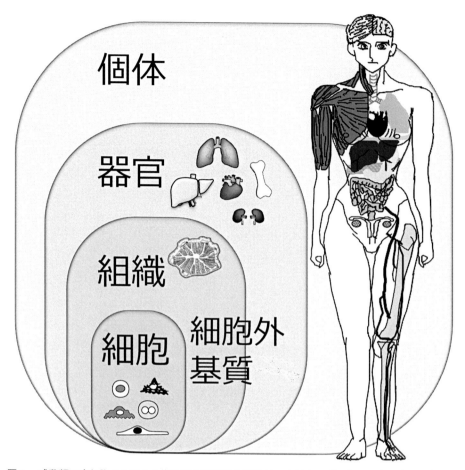

図1　哺乳類は多細胞からなる：複数種の細胞間と細胞外マトリクスがコミュニケーションをとる

自体にも細菌叢とのコミュニケーションが関わっていると考えられる。

　我々は，口から食物を摂取し，咀嚼，唾液，胃液，膵液による消化を行った後，腸で消化物質を体内へ吸収する．一般的には，腸から吸収された物質は，門脈を経由して肝臓に運ばれ，肝臓で代謝を受けた後，排泄されるか，全身循環へと運ばれ，エネルギーを産生して生命というシステムを維持している（図2）．したがって，生命システムにおいて，肝臓は必要不可欠の臓器である．そこで，本稿では肝臓モデルを一例として取り上げ具体的に示す．

　最適なモデル構築のためには，その対象について知ることが必要不可欠である．肝臓は図3に示すような組織構造を有しており，生命活動の維持に必要不可欠である多数の肝特異的機能を発揮している．肝臓を構成している細胞は，実質細胞である肝細胞のみならず非実質細胞からなっており，肝臓の中には毛細血管網としての類洞がある．その類洞を構成している類洞内皮細胞の外側は，ディッセ腔と呼ばれる細胞外マトリクスが存在しており，その周りを肝細胞が取り囲んでいる（図3）．ディッセ腔には星細胞が，類洞内にはマクロファージ系細胞であるクッパー細

第4章　展開

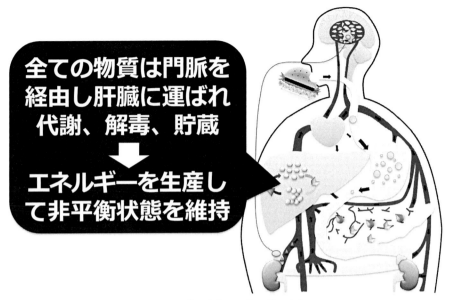

図2　肝臓と生体のエネルギー産生

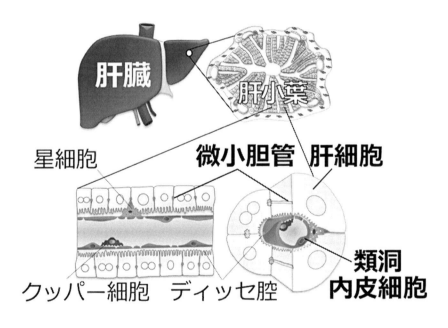

図3　肝臓の組織構造

胞が存在している．肝細胞同士の接触している間には，微小胆管が形成しており，肝臓の中の肝細胞は，類洞側の basal，肝細胞同士の接触面の lateral，微小胆管側の apical といった細胞極性を有している．少なくとも，これらの極性を有した肝組織を構築するには，肝細胞と内皮細胞が

必要となる。以上のことから，肝臓の培養モデルを構築しようとするならば，その実質的な機能を有している肝細胞のみを培養しても肝機能を再現できないことは明白である。これまで人工肝臓装置やマイクロ流体デバイスを用いた肝細胞チップが実用化できない大きな理由であると我々は指摘してきた。

以上のことは肝臓にだけ当てはまることではなく，その他の組織・臓器においても同様のことが言える。ヒトのからだを構成している組織・臓器は，各々生存に必要な機能を有している。それは各組織・臓器が特有の形態を持ち，特有な細胞から成り立っていることと結びついていると我々は考えている。生体における各組織の特異的な構造や細胞の構成が，機能的な形態であり重要な細胞環境なのである。

6.3 人工生命培養モデルの構築
6.3.1 人工生命培養モデルを構築するための細胞

たった一つの細胞である受精卵が卵割を繰り返し，さらにそれら割球から分化した細胞が増殖や細胞死を繰り返しながら，我々哺乳類の生命システムが形成されている。生命システムである将来の身体の細胞は受精卵からのクローナルであり，同一の年齢であるとも言える。そこで，人工生命の培養モデルを構築するにもモノクローナルであり同一の年齢で構成されていることが重要ではないかと考えている。受精卵から始まった発生は，子宮への着床後，個体そのものを形成する外胚葉，中胚葉，内胚葉という三胚葉へ分化する。肝臓の肝細胞は内胚葉，心臓，類洞内皮細胞は中胚葉由来であることが知られている。胚性幹細胞（ES細胞）は，Evansら[5]によりマウスの遅延胚盤胞の内部細胞塊から初めて樹立された。ES細胞は万能であり，身体の全ての細胞に分化できる能力を有していることが，キメラマウス作製やテラトーマ作製実験から示されている。実際に，培養レベルでもES細胞から様々な細胞種への分化の報告があり，ヒトES細胞による再生医療への応用も考えられている。

ES/iPS（人工万能性幹）細胞は培養系で身体の全ての細胞に分化可能ではあるが，ES/iPS細胞のみで身体そのもの全てからの個体としての生命体を作製することはできないと考えられている。実際に，マウスES細胞においても全身をES細胞由来の個体にするには4倍体にした胚盤胞へES細胞を注入し，さらに，仮親の子宮への移植が必要である。つまり，発生をするための場としての栄養外胚葉組織や子宮組織が必要である。では，ES/iPS細胞のみから個体という生命システムを創ることはできないのだろうか。我々は，個体という実態には遠いかもしれないが，科学的な関心を満たすような人工生命培養モデルとして，ES/iPS細胞を用いてモノクローナルかつ同一年齢組織とした，個体に近いシステムを構築することができると考えている。

6.3.2 肝組織培養モデルを例として

これまでES細胞を用いた肝細胞への分化方法としては，様々な分化因子を用いて肝細胞のみを分化誘導するにとどまっていたが，ES細胞から得られた肝細胞を，肝臓のモデルとして適用したとしても，肝細胞のみでは肝機能は不十分であり，本来の肝組織の機能を満足する肝臓モデ

第4章　展開

ルは得られない。肝臓器官形成を模倣した培養モデルとして，我々はマウスES/iPS細胞から内皮細胞ネットワークを有した肝組織への分化誘導（図4）とその生理的応答能について報告してきた[6〜8]。ES/iPS細胞は万能性であるので，発生過程における三胚葉（内，中，外胚葉）に相当する分化誘導が可能であり，中胚葉からは心筋細胞を出現させ，誘導した心筋細胞から肝臓への分化誘導シグナルを産生させることにより，その周囲に内胚葉由来の肝前駆細胞が出現・増殖し始める。その肝前駆細胞の増殖コロニーの中には，中胚葉由来の内皮細胞が遊走を始め，個体発生の肝臓器官形成時の肝芽と類似した組織構造が形成される。肝機能について各種解析を行い，肝機能だけではなく図5のような生体の肝細胞が有している肝細胞極性も再現されていることがわかった。

　ただし，ES/iPS細胞を用いた分化誘導の研究において，完全な成熟化まで進まないことが問題となっている。我々のマウスES細胞由来肝組織は肝特異的な機能を有しているが，薬物代謝酵素であるチトクロームP450アイソザイムの活性パターンを詳細に調べたところ，そのパターンは胎仔肝に酷似しており[9]，あらゆる手段で成熟化を試みているが成功していない。ES/iPS細胞からの分化誘導された細胞は培養段階では成熟されず，個体にES/iPS細胞由来分化細胞を移植することにより成熟化が可能となることがわかっている。我々は，複数の組織・臓器から構

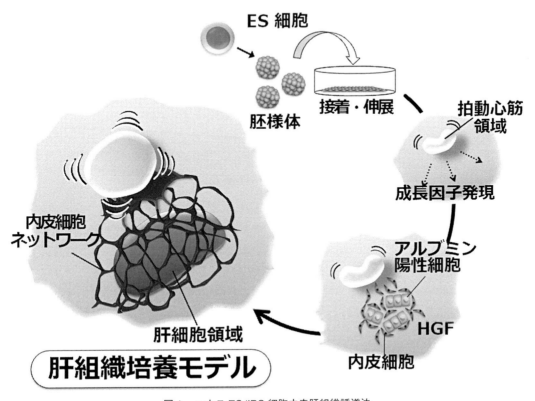

図4　マウスES/iPS細胞由来肝組織誘導法

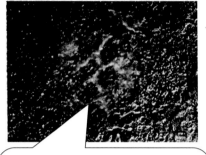

図5　マウスES細胞由来肝組織の肝細胞極性

成されており，これらの構成要素である細胞が生物のからだをつくる基本単位であるが，その細胞は各組織・臓器特異的な細胞へと各々分化し機能を獲得している。このことは，個体の発生では，全身の組織・臓器との相互作用が，その形成において必要不可欠であることを示唆している。つまり，生命体モデル作製においても，単一の組織・臓器にのみ目を向けることだけでは不十分であり，さらに全身の循環系が細胞の成熟化にも寄与している可能性が考えられる。このように，人工生命体モデルを構築するためには，個体の全身を考慮する必要性があるのではないだろうか。

6.3.3　哺乳類生命体培養モデルの装置

現在，医薬品，食品，化学薬品などの物質に対する安全性評価は，その多くを動物実験に頼っているのが現状である。動物の福祉はもちろんのこと，効率的な安全性評価のためにも，動物実験を代替することが可能な，つまり生体反応を再現可能な培養モデルの開発は非常に重要である。動物実験代替法として細胞培養実験が広く行われているが，細胞をプレートやディッシュ，フラスコなどで平面培養した状態で，物質の評価試験を行ったとしても，本来の生体で観られるような生理的応答を正確に反映しているとは限らない。細胞は生体内と大きく異なる環境で培養すると，本来持っているはずの各組織・臓器特異的な性質を維持することができないのである（図6）。そこで，細胞を単層培養ではなく立体的に維持した状態で培養する手法（スフェロイド培養や細胞外基質を用いた培養）も行われているが，それでも十分とは言えない。それは生体の各組織・臓器では，複数種類の細胞が効率的に規則正しく整列しており，さらにそれらの細胞に

第4章　展開

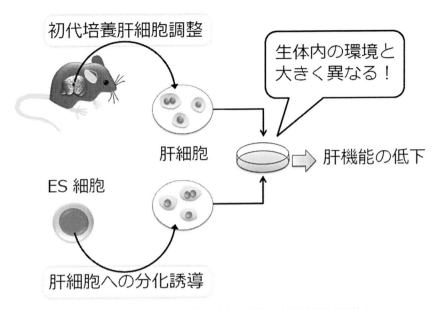

図6　肝機能維持のためには：生体と異なる環境では細胞機能は維持できない

対して，血流をはじめとした，各組織・臓器特異的な物理的刺激が存在しているためである。このような生体における細胞環境を培養レベルで再現することで，生体における各組織・臓器特異的な性質を細胞自身に発揮させ，本来の生体が有する生理的応答を再現することが可能であると思われる。

　近年，マイクロ流体デバイスやMEMS（Micro-Electro Mechanical Systems）技術の発展は目覚ましく，細胞の培養環境を精密に制御するための手法として応用されつつある。マイクロ流体デバイス技術を利用した，人体の代表的な臓器を由来とした各細胞を，1つのチップ内で各々独立した培養空間で培養し循環させるシステム（図7）は，Body/Living on a Chip[10]と呼ばれ広く研究されている。しかしこの研究の多くが，生物という概念からは以下の①〜③の点において大きく異なっている。①哺乳類の組織・臓器は，複数種の細胞が秩序的な配列で構成されることにより必要な機能を発揮できるが，単に各種の細胞培養ディッシュの連結となってしまっている。②用いられている細胞が，多くは腫瘍に由来する細胞株であり，特異的な機能は低いかほとんどない状態である。腫瘍細胞で構成されているシステムを生命体とは言えないだろう。③哺乳類は一つの細胞である受精卵から始まり，最終的には多種・多数の細胞から構成される組織や臓器を有する一つの生命体となるが，研究されているモデルでは，構成している細胞は複数の個体由来となっているのが現状である。そこで，我々は，胚盤胞の内部細胞塊から樹立されたモノクローナルであるES細胞や，ES細胞のように分化に対して万能性を持ち，自己複製能を有する細胞であるiPS細胞を用いて哺乳類生命体培養モデルを創出することを試みている。ES/iPS細胞は，臓器を構成する全ての細胞種に分化することが可能であることから，発生過程を模倣する手法で

203

人工細胞の創製とその応用

図7　Body/Living on a Chip

組織構築を行うことで，上述のとおり生体類似の組織構築が可能となる．さらに，その組織培養モデルに最適なマイクロ流体デバイスを開発し，機能解析を行ったところ，血流を考慮し，培養液を流すことにより機能の向上が観られた．肝機能においては，系全体の尿素合成量が有意に上昇し，薬物代謝酵素の活性パターンが肝臓のミクロソームと類似したパターンを示していた．現在，歯周組織，腸管組織や腎組織（透析機能），神経組織，さらに免疫システムを導入したシステム開発を目指し，各種組織デバイスを連結することにより，培養環境を適正に調節可能な人工生命体培養モデルシステム開発に挑戦している．特に歯周組織や腸管組織培養モデルでは，細菌叢を共生させ，細菌などの外部環境とのコミュニケーションについても再現することを試みている．我々は，一つのチップ上に全ての組織を搭載する必要性はなく，むしろ，各々を独立したチップで培養し，連結することが，循環系の閉塞を回避できる方法であると考えている．

6.4　人工生命培養モデルの応用と期待

これまでの Body on a Chip の多くは，細胞株や初代培養細胞を用いた試みであった．我々はES/iPS細胞から高い機能を有する様々な組織（心，肝，膵，神経，腸管上皮）へ分化誘導できるシステムを活かした，単一種の細胞ではなく，生体組織に対応する組織構造を有する培養モデルを構築している．そのため，ES/iPSから多種類の細胞から構成される組織・臓器を分化誘導し，実際の個体に対応するように，流体デバイス上で「組織・臓器チップ」を作出し，さらに組織・臓器チップが集合した「人工的生命システム」を創成することに取り組むことで，これまでにない革新的なモデルになると考えている．また，上皮表面に存在する細菌叢と様々な疾患や感

第 4 章　展開

染防御の関わりも指摘されており，組織形成自体にも細菌叢とのコミュニケーションが関わっている可能性があると考えている。系内に細菌叢を共生させた歯周や腸管組織培養モデルデバイスを導入することで，個体の細胞間のみならず，細菌などとの相互作用も考察可能な，生命体培養モデルの構築を試みている。人工生命体モデルの構築には，例えば肝機能だけを見ても，体内では，神経，ホルモン，栄養素などにより，複雑に調節されている。そのため，人工生命体モデルの構築においても，各種組織との相互作用を再現できることは必要不可欠である。生体内代謝を生体外にて予測し，反応自体を利用するためには，いかに生体反応を模倣できるかが，重要なポイントとなる。生体内反応を模倣するためには，材料やデバイスだけを検討するのではなく，反応系そのものの再構築について検討する必要がある。

　哺乳類の人工生命体を作製する出口は動物実験やヒト臨床試験の一部の代替法（図8）であり，さらには in silico 生命システムを構築するための情報収集・解析としてのプラットフォームも必要である。しかし，科学的な関心は，生命の理解であり，人工生命体の創出により，本来の生命との境界を見出す，つまり生命の概念を検証し，それにより生命科学の本質をより正確に理解することである。

　本研究の成果は，疾患発症機構の解明や創薬開発における薬物代謝や毒性試験などの動物実験や前臨床試験の代替システムとして社会貢献できるとともに，HGP-Write のようなプロジェク

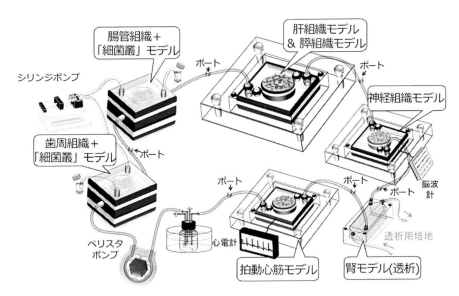

図8　哺乳類の人工生命体の構想

トで染色体をデザインした際に，1つの染色体を入れ替えたらどうなるかなどの検証実験にも用いることが可能である。

文　　献

1) D. G. Gibson *et al.*, *Science*, **2**, 52 (2010)
2) N. Annaluru *et al.*, *Science*, **4**, 55 (2014)
3) J. D. Boeke *et al.*, *Science*, **8**, 126 (2016)
4) P. Liang *et al.*, *Protein Cell*, **6**, 363 (2015)
5) M. J. Evans, M. H. Kaufman, *Nature*, **292**, 154 (1981)
6) S. Ogawa *et al.*, *Stem Cells*, **23**, 903 (2005)
7) M. Tamai *et al.*, *J. Biosci. Bioeng.*, **112**, 495 (2011)
8) M. Tamai *et al.*, *Amino Acids,* **45**, 1343 (2013)
9) M. Tsutsui *et al.*, *Drug Metab. Dispos.*, **34**, 696 (2006)
10) M. Baker *et al.*, *Nature*, **471**, 661 (2011)

7 セルファクトリーから真のスマートセル構築に向けて

黒田浩一[*1]，植田充美[*2]

7.1 はじめに

　持続可能な社会を実現していくために，増大しつつある地球環境への負荷を低減させながら物質生産を行うための技術開発が必要であり，地球規模での大きな課題である。バイオテクノロジーは食品，医療，環境，エネルギー分野での貢献をはじめとした様々な物質生産に利用され，その裾野は拡大しつつある。このようなバイオテクノロジー関連の市場や産業群は近年バイオエコノミーと呼ばれ，今後ますます市場が拡大していくと予想されている。特に環境調和型の低炭素循環型社会の構築に向けてバイオテクノロジーに大きな期待が寄せられており，石油依存型の物質生産（オイルリファイナリー）から再生可能資源であるバイオマスを原料とした物質生産（バイオリファイナリー）への転換を目指した取組みが進められている。バイオリファイナリーへの転換において，高効率に高付加価値産物を生産する生物をいかにして作製するかが鍵である。合成生物学，代謝工学などにより，生物機能をデザイン・改変して物質生産を可能とし，産業利用に資する細胞を構築すべく様々な研究がなされている。近年さらに基盤技術が急速に進歩しつつあり，このような最先端技術の統合・集約によって生物機能をさらに引き出し，高機能化させたスマートセルの創出へと向かっている。本稿では，上記の様々な取り組みについて概説する。

7.2 セルファクトリーに向けた試み

　生命現象を理解するアプローチとして，①ゲノム解析のように生物全体を解析し，②各構成要素に分解した後，③構成要素の役割や要素間の相互作用を調べるという要素還元論に基づいた還元的アプローチが主流であったが，構成要素についての理解が進むにつれ，1990年代初期から生命を構成要素から再構成しようという構成的アプローチがとられるようになった。このような構成的アプローチは構成的生物学（Constructive biology）と呼ばれ，構成要素から in vitro タンパク質合成系などを用いて人工的に組み上げたモデルシステムにより生命現象の理解を目指したものとして提唱された[1,2]。一方で構成要素を組み合わせて，有用物質生産など人類に役立つ生命システムを人工的にデザインする工学的な研究へと広がった。このような有用物質生産のための細胞（セルファクトリー）を人工的に創製しようとする研究は合成生物学（Synthetic biology）と呼ばれるようになり，バイオテクノロジーにおける代表的な分野の一つになりつつある[3]。

　微生物などの細胞を利用して物質生産を行う試みは，インスリン生産（1979年）などのように，

---

*1　Kouichi Kuroda　京都大学　大学院農学研究科　応用生命科学専攻
　　　　　　　生体高分子化学分野　准教授

*2　Mitsuyoshi Ueda　京都大学　大学院農学研究科　応用生命科学専攻
　　　　　　　生体高分子化学分野　教授

遺伝子工学によって目的物質をコードする遺伝子をクローニングして異種発現させることからスタートしたが，上述の合成生物学によりバイオ燃料，医薬品，化成品など多様な有用物質が生産されている[4]。すなわち，物質生産に有用な機能を持つ生物の発見とその解析により，有用代謝経路とそれを担う酵素群などの詳細が明らかになると，それを大腸菌や酵母などの生育が早く，遺伝子工学ツールが整備されている細胞に導入して物質生産させるのである。また，代謝経路中の中間代謝物を定量したり，代謝の流れを定量する代謝フラックス解析を行うことによって，代謝経路上のボトルネックとなる反応を推定し，これを解消して代謝を最適化する代謝工学も盛んに行われている[5]。ボトルネック解消に向けて遺伝子発現制御などをさらにチューニングし，生産量の増大が図られているが，実用レベルでの利用を普及させるためにはさらなる向上が必要とされている。

7.3 細胞内局在化

設計した代謝経路を細胞内に導入して物質生産を行う様々な試みがなされてきているが，反応を行わせる場所を考慮して設計することも重要である。実際に真核生物では細胞内が膜によって各細胞内小器官（核，小胞体，ゴルジ体，エンドソーム，リソソーム，ミトコンドリア，葉緑体，ペルオキシソームなど）に区画化されている。このような細胞内の区画化により，様々な環境下で生化学反応を効率的かつ並行的に行うことを可能にしている。具体的には，①膜により物理的に隔離することで他の競合反応や周辺環境からの影響を少なくできる，②膜内の微小空間で酵素と基質の濃度を高くし，酵素間の近接効果が得られる，③反応に最適な環境（pH，酸化還元状態など）を生み出して反応を促進する，④反応生成物を隔離する，といった利点を有している。そこで，生物のこのような巧妙なシステムに学ぶ形で，細胞内局在を加味した代謝デザインも行われつつある。

7.3.1 区画化

特定の細胞内小器官に局在化させて代謝経路の促進を試み，生産能を大幅に向上させた例として，通常は細胞質で働くエールリッヒ経路の酵素をミトコンドリア内に局在化させた結果，酵母でのイソブタノール生産量の増大に成功したという例がある[6]。局在化により，各酵素の局所的濃度を高めるとともに，中間代謝物をミトコンドリア外へ輸送する必要がなくなる。また，原核生物であるシアノバクテリアにおいてもカルボキシソームなどの微小区画が存在しており，その利用が試みられている。カルボキシソームは直径が約100 nmの20面体の構造体であり，その殻は数千個のタンパク質サブユニットにより構成される。カルボキシソーム中にはルビスコなどの酵素が集積して炭酸固定を担っているが，これを大腸菌にて機能的に発現させることに成功した報告もあり[7]，このような微小区画を利用した代謝経路の区画化も進展していくものと思われる。

7.3.2 足場タンパク質への集積

さらに，足場タンパク質（スキャフォールドタンパク質）上に代謝経路の酵素を集積させる方法も試みられている。いくつかの*Clostridium*属菌は細胞外にセルロソームと呼ばれる酵素超複

第4章　展開

合体を形成し，セルロース系バイオマスの効率的分解に重要な役割を果たしている。セルロソームは足場タンパク質のコヘシンドメインと酵素のドックリンドメインとの相互作用によって足場上に酵素が集積したものである。また，出芽酵母においてSte5はMAPKカスケードの構成タンパク質を結合し，大きな複合体を形成する足場として働くことによって，カスケードの情報伝達効率を高めている。自然界で見られるこのようなタンパク質複合体を模した酵素複合体をデザインし，細胞内で形成させて酵素間の近接効果による代謝反応の促進をねらうという試みである（図1(a)）。3つの異なるモジュール（GBD, SH3, PDZ）からなる人工足場タンパク質を作製し，これにメバロン酸経路の酵素3種（atoB, HMGS, HMGR）を集積させることで，足場タンパク質が無い時と比べて77倍のメバロン酸生産量を示した例が報告されている[8]。

7.3.3　細胞表層デザイン

　細胞表層も様々な物質とのやり取りを行う場であり，外部環境と接して分子認識によりその情報を内部に伝達する役割や物質変換する役割を担っている。細胞表層上に酵素を集積させれば，酵素間の近接効果だけでなく細胞内に取り込めない高分子基質を対象とした反応を行わせることができる。そのため，細胞表層を代謝経路の反応場の一つとした代謝デザインも有効である。筆者らは様々な機能性タンパク質・ペプチドを酵母の細胞表層にディスプレイし，細胞表層の機能改変を可能とする「細胞表層工学」を開発してきた[9〜11]。細胞表層に局在するタンパク質はN末端から分泌シグナル，活性ドメイン，細胞壁アンカリングドメイン，GPI（glycosylphosphatidylinositol）アンカー付着シグナルで構成される。そこで筆者らの開発した細胞表層工学では，細胞壁タンパク質の活性ドメイン以外の領域を利用することで，様々な機能性タンパク質やペプチドを活性保持した状態でディスプレイすることに成功している。例えば，セルロースの分解に必要な3種類のセルラーゼ（エンドグルカナーゼ，セロビオヒドロラーゼ，

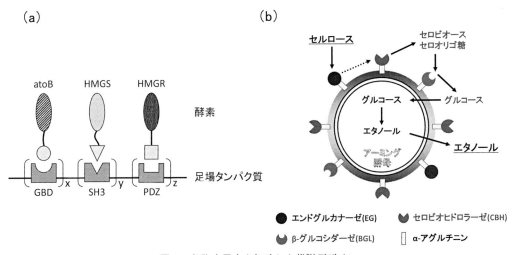

図1　細胞内局在を加味した代謝デザイン
(a)人工足場タンパク質への集積，(b)細胞表層への集積

β-グルコシダーゼ）を共提示した結果，細胞表層上で高分子であるセルロースを単糖のグルコースまで分解した後，取り込み・資化を経てエタノールに変換する酵母を構築することができた（図1(b)）[12]。また，ヘミセルロースの主成分であるキシランの分解に必要なキシラナーゼ，キシロシダーゼを共提示するとともに，細胞内にキシリトールレダクターゼやキシリトールデヒドロゲナーゼを発現させてキシロース資化能を付与することにより，キシランから単糖のキシロースを経てエタノールを生産させることにも成功している[13]。細胞表層工学を用いた代謝デザインでは，細胞表層上で単糖に変換し，生成した単糖は迅速に細胞に取り込まれて常に低濃度に保たれるため，コンタミネーションや，酵素反応の生産物阻害を回避することができる。また，複数種の酵素を同時に提示できるため，多段階の反応を1種類の細胞で行うことができるとともに，細胞表層上の酵素間の近接効果も示されており[14]，有用な生体触媒としてのポテンシャルを秘めている。

7.4 宿主細胞プラットフォーム

上述のような各要素技術によってバイオによる物質生産の可能性が大きく広がりつつあり，実際にこれまでにない様々な化成品生産が実現しつつある。しかし，その一方でデザインした代謝経路がうまく機能しない，予想した生産能を示さないなどのケースも多いのが現状である。物質生産のための代謝経路だけに着目した遺伝子導入・遺伝子発現による細胞作りでは限界があり，細胞全体を俯瞰したデザインが必要である。特に代謝経路を導入する宿主細胞自体を物質生産に有利となるように改変していくことが重要である。すなわち，導入した代謝経路による酸化還元バランスの崩れ，中間産物や最終産物によるストレス，生産条件によるストレスなどを考慮し，代謝経路が設計した通りに機能するよう細胞を強化する。また，環境適応・生命維持のための機能として働く細胞のロバストネスによって，代謝経路の機能が抑制されることもあり，これを打開し，物質生産に適した宿主細胞プラットフォームを作製する。

7.4.1 酸化還元バランス

物質生産を行う際，NAD(P)Hなどのコファクターによる細胞内の酸化還元バランスが重要であり，細胞呼吸，代謝，膜輸送などの細胞機能に大きな影響を及ぼす[15]。特に，細胞内のNADHとNAD$^+$の比（NADH/NAD$^+$）による酸化還元バランスが重要であり，導入した代謝経路によってNADH/NAD$^+$が大きく変化すると，バランスが崩れて生産量の低下を招く。微生物で物質生産させる場合，導入した代謝経路が還元力を必要とする場合が多いのでNADH/NAD$^+$が低下し，嫌気培養においてはNADH/NAD$^+$が増大する。そこで，代謝経路を十分に機能させるために，このような酸化還元バランスを維持することが有効であると考えられ，そのための解決策が図られている。主な戦略としては，①増大したNAD$^+$（NADH）をNADH（NAD$^+$）に戻すための反応を導入する，②酵素のコファクター特異性を改変する（例えばNADPH依存型酵素からNAD$^+$依存型への改変など），といった2つが試みられており，いずれも生産量の増大につながっている[16,17]。

第4章 展開

7.4.2 ストレス耐性

　実際に物質生産を行う際の環境条件によっては細胞に様々なストレスを与え，生産物自体が毒性を持つ場合も細胞にとってストレスとなり，細胞代謝活性を低下させる。そのため細胞にあらかじめストレス耐性を付与しておくことも宿主プラットフォームを構築する上で重要である。細胞にストレス耐性を付与する方策として，個々の遺伝子の過剰発現や破壊による方法だけでなく，転写因子に着目して複数の遺伝子発現を同時に変化させるgTME（global transcription machinery engineering）が提唱されている[18]。筆者らも，疎水性物質生産に適用される水—有機溶媒二相系において，有機溶媒ストレス存在下でも良好に生育できるようストレス耐性付与を行った。出芽酵母 *Saccharomyces cerevisiae* をイソオクタン存在下で長期連続培養することで有機溶媒耐性酵母が単離されており，筆者らはトランスクリプトーム解析を含めた様々な解析を行った結果，転写因子Pdr1pのアミノ酸変異が耐性の原因因子であることを発見した[19]。有機溶媒耐性株ではPdr1pによって転写制御されている複数のABCトランスポーターが同時に転写誘導されており，これらが協調的に働くことによって耐性を獲得した。またPdr1pの変異を各種野生株に導入することで有機溶媒耐性を再構築でき，水—有機溶媒二相系における還元反応を効率よく行うことができた（図2）。変異型Pdr1pの下流で誘導される個々のABCトランスポーターの過剰発現でも有機溶媒耐性の向上が見られたものの[20]，複数が同時に誘導されている*Pdr1*変異体の耐性には及んでいない。したがって，情報伝達の上流で機能する転写因子などのマスターレギュレーターを改変していく戦略も有効であることが示された。

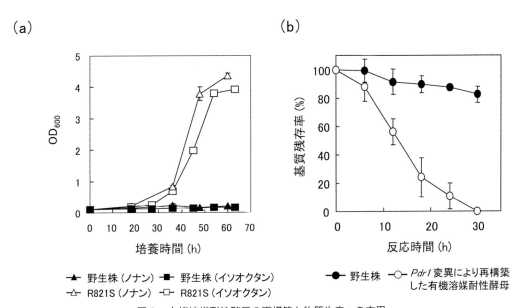

図2　有機溶媒耐性酵母の再構築と物質生産への応用
(a)有機溶媒を重層したYPD培地（YPD培地50 mL + 有機溶媒50 mL）での生育
(b)水—イソオクタン二相系による3-オキソブタン酸ブチルの還元

人工細胞の創製とその応用

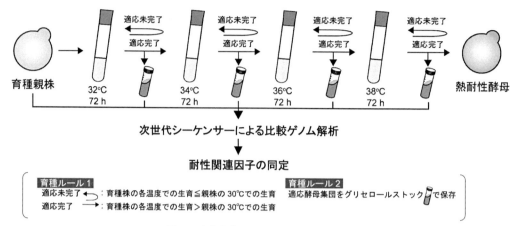

図3　適応進化による熱耐性酵母の創出

　また，筆者らはストレス環境下で継代培養を繰り返して表現型を改変する適応進化によって，40℃でも生育可能な熱耐性酵母を得た[21]。生育温度を30℃から2℃上昇させて継代培養を繰り返していき親株30℃のOD$_{600}$よりも高いOD$_{600}$を示した時点で，さらに2℃ずつ温度を上昇させて継代培養を行うというものである（図3）。継代培養の過程で各温度に適応した育種途中株を保存して比較ゲノム解析を行うことにより，どのような遺伝子変異を経て熱耐性を獲得したかを遡って解析した。その結果，CDC25遺伝子の変異が熱耐性に寄与することを明らかにした[22]。野生株をもとに再構築したCDC25変異株が実際に熱耐性を示し，38℃で良好に生育するだけでなく（図4），親株と比べてグルコースから2倍以上のエタノールを生産できた（図5(a)）。さらに，ガラクトースを炭素源とした場合，39℃において親株の5.1倍のエタノール生産能を示した（図5(b)）。Cdc25pは細胞内のcAMP濃度を間接的に調節してシグナル伝達系下流の様々なスト

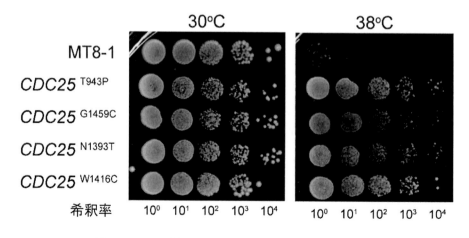

図4　CDC25遺伝子変異導入により再構築した熱耐性酵母

第4章 展開

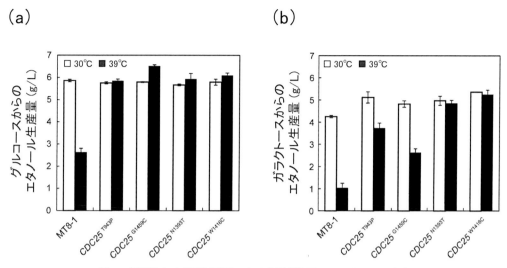

図5 再構築した熱耐性酵母による高温環境下でのエタノール生産
(a)グルコースを原料としたエタノール生産
(b)ガラクトースを原料としたエタノール生産

レス応答性転写因子を制御しており，再構築した*CDC25*変異株では細胞内cAMP濃度の恒常的な低下が見られた。したがって，本研究においてもシグナル伝達系の上流で様々な因子を制御するマスターレギュレーターを改変することによって耐性株の構築に成功しており，その有効性が示された。

7.4.3 ゲノム縮小

次世代シーケンサーの普及により様々な生物でゲノム解析が行われた結果，ゲノム情報を基にした宿主改変も行われている。例えば最も良く研究が行われている大腸菌においても，約4,400のORFのうち機能未知遺伝子が約40％存在する。そこで，このような機能未知遺伝子を含めて，物質生産には必要でない遺伝子をできるだけ削除することで，物質生産に有利な汎用性の高い宿主細胞を作製する試みもなされてきた。具体的には①物質生産に有害または不要な遺伝子をゲノム上から削除する，②遺伝子増幅，遺伝子欠損などの変異が宿主の何らかの要因によって効果を失わない，③遺伝子発現が時空間的に最適に制御できる発現制御系を構築することが目標とされ，遺伝子削除により高い物質生産性を獲得した細胞はミニマムゲノムファクトリーと呼ばれている[23]。実際に遺伝子削除の対象として，生産物の分解に関与するもの，ゲノムを不安定にする転移因子，不必要な環境応答に関与するもの，不必要な代謝系で働く遺伝子，機能未知遺伝子をターゲットとしている。これまでにゲノムの約22％を削除した株が得られており，最小培地において親株より生育が約50％向上し，炭素利用効率も大幅な向上を示した[24]。大腸菌以外に，枯草菌，分裂酵母においても遺伝子削除によりゲノムをシンプルにし，物質生産に最適な細胞作りが試みられている。一方で，ゲノムを短くシンプルにするという方向性は同じであるが全く逆の戦

略での試みもなされている。すなわち Craig Venter らは必要最小限の遺伝子断片セットを酵母の中でつなぎ合わせてゲノム合成を行い，それをマイコプラズマに導入して人工生命を作るというものである[25]。詳細は第3章，第1節を参照されたい。

7.5 スマートセルに向けた新たな技術

上記のような様々な技術が開発され，物質生産を担う細胞構築が進展しつつある。このような流れをさらに加速させる新たな基盤技術も生み出されている。次世代シーケンサーの普及によるゲノム情報の大幅な拡大とともに，オミックス解析技術の進展による大規模発現解析データなどが利用可能になってきている。したがって，このようなビッグデータを解析して効率的なゲノムデザインを行うための情報処理技術や数理モデルの重要性が高まっている。さらにゲノムデザインによる代謝系を細胞内でうまく実行するためには各種パーツとなる生体分子を適切な場所，適切な量，適切なタイミングで発現させなければならない。実際に生物は外部環境や細胞内の状況を逐次検知しながら適切に遺伝子発現を行って代謝系を動かしている。そこで近年，リプレッサー，分子認識タンパク質，細胞間通信分子などの各生体分子パーツを用いて人工的に遺伝子発現制御システムを組み上げる人工遺伝子回路が構築され，物質生産への応用も試みられている（第4章，第1節）。また，用いるパーツの組合せも重要な課題であり，例えば代謝経路を担う各酵素の組合せ，多段階の反応を要する物質変換反応を担う酵素の組合せ，基質などの分子認識に関わるタンパク質とそれを遺伝子発現制御につなげるタンパク質の組合せを最適化することで，設計した遺伝子回路や代謝経路の能力を最大限に発揮できると期待される。自然界には環境情報を細胞内に伝達して適切に生存するための様々な興味深い戦略がとられており，その機構を明らかにしていくことで用いるパーツ自体も蓄積されていくであろう。*Clostridium cellulovorans* は様々な糖質分解酵素群が集積したセルロソームを細胞外に生産するバクテリアの1つである。筆者らは本菌を各種炭素源で生育させてプロテオーム解析を行った結果，炭素源の種類に応じてセルロソーム中に集積する酵素の種類を最適化させ，炭素源を効率的に利用するためのシステムを有していることが分かった[26,27]。このような酵素ベストミックスのみならず，基質を認識して発現制御を行うメカニズムを明らかにすることにより，生命現象の基礎的理解に加え，ゲノムデザインで利用可能な有用パーツを提供できると期待できる。さらに近年の長鎖 DNA 合成技術やゲノム編集技術の進展に伴い，これらの遺伝子回路を含めたゲノムデザインを精密に実現できるようになっており，我々の細胞へのストレス応答・ストレス耐性を加味して，真のスマートセル構築への研究がさらに加速していくものと思われる。

7.6 おわりに

代謝経路をさらに合理的に設計して代謝反応効率を向上させていくこと，物質生産に用いる細胞自体を改変してよりタフにし，代謝経路の機能を引き出せるようにしておくこと，といった2つの方向性で研究が進展し，これらが融合していくことでバイオプロダクションの優位性がさら

第4章 展開

に向上するであろう．網羅的解析データとICT・AI技術に基づいたゲノムデザイン，長鎖DNA合成技術，ゲノム編集技術などの技術革新により，さらに高度な生物機能を高速に作り出すことができると期待される．また，代謝物をリアルタイムにモニタリングできるセンシング機構や人工遺伝子回路を細胞に導入し，細胞内ダイナミクスのゆらぎまでを考慮した細胞デザインなど，さらなる技術の導入によって高度に機能化された真のスマートセルに近づいていくのではないかと考えられる．

文　献

1) K. Kaneko, *Complexity*, **3**, 53 (1998)
2) J. Swartz, *Nat. Biotechnol.*, **19**, 732 (2001)
3) S. A. Benner & A. M. Sismour, *Nat. Rev. Genet.*, **6**, 533 (2005)
4) 合成生物工学の隆起―有用物質の新たな生産法構築をめざして―，シーエムシー出版 (2012)
5) G. Stephanopoulos, *Curr. Opin. Biotechnol.*, **5**, 196 (1994)
6) J. L. Avalos et al., *Nat. Biotechnol.*, **31**, 335 (2013)
7) W. Bonacci et al., *Proc. Natl. Acad. Sci. USA*, **109**, 478 (2012)
8) J. E. Dueber et al., *Nat. Biotechnol.*, **27**, 753 (2009)
9) K. Kuroda & M. Ueda, *Biotechnol. Lett.*, **33**, 1 (2011)
10) K. Kuroda & M. Ueda, *Biomolecules*, **3**, 632 (2013)
11) K. Kuroda & M. Ueda, *Methods Mol. Biol.*, **1152**, 137 (2014)
12) Y. Fujita et al., *Appl. Environ. Microbiol.*, **70**, 1207 (2004)
13) S. Katahira et al., *Appl. Environ. Microbiol.*, **70**, 5407 (2004)
14) J. Bae et al., *Appl. Environ. Microbiol.*, **81**, 59 (2015)
15) M. Futai, *J. Bacteriol.*, **120**, 861 (1974)
16) S. Hasegawa et al., *Appl. Environ. Microbiol.*, **78**, 865 (2012)
17) G. Scalcinati et al., *Microb. Cell Fact.*, **11**, 117 (2012)
18) H. Alper et al., *Metab. Eng.*, **9**, 258 (2007)
19) K. Matsui et al., *Appl. Environ. Microbiol.*, **74**, 4222 (2008)
20) N. Nishida et al., *J. Biotechnol.*, **165**, 145 (2013)
21) A. Satomura et al., *Biotechnol. Prog.*, **29**, 1116 (2013)
22) A. Satomura et al., *Sci. Rep.*, **6**, 23157 (2016)
23) 微生物機能を活用した革新的生産技術の最前線, p.11, シーエムシー出版 (2007)
24) H. Mizoguchi et al., *Biotechnol. Appl. Biochem.*, **46**, 157 (2007)
25) C. A. Hutchison et al., *Science*, **351**, aad6253 (2016)
26) K. Matsui et al., *Appl. Environ. Microbiol.*, **78**, 6576 (2013)
27) S. Aburaya et al., *AMB Express*, **5**, 29 (2015)

人工細胞の創製とその応用

2017 年 1 月 31 日　第 1 刷発行

監　　修　　植田充美　　　　　　　　　　　　（T1037）
発 行 者　　辻　賢司
発 行 所　　株式会社シーエムシー出版
　　　　　　東京都千代田区神田錦町 1-17-1
　　　　　　電話 03(3293)7066
　　　　　　大阪市中央区内平野町 1-3-12
　　　　　　電話 06(4794)8234
　　　　　　http://www.cmcbooks.co.jp/
編集担当　　井口　誠／為田直子

〔印刷　尼崎印刷株式会社〕　　　　　　　　Ⓒ M. Ueda, 2017

落丁・乱丁本はお取替えいたします。

本書の内容の一部あるいは全部を無断で複写(コピー)することは，法律で認められた場合を除き，著作者および出版社の権利の侵害になります。

ISBN978-4-7813-1233-0　C3045　¥72000E